Lutz Hofmann
Elektrische Energieversorgung
De Gruyter Studium

Weitere empfehlenswerte Titel

Energy Harvesting
O. Kanoun (Ed.), 2018
ISBN 978-3-11-044368-4, e-ISBN (PDF) 978-3-11-044505-3,
e-ISBN (EPUB) 978-3-11-043611-2

Energietechnik
D. Liepsch, F. Bajic, C. Steger
ISBN 978-3-486-72769-2, e-ISBN (PDF) 978-3-486-76967-8,
e-ISBN (EPUB) 978-3-486-98965-6

Communication and Power Engineering
R. Rajesh, B. Mathivanan (Eds.), 2016
ISBN 978-3-11-046860-1, e-ISBN (PDF) 978-3-11-046960-8,
e-ISBN (EPUB) 978-3-11-046868-7

Wind Energy Harvesting
R. Kishore, C. Stewart, S. Priya, 2018
ISBN 978-1-61451-565-4, e-ISBN (PDF) 978-1-61451-417-6,
e-ISBN (EPUB) 978-1-61451-979-9

Elektrische Energieversorgung 2
L. Hofmann, 2019
ISBN 978-3-11-054856-3, e-ISBN (PDF) 978-3-11-054860-0,
e-ISBN (EPUB) 978-3-11-054875-4

Elektrische Energieversorgung 3
L. Hofmann, 2019
ISBN 978-3-11-060824-3, e-ISBN (PDF) 978-3-11-060827-4,
e-ISBN (EPUB) 978-3-11-060872-4

Lutz Hofmann

Elektrische Energieversorgung

Band 1: Grundlagen, Systemaufbau und Methoden

DE GRUYTER
OLDENBOURG

Prof. Dr. Ing. habil. Lutz Hofmann
Leibniz Universität Hannover
Institut für Elektrische Energiesysteme
Appelstr. 9A
30167 Hannover
hofmann@ifes.uni-hannover.de

ISBN 978-3-11-054851-8
e-ISBN (PDF) 978-3-11-054853-2
e-ISBN (EPUB) 978-3-11-054870-9

Library of Congress Control Number: 2019936036

Bibliografische Information der Deutschen Nationalbibliothek
Die Deutsche Nationalbibliothek verzeichnet diese Publikation in der Deutschen
Nationalbibliografie; detaillierte bibliografische Daten sind im Internet über
http://dnb.dnb.de abrufbar.

Coverabbildung: SRGB Ventures/SuperStock/Alamy Stock Foto
Satz: le-tex publishing services GmbH, Leipzig
Druck und Bindung: CPI books GmbH, Leck

www.degruyter.com

Inhalt

Inhaltsverzeichnis Band 2: Betriebsmittel und ihre quasistationäre Modellierung

Inhaltsverzeichnis Band 3: Systemverhalten und Berechnung von Drehstromsystemen

Größenbezeichnungen

Die Bezeichnungen der Größen werden im Text bei ihrer Einführung erläutert. Es gelten darüber hinaus die folgenden allgemeinen Vereinbarungen:

- Es wird einheitlich das Verbraucherzählpfeilsystem (VZS) verwendet.
- Es werden allgemein rechtsgängige Wicklungen vorausgesetzt. Damit fallen die Richtungen der Zählpfeile für den Magnetfluss bzw. für die Flussverkettung mit denen für den Strom und die Spannung zusammen.
- Die mechanischen Größen Drehwinkel, Winkelgeschwindigkeit und Drehmoment beschreiben die Drehung um die Rotationsachse. Sie sind ebenfalls einheitlich orientiert und hängen über die Rechte-Hand-Regel miteinander zusammen.
- Momentan-, Amplituden- und Effektivwerte werden wie folgt angegeben:

g	Momentanwert
$\hat{g}$	Amplitudenwert
G	Effektivwert

- Komplexe Größen werden durch Unterstreichen gekennzeichnet. Beispiele:

$\underline{G}$	komplexe Größe
$\underline{G} = Ge^{j\varphi} = G\angle\varphi$	ruhender Effektivwertzeiger
$\underline{\hat{g}} = \hat{g}e^{j\varphi} = \sqrt{2}\underline{G}$	ruhender Amplitudenzeiger
$\underline{\hat{g}} = \hat{g}e^{j(\omega t+\varphi)} = \sqrt{2}\underline{G}e^{j\omega t}$	mit ω umlaufender Amplitudenzeiger
$\underline{g}_R = \hat{g}e^{j(\omega t+\varphi)}$	Raumzeiger in ruhenden Koordinaten
$\underline{g}_L = \hat{g}e^{j\varphi}$	Raumzeiger in mit ω umlaufenden Koordinaten

- Betrag, Real- und Imaginäranteil einer komplexen Größe werden wie folgt angegeben:

$\|\underline{G}\|$	Betrag einer komplexen Größe
$\mathrm{Re}\{\underline{G}\} = G_{\perp}$	Realteil einer komplexen Größe
$\mathrm{Im}\{\underline{G}\} = G_{\perp\perp}$	Imaginärteil einer komplexen Größe
$\underline{G} = G_{\perp} + jG_{\perp\perp}$	komplexe Größe

- Es werden die folgenden speziellen komplexen Formelzeichen verwendet:

$j = e^{j\pi/2}$	imaginäre Einheit
$\underline{a} = e^{j2\pi/3}$	Drehoperator mit der Länge 1

- Die komplexe Konjugation wird durch den oberen Index * gekennzeichnet.
- Matrizen und Vektoren werden fett dargestellt. Beispiele:

$$\underline{\mathbf{A}} = \begin{bmatrix} \underline{a}_{11} & \cdots & \underline{a}_{1n} \\ \vdots & \ddots & \vdots \\ \underline{a}_{m1} & \cdots & \underline{a}_{mn} \end{bmatrix}, \quad \underline{\mathbf{z}} = \begin{bmatrix} \underline{z}_1 \\ \vdots \\ \underline{z}_m \end{bmatrix},$$

$$\underline{\mathbf{A}}_D = \mathrm{diag}\left(\begin{bmatrix} \underline{a}_{11} & \cdots & \underline{a}_{nn} \end{bmatrix}\right) = \begin{bmatrix} \underline{a}_{11} & & \\ & \ddots & \\ & & \underline{a}_{nn} \end{bmatrix}$$

https://doi.org/10.1515/9783110548532-201

$$
\mathbf{E} = \mathrm{diag}\left(\begin{bmatrix} 1 & \cdots & 1 \end{bmatrix}\right) = \begin{bmatrix} 1 & & \\ & \ddots & \\ & & 1 \end{bmatrix},
$$

$$
\mathbf{I} = \begin{bmatrix} 1 & \cdots & 1 \\ \vdots & \ddots & \vdots \\ 1 & \cdots & 1 \end{bmatrix}, \qquad \mathbf{0} = \begin{bmatrix} 0 & \cdots & 0 \\ \vdots & \ddots & \vdots \\ 0 & \cdots & 0 \end{bmatrix}
$$

– Die Inverse einer Matrix wird durch den oberen Index −1 und die Transponierte einer Matrix durch den oberen Index T gekennzeichnet.

$$
\underline{\mathbf{A}}^{-1} = \begin{bmatrix} \underline{a}_{11} & \cdots & \underline{a}_{1n} \\ \vdots & \ddots & \vdots \\ \underline{a}_{m1} & \cdots & \underline{a}_{mn} \end{bmatrix}^{-1} \quad \text{und} \quad \mathbf{A}^{T} = \begin{bmatrix} \underline{a}_{11} & \cdots & \underline{a}_{1n} \\ \vdots & \ddots & \vdots \\ \underline{a}_{m1} & \cdots & \underline{a}_{mn} \end{bmatrix}^{T} = \begin{bmatrix} \underline{a}_{11} & \cdots & \underline{a}_{m1} \\ \vdots & \ddots & \vdots \\ \underline{a}_{1n} & \cdots & \underline{a}_{mn} \end{bmatrix}
$$

– Die Determinante einer Matrix wird mit det() angegeben.

$$
\det\left(\underline{\mathbf{A}}\right) = \det\left(\begin{bmatrix} \underline{a}_{11} & \cdots & \underline{a}_{1n} \\ \vdots & \ddots & \vdots \\ \underline{a}_{m1} & \cdots & \underline{a}_{mn} \end{bmatrix}\right) = \begin{vmatrix} \underline{a}_{11} & \cdots & \underline{a}_{1n} \\ \vdots & \ddots & \vdots \\ \underline{a}_{m1} & \cdots & \underline{a}_{mn} \end{vmatrix}
$$

1 Einführung und Übersicht

Die drei Bände der Buchreihe „Grundlagen der Elektrischen Energieversorgung" behandeln die Inhalte meiner Vorlesungen „Grundlagen der elektrischen Energieversorgung", „Elektrische Energieversorgung I" und „Elektrische Energieversorgung II" an der Leibniz Universität Hannover und sind um einige notwendige mathematische und physikalische Grundlagen ergänzt worden. Alle drei Bände sind auf die grundlegende Behandlung von stationären und quasistationären Zuständen des Elektroenergiesystems fokussiert und sollen anhand von detaillierten Beschreibungen und Darstellungen das Verständnis fördern und das notwendige Rüstzeug zur Verfügung stellen, um selbständig entsprechende Frage- und Problemstellungen aus der Planung und Führung von elektrischen Energiesystemen behandeln zu können.

Im ersten Band „Grundlagen, Systemaufbau und Methoden" wird das notwendige Grundlagenwissen für das Verständnis der Inhalte der oben genannten Vorlesungen und für die in Band 2 und 3 entwickelten Betriebsmittelmodelle, Berechnungsmethoden sowie des Betriebsverhaltens des Gesamtsystems aufbereitet und erläutert. Hierfür werden in den Kapiteln 2 bis 12 die Grundlagen zur Zeigerdarstellung, Wechselstromlehre, Mehrpoldarstellung, Wärmelehre, etc. dargestellt. Die Ausführungen in den Kapiteln 13 bis 18 stellen zum einen die Energiewandlungskette und die Möglichkeiten der Bereitstellung der Elektroenergie sowie verschiedene Grundbegriffe der Energiewirtschaft dar. Zum anderen sollen die Ausführungen einem besseren Verständnis des Aufbaus und der Topologie des Gesamtsystems und der Funktionen der einzelnen schaltenden und nicht schaltenden Betriebsmitteln in den verschiedenen Netzebenen sowie der darauf basierenden Schalt- und Umspannanlagen dienen. Ein besonderer Schwerpunkt dieser Darstellung des notwendigen Grundlagenwissens bilden die den ersten Band abschließenden Beschreibungen zur mathematischen Behandlung von symmetrischen und unsymmetrischen Drehstromsystemen mit Hilfe der Symmetrischen Komponenten in den Kapiteln 19 und 20.

Der zweite Band „Betriebsmittel und ihre quasistationäre Modellierung" behandelt die Herleitung und Beschreibung der Betriebsmittelmodelle und ihrer Ersatzschaltungen in den Symmetrischen Koordinaten. Im Einzelnen wird auf die aktiven Betriebsmittel Synchronmaschine, Asynchronmaschine und Ersatznetz sowie auf die passiven Übertragungselemente Leitungen, d. h. Freileitungen und Kabel, Transformatoren, Drosselspulen und Kondensatoren detailliert eingegangen. Die Ersatzschaltungen sind die Basis für die Berechnung und Analyse von eingeschwungenen stationären und quasistationären Betriebszuständen in Elektroenergiesystemen und für die Auslegung der Betriebsmittel sowie für die Analyse des grundsätzlichen Betriebsverhaltens und der elektrischen Eigenschaften in fehlerfreien als auch in gestörten Betriebszuständen, auf die in den einzelnen Kapiteln vertiefend eingegangen wird.

Im dritten Band „Systemverhalten und Berechnung von Drehstromsystemen" werden dann aufbauend auf den Betriebsmittelmodellen und den Grundlagen aus

https://doi.org/10.1515/9783110548532-001

den ersten beiden Bänden die wichtigsten Themen im Rahmen der Netzplanung und Netzführung sowie für die Auslegung der elektrischen Betriebsmittel und Schalter behandelt. Dies umfasst die Berechnung von 3-poligen Kurzschlüssen und von unsymmetrischen Quer- und Längsfehlern, die Bestimmung der Übertragungsverhältnisse in NS- und MS-Netzen mit einfachen Netztopologien, die Analyse der Winkelstabilität bei kleinen und großen Störungen (statische und transiente Stabilitätsanalyse), die Berechnung der Vorgänge im Rahmen der Frequenzregelung in Insel- und in Verbundsystemen (Frequenzstabilität), die Auslegung der Betriebsmittel und Schalter im Rahmen der Untersuchung der thermischen und mechanischen Kurzschlussfestigkeit sowie die Eigenschaften, Vor- und Nachteile der Sternpunktbehandlung in den unterschiedlichen Netzebenen. Die Darstellungen dieser Themen erfolgt sehr detailliert und mit Fokus auf die Vermittlung eines grundlegenden Verständnisses des Systemverhaltens und des Zusammenspiels aller Betriebsmittel.

Mein besonderer Dank bei der Erstellung der drei Bände gebührt meinen wissenschaftlichen Mitarbeitern, den Herren Blaufuß, Breithaupt, Garske, Goudarzi, Huisinga, Kluß, Lager, Dr.-Ing. Leveringhaus, Neufeld, Pawellek, Sarstedt und Schäkel, die u. a. durch wertvolle Anmerkungen und Korrekturlesen zum Gelingen beigetragen haben, sowie Herrn Wagenknecht und den Hilfswissenschaftlern (HiWi) des Fachgebiets Frau Kengkat, Herrn Witt und Herrn Wenzel, die mich durch die Erstellung und Überarbeitung von zahlreichen Zeichnungen unterstützt haben. Besonders hervorheben möchte ich die Unterstützung durch Herrn Blaufuß, der sehr gewissenhaft die Erstellung des Gesamtdokuments koordiniert und die damit verbundenen Schwierigkeiten gemeistert hat, und die unermüdliche Tätigkeit von Herrn Wagenknecht bei der Anfertigung von Ersatzschaltungsbildern, Zeigerbildern, etc. Ebenso gilt mein Dank den in den Quellen genannten Unternehmen, Verbänden und Personen, die mir Zeichnungen und Bilder zur Veranschaulichung der Betriebsmittel zur Verfügung gestellt haben.

Die Leser bitte ich abschließend, mir die beim Lesen festgestellten Fehler, Korrekturvorschläge und gerne auch Ergänzungsvorschläge unter hofmann@ifes.uni-hannover.de mitzuteilen.

2 Stationäre und quasistationäre Zustände des Elektroenergiesystems

Elektroenergiesysteme werden idealerweise mit sinusförmigen nennfrequenten Spannungen und Strömen konstanter Amplitude und Phasenlage betrieben. Man spricht dann von eingeschwungenen stationären Zuständen des Elektroenergiesystems.

Tatsächlich entstehen etwa durch Nichtlinearitäten von Betriebsmitteln, wie z. B. nichtlineare Magnetisierungskennlinien von Transformatoren, oder durch nichtlineare Verbraucher Verzerrungen der einfrequenten Spannungen und Ströme. Diese nichtlinearen Betriebszustände können mit Hilfe der Fourier-Analyse behandelt werden, und die Vorgänge können in einen Grundschwingungsanteil und Oberschwingungsanteile zerlegt werden, wobei die Überlagerung dieser jeweils stationären Vorgänge den resultierenden stationären Zustand des Elektroenergiesystems beschreibt.

Durch plötzliche Störungen des stationären Zustands, z. B. durch Fehler (Kurzschlüsse oder Unterbrechungen) oder Schalthandlungen, entstehen Ausgleichsvorgänge, die das System von dem ursprünglichen stationären Zustand in einen anderen stationären Zustand, der nach Abklingen der Ausgleichsvorgänge eintritt, überführen. Ein plötzlicher Übergang ist aufgrund der im System vorhandenen kleinen und großen Energiespeicher (Induktivitäten, Kondensatoren, rotierende Massen, etc.) nicht möglich. Die Ausgleichsvorgänge sind durch vielfältige freie Anteile gekennzeichnet, die in linearen Systemen durch die Eigenwerte und Eigenvektoren des Systems bestimmt werden. Man unterscheidet hier zwischen schnellen (elektromagnetischen), mittelschnellen (elektromagnetomechanischen) und langsamen (elektromechanischen) Anteilen in den Ausgleichsvorgängen. Diese Anteile sind in der genannten Reihenfolge mit immer größeren Netzbereichen verknüpft und klingen zunehmend, entsprechend der Größe ihrer Eigenwerte, langsamer und damit im Kurzzeitbereich (Millisekunden), Mittelzeitbereich (Sekunden) und Langzeitbereich (Minuten) ab. Die Änderungsgeschwindigkeiten unterscheiden sich um mehr als eine Größenordnung. Die Vorgänge können deswegen auch als weitgehend voneinander entkoppelt angesehen werden. Das System weist einen sogenannten Multizeitskalencharakter auf [33].

Quasistationäre Zustände sind Vorgänge, bei denen die elektromagnetischen und elektromagnetomechanischen Anteile in den Ausgleichsvorgängen vernachlässigt werden können, weil sie auf die interessierenden Fragestellungen, wie z. B. die transiente Stabilität (siehe Band 3, Kapitel 5), nur einen geringen Einfluss haben. Die dann nur noch zu berücksichtigenden langsamen Anteile führen dazu, dass sich die Amplituden und Phasenwinkel der elektrischen und magnetischen Netzgrößen in Relation zur Grundschwingungsfrequenz nur langsam („quasistationär") ändern. Die Frequenz kann aufgrund der langsameren Phasenwinkeländerungen als konstant angesehen werden. Für die Beurteilung von quasistationären Vorgängen reicht

https://doi.org/10.1515/9783110548532-002

die Betrachtung der die sinusförmigen Vorgänge einhüllenden Hüllkurven bzw. die Betrachtung der Effektivwerte und ihrer Änderungen aus.

Stationäre und quasistationäre (langsam veränderliche) Zustände in Elektroenergiesystemen sind damit durch einfrequente sinusförmige Spannungen und Ströme gekennzeichnet und können durch ruhende Effektivwertzeiger beschrieben werden (siehe Kapitel 3). Die nach plötzlichen Störungen tatsächlich auftretenden freien Gleichanteile und höherfrequenten Komponenten der zwischen den beiden stationären Zuständen vor und nach der Störung vermittelnden Ausgleichsvorgänge werden damit nicht nachgebildet und vernachlässigt. Mit quasistationären Modellen können nur die elektromechanischen Vorgänge berechnet werden. Plötzliche Störungen sind somit an Sprüngen der Hüllkurven und der Phasenwinkel zu erkennen.

Die Unterschiede zwischen stationären und quasistätionären Zuständen sind in Tabelle 2.1 zusammengefasst.

Tab. 2.1: Stationäre und quasistationäre Zustände

	stationäre Zustände	quasistationäre Zustände
Effektivwert G	konstant	langsam veränderlich
Kreisfrequenz ω	konstant	konstant
Phasenwinkel φ	konstant	langsam veränderlich

3 Komplexe Zeitzeigerdarstellung

Eine sinus- oder kosinusförmige Größe, die z. B. einen stationären, eingeschwungenen Zustand in einem Elektroenergiesystem beschreibt, kann mit Hilfe von Zeitzeigern in der komplexen Ebene beschrieben werden. Man unterscheidet verschiedene
Arten der Zeitzeigerdarstellung. Allen Darstellungen ist gemeinsam, dass sie durch
Polarkoordinaten und damit durch ihren Betrag und einen Phasenwinkel oder durch
kartesische Koordinaten und damit durch ihren Real- und Imaginärteil beschrieben
werden können. Die beiden Darstellungen in den unterschiedlichen Koordinatensystemen können ineinander umgerechnet werden.

3.1 Zusammenhang zeitabhängige Größe und rotierender Amplitudenzeitzeiger

Eine zeitabhängige kosinusförmige Größe $g(t)$, die z. B. den Zeitverlauf einer Spannung oder eines Stromes in ihrem stationären eingeschwungenen Zustand in einem
Elektroenergiesystem beschreibt, wird allgemein durch ihre Amplitude $\hat{g}$, ihre Frequenz f oder Kreisfrequenz ω und ihre Phasenlage (Nullphasenwinkel) φ_g beschrieben:

$$g(t) = \hat{g} \cos\left(\omega t + \varphi_g\right) \tag{3.1}$$

Der Nullphasenwinkel wird bei kosinusförmigen Größen von dem zur Achse für
$t = 0$ am nächsten gelegenen positiven Amplitudenwert gezählt (siehe Abbildung 3.1
rechts). Die Frequenz oder Kreisfrequenz ist umgekehrt proportional zur Perioden-
dauer T der kosinusförmigen Größe:

$$T = \frac{1}{f} = \frac{2\pi}{\omega} \tag{3.2}$$

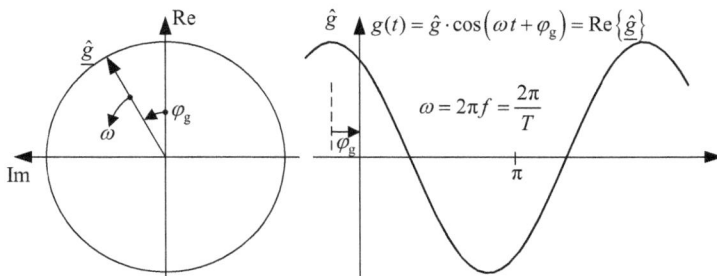

Abb. 3.1: Zusammenhang zeitabhängige Größe und rotierender Amplitudenzeitzeiger

https://doi.org/10.1515/9783110548532-003

Der rotierende Amplitudenzeitzeiger $\underline{\hat{g}}$ ist wie folgt definiert:

$$\underline{\hat{g}} = \hat{g}\,e^{j(\omega t + \varphi_g)} = \hat{g}\angle(\omega t + \varphi_g) = \mathrm{Re}\left\{\underline{\hat{g}}\right\} + j\,\mathrm{Im}\left\{\underline{\hat{g}}\right\}$$
$$= \hat{g}\left(\cos(\omega t + \varphi_g) + j\sin(\omega t + \varphi_g)\right) \tag{3.3}$$

Er rotiert in der komplexen Ebene mit der Winkelgeschwindigkeit ω mathematisch positiv, d. h. gegen den Uhrzeigersinn (siehe Abbildung 3.1 links).

Es gilt für den Zusammenhang zwischen zeitabhängiger Größe und rotierendem Amplitudenzeitzeiger (siehe Abbildung 3.1):

$$g(t) = \mathrm{Re}\left\{\underline{\hat{g}}\right\} = \mathrm{Re}\left\{\hat{g}e^{j(\omega t + \varphi_g)}\right\} = \hat{g}\cos(\omega t + \varphi_g) \tag{3.4}$$

mit der Amplitude $\hat{g}$:

$$\hat{g} = \sqrt{\mathrm{Re}\left(\underline{\hat{g}}\right)^2 + \mathrm{Im}\left(\underline{\hat{g}}\right)^2} \tag{3.5}$$

und dem Nullphasenwinkel φ_g:

$$\varphi_g = \arctan\left(\frac{\mathrm{Im}\left(\underline{\hat{g}}\right)}{\mathrm{Re}\left(\underline{\hat{g}}\right)}\right) \tag{3.6}$$

3.2 Zeitzeiger

Man unterscheidet rotierende und ruhende Amplituden- und Effektivwertzeitzeiger. In der elektrischen Energieversorgung wird in der Regel die Beschreibung mit ruhenden Effektivwert(zeit)zeigern für die elektrischen und magnetischen Größen verwendet. Man spricht dann üblicherweise z. B. von Spannungs- und Stromzeigern.

Für kosinusförmige Größen besteht ein fester Zusammenhang zwischen der Amplitude $\hat{g}$ und dem Effektivwert G der Größe, der $\sqrt{2}$ beträgt:

$$G = \sqrt{\frac{1}{T}\int_{t_0}^{t_0+T} g^2(t)\,dt} = \sqrt{\frac{1}{T}\int_{t_0}^{t_0+T} \hat{g}^2\cos^2(\omega t + \varphi_g)\,dt} = \frac{\hat{g}}{\sqrt{2}} \quad\Leftrightarrow\quad \frac{\hat{g}}{G} = \sqrt{2} \tag{3.7}$$

Des Weiteren weisen alle rotierenden Zeiger eine konstante Frequenz bzw. Kreisfrequenz auf, so dass diese Information redundant ist und eine Beschreibung mit ruhenden Effektivwertzeigern ausreicht. Dies vereinfacht zum einen die graphische Darstellung in der komplexen Ebene mit Zeigerdiagrammen (Zeigerbild, siehe Abbildung 3.2) erheblich. Zum anderen ist diese Beschreibung vollkommen ausreichend, da aus den Beträgen und den Winkeln bzw. den gegenseitigen Winkeln der Zeiger oder aus den

Längen und den Winkeln der Zeiger in einem Zeigerdiagramm auf die Effektivwerte bzw. die Amplituden und die zeitlichen Beziehungen der Größen im stationären Zustand geschlossen werden kann. Ein ruhender Effektivwertzeiger ist wie folgt definiert:

$$\underline{G} = \frac{\hat{\underline{g}}}{\sqrt{2}\,e^{j\omega t}} = \frac{\hat{\underline{g}}}{\sqrt{2}}\,e^{j\varphi_g} = G\,e^{j\varphi_g} = G\angle\varphi_g$$

$$= \operatorname{Re}\{\underline{G}\} + j\operatorname{Im}\{\underline{G}\} = G\,(\cos\varphi_g + j\sin\varphi_g) = G_\perp + jG_{\perp\perp}$$

(3.8)

$G_\perp$ und $G_{\perp\perp}$ entsprechen dem Real- bzw. Imaginärteil des ruhenden Effektivwertzeigers. Es gelten für den Effektivwert G:

$$G = \sqrt{G_\perp^2 + G_{\perp\perp}^2}$$

(3.9)

und den Nullphasenwinkel φ_g:

$$\varphi_g = \arctan\left(\frac{G_{\perp\perp}}{G_\perp}\right)$$

(3.10)

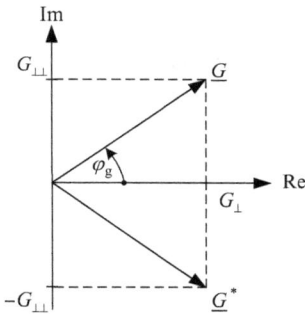

Abb. 3.2: Ruhender Effektivwertzeiger in der komplexen Ebene

Ein konjugiert komplexer ruhender Effektivwertzeiger $\underline{G}^*$ ergibt sich durch Spiegelung an der reellen Achse. Der Imaginärteil ändert das Vorzeichen:

$$\underline{G}^* = G\,e^{-j\varphi_g} = G_\perp - jG_{\perp\perp}$$

(3.11)

Die Umrechnung von einem mit ω rotierenden Effektivwertzeiger in einen ruhenden Effektivwertzeiger kann auch als Transformation des in einem ruhenden Koordinationssystem mit ω rotierenden Effektivwertzeizers in einen in einem mit der Winkelgeschwindigkeit ω rotierenden Koordinatensystem ruhenden Effektivwertzeiger interpretiert werden (siehe Abbildung 3.3).

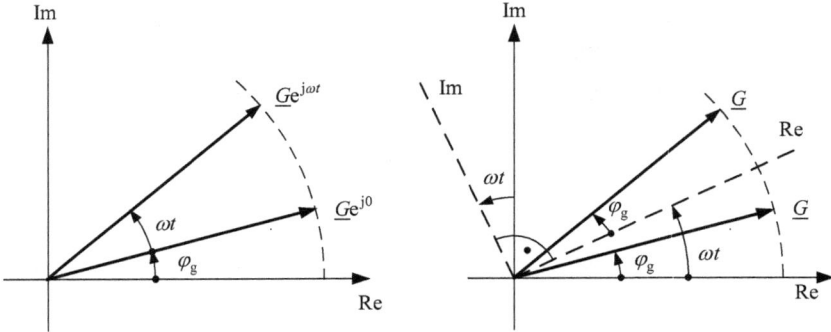

Abb. 3.3: Interpretation eines in einem ruhenden Koordinatensystem mit ω rotierenden Zeitzeigers als ein in einem mit ω rotierenden Koordinatensystem ruhender Zeitzeiger

Eine Ableitung nach der Zeit einer zeitabhängigen Größe $g(t)$ äußert sich im Frequenzbereich durch die Multiplikation dieser Größe mit $j\omega$. Sie kann in der komplexen Ebene als Drehung um $\pi/2$ in mathematisch positiver Richtung und als Multiplikation des Betrags mit der Kreisfrequenz ω interpretiert werden.

$$\frac{dg(t)}{dt} = \frac{d}{dt}\left(\sqrt{2}G \cdot \cos\left(\omega t + \varphi_g\right)\right) = -\omega\sqrt{2}G \cdot \sin\left(\omega t + \varphi_g\right)$$
$$= \omega\sqrt{2}G \cdot \cos\left(\omega t + \varphi_g + \frac{\pi}{2}\right) \tag{3.12}$$

Bei der Verwendung von ruhenden Effektiv- oder Amplitudenzeitzeigern ist der jeweilige Zeiger mit $j\omega = \omega \cdot e^{j\pi/2}$ zu multiplizieren:

$$\frac{d}{dt}\left(\sqrt{2}\underline{G} \cdot e^{j\omega t}\right) = j\omega\sqrt{2}\underline{G} \cdot e^{j\omega t} = \omega\sqrt{2}\underline{G} \cdot e^{j\omega t} \cdot e^{j\frac{\pi}{2}} \tag{3.13}$$

Entsprechend kann die zeitliche Integration einer zeitabhängigen Größe $g(t)$ im Frequenzbereich durch die Division dieser Größe durch $j\omega$ interpretiert werden:

$$\int \sqrt{2}\underline{G}e^{j\omega t}\,dt = \frac{1}{j\omega}\sqrt{2}\underline{G}e^{j\omega t} = -j\frac{1}{\omega}\sqrt{2}\underline{G}e^{j\omega t} = \frac{1}{\omega}\sqrt{2}\underline{G} \cdot e^{j\omega t} \cdot e^{-j\frac{\pi}{2}} \tag{3.14}$$

Der jeweilige Zeiger wird im Betrag durch die Division mit ω verringert und in der komplexen Ebene um $\pi/2$ in mathematisch negativer Richtung gedreht.

3.3 Spezielle Zeiger und Versoren

Für die Beschreibung von kosinusförmigen Spannungen und Strömen und für das Rechnen mit Zeigern sind neben der imaginären Einheit j auch verschiedene spezielle Zeiger und Versoren besonders geeignet. Ein Versor ist dabei ein reiner Drehzeiger, der eine Drehung um einen festen Winkel in der komplexen Ebene beschreibt. Die folgenden speziellen Zeiger und Versoren sind von Bedeutung. Dies sind:

- die imaginäre Einheit j, die einer Drehung um 90° im mathematisch positiven Sinn entspricht:

$$j = e^{j\pi/2} = 1\angle 90°\ \tag{3.15}$$

- der Einheitszeiger 1, der mit keiner Drehung verbunden ist:

$$1 = e^{j0} = 1\angle 0°\ \tag{3.16}$$

- der Einheitsversor (Einheitsdreher) $\underline{a}$, der eine Drehung um 120° im mathematisch positiven Sinn erzeugt:

$$\underline{a} = e^{j2\pi/3} = 1\angle 120°\ \tag{3.17}$$

Für den Einheitsversor gelten speziell die folgenden Beziehungen (siehe Abbildung 3.4):

$$1 + \underline{a} + \underline{a}^2 = 0 \quad \text{mit} \quad \underline{a}^2 = e^{j4\pi/3} = 1\angle 240° = \underline{a}^* = \frac{1}{\underline{a}} = e^{-j2\pi/3} \tag{3.18}$$

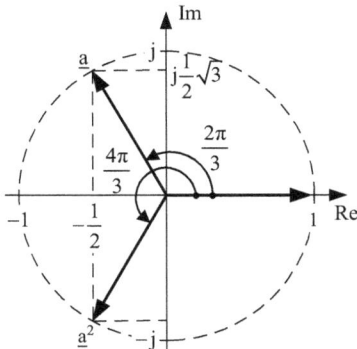

Abb. 3.4: Einheitskreis mit Einheitsversor

3.4 Zeigerdrehungen mit a̲ und j

Die Zeigerdrehungen mit dem Einheitsversor a̲ und der imaginären Einheit j sowie weitere mathematische Operationen mit diesen Elementen können mit Hilfe eines Einheitskreises sowie eines Kreises mit dem Radius $\sqrt{3}$ in der komplexen Ebene veranschaulicht werden (siehe Abbildung 3.5).

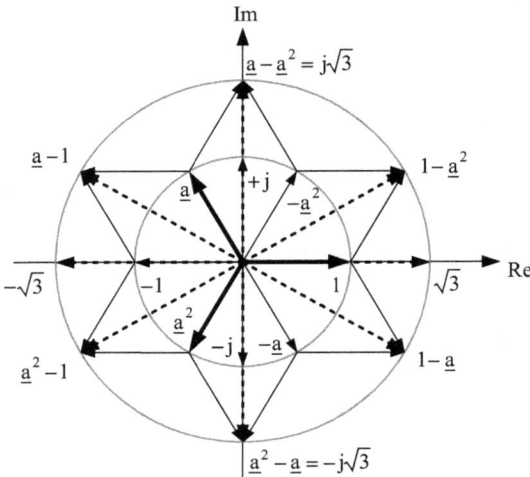

Abb. 3.5: Mathematische Operationen und Zeigerdrehungen mit dem Einheitsversor a̲ und der imaginären Einheit j

3.5 Spezielle Werte der Winkelfunktionen

Für die Real- und Imaginärteilbildung sind die in Tabelle 3.1 angegebenen speziellen Werte der Winkelfunktionen sowie eine abkürzende Darstellung mit dem Einheitsversor a̲ und der imaginären Einheit j hilfreich.

Tab. 3.1: Spezielle Werte der Winkelfunktionen und abkürzende Darstellungen mit dem Einheitsversor a̲ und der imaginären Einheit j

α in °	0	30	60	90	120	150	180	210	240	270	300	330	360
α in rad	0	$\dfrac{\pi}{6}$	$\dfrac{\pi}{3}$	$\dfrac{\pi}{2}$	$\dfrac{2\pi}{3}$	$\dfrac{5\pi}{6}$	π	$\dfrac{7\pi}{6}$	$\dfrac{4\pi}{3}$	$\dfrac{3\pi}{2}$	$\dfrac{5\pi}{3}$	$\dfrac{11\pi}{6}$	2π
$\cos\alpha$	1	$\dfrac{\sqrt{3}}{2}$	$\dfrac{1}{2}$	0	$-\dfrac{1}{2}$	$-\dfrac{\sqrt{3}}{2}$	-1	$-\dfrac{\sqrt{3}}{2}$	$-\dfrac{1}{2}$	0	$\dfrac{1}{2}$	$\dfrac{\sqrt{3}}{2}$	1
$\sin\alpha$	0	$\dfrac{1}{2}$	$\dfrac{\sqrt{3}}{2}$	1	$\dfrac{\sqrt{3}}{2}$	$\dfrac{1}{2}$	0	$-\dfrac{1}{2}$	$-\dfrac{\sqrt{3}}{2}$	-1	$-\dfrac{\sqrt{3}}{2}$	$-\dfrac{1}{2}$	0
$1\angle\alpha$	1	$-j\underline{a}$	$-\underline{a}^2$	j	$\underline{a}$	$-j\underline{a}^2$	-1	$j\underline{a}$	$\underline{a}^2$	$-j$	$-\underline{a}$	$j\underline{a}^2$	1

3.6 Umrechnungsformeln von Winkelfunktionen

Die in Tabelle 3.2 angegebenen Umrechnungsformeln von Winkelfunktionen erleichtern das Rechnen mit Zeigern, Zeigerprodukten, die Addition und Subtraktion von Zeigern sowie das Rechnen mit hyperbolischen Funktionen, die z. B. bei den Leitungen (siehe Band 2, Kapitel 6) verwendet werden.

Tab. 3.2: Umrechnungsformeln von Winkelfunktionen (Argumente im Bogenmaß)

Theorem	Umrechnungsformel
Euler'sche Formel	$e^{\underline{z}} = e^{j(\alpha + j\beta)} = e^{j\alpha}(\cos\beta + j\sin\beta)$
	$\cos\alpha = \frac{1}{2}\left(e^{j\alpha} + e^{-j\alpha}\right) = \cos(-\alpha)$
	$\sin\alpha = \frac{1}{2j}\left(e^{j\alpha} - e^{-j\alpha}\right) = -\frac{1}{2}\left(e^{j\alpha} - e^{-j\alpha}\right) = -\sin\alpha$
Additionstheoreme	$\cos(\alpha \pm \beta) = \cos\alpha \cos\beta \mp \sin\alpha \sin\beta$
	$\sin(\alpha \pm \beta) = \sin\alpha \cos\beta \pm \cos\alpha \sin\beta$
	$\cos\left(\alpha - \frac{2\pi}{3}\right) = -\frac{1}{2}\cos\alpha + \frac{\sqrt{3}}{2}\sin\alpha$
	$\cos\left(\alpha + \frac{2\pi}{3}\right) = -\frac{1}{2}\cos\alpha - \frac{\sqrt{3}}{2}\sin\alpha$
	$\sin\left(\alpha - \frac{2\pi}{3}\right) = -\frac{1}{2}\sin\alpha - \frac{\sqrt{3}}{2}\cos\alpha$
	$\sin\left(\alpha + \frac{2\pi}{3}\right) = -\frac{1}{2}\sin\alpha + \frac{\sqrt{3}}{2}\cos\alpha$
	$\cos\alpha + \cos\left(\alpha - \frac{2\pi}{3}\right) + \cos\left(\alpha + \frac{2\pi}{3}\right) = 0$
	$\cos^2\alpha + \cos^2\left(\alpha - \frac{2\pi}{3}\right) + \cos^2\left(\alpha + \frac{2\pi}{3}\right) = \frac{3}{2}$
	$\cos\alpha \cos\left(\alpha - \frac{2\pi}{3}\right) + \cos\left(\alpha - \frac{2\pi}{3}\right)\cos\left(\alpha + \frac{2\pi}{3}\right) + \cos\left(\alpha + \frac{2\pi}{3}\right)\cos\alpha = -\frac{3}{4}$
Produkte	$\cos\alpha \cos\beta = \frac{1}{2}\left[\cos(\alpha - \beta) + \cos(\alpha + \beta)\right]$
	$\sin\alpha \sin\beta = \frac{1}{2}\left[\cos(\alpha - \beta) - \cos(\alpha + \beta)\right]$
	$\sin\alpha \cos\beta = \frac{1}{2}\left[\sin(\alpha + \beta) + \sin(\alpha - \beta)\right]$
	$\cos\alpha \sin\beta = \frac{1}{2}\left[\sin(\alpha + \beta) - \sin(\alpha - \beta)\right]$
	$\cos\alpha \cos\left(\alpha - \frac{2\pi}{3}\right)\cos\left(\alpha + \frac{2\pi}{3}\right) = \frac{1}{4}\cos 3\alpha$
	$\cos\alpha \cos\left(\alpha - \frac{2\pi}{3}\right) + \cos\left(\alpha - \frac{2\pi}{3}\right)\cos\left(\alpha + \frac{2\pi}{3}\right) + \cos\left(\alpha + \frac{2\pi}{3}\right)\cos\alpha = -\frac{3}{4}$
	$\cos^2\alpha \cos^2\left(\alpha - \frac{2\pi}{3}\right)\cos^2\left(\alpha + \frac{2\pi}{3}\right) = \frac{1}{8}\cos^2(3\alpha)$
Hyperbelfunktionen	$\cosh\alpha = \frac{1}{2}\left(e^{\alpha} + e^{-\alpha}\right)$
	$\sinh\alpha = \frac{1}{2}\left(e^{\alpha} - e^{-\alpha}\right)$
	$\cosh\alpha + \sinh\alpha = e^{\alpha}$
	$\cosh\alpha - \sinh\alpha = e^{-\alpha}$
	$\cosh^2\alpha - \sinh^2\alpha = 1$
	$\tanh\alpha = \dfrac{\sinh\alpha}{\cosh\alpha} = \dfrac{1}{\coth\alpha}$
Hyperbelfunktionen mit komplexen Argumenten	$\sinh(\alpha + j\beta) = \sinh(\alpha)\cos(\beta) + j\cosh(\alpha)\sin(\beta)$
	$\cosh(\alpha + j\beta) = \cosh(\alpha)\cos(\beta) + j\sinh(\alpha)\sin(\beta)$

4 Matrizen und Vektoren

4.1 Matrizenschreibweise von Gleichungssystemen

Für die Berechnung von Drehstromsystemen (siehe Kapitel 9) im Frequenzbereich mit Hilfe von Zeigern für die Spannungen und Ströme und Operatoren für die Impedanzen und Admittanzen (siehe Abschnitt 5.2) ergeben sich nach der Anwendung von Knoten- und Maschengleichungen (siehe Kapitel 8) lineare algebraische Gleichungssysteme, die sehr kompakt mit Hilfe der Matrizenschreibweise mathematisch beschrieben werden können. Für ein lineares (m, n)-Gleichungssystem gilt allgemein:

$$\begin{bmatrix} \underline{a}_{11} & \underline{a}_{12} & \cdots & \underline{a}_{1i} & \cdots & \underline{a}_{1n} \\ \underline{a}_{21} & \underline{a}_{22} & \cdots & \underline{a}_{1i} & \cdots & \underline{a}_{2n} \\ \vdots & \vdots & \ddots & \vdots & \ddots & \vdots \\ \underline{a}_{i1} & \underline{a}_{i2} & \cdots & \underline{a}_{ii} & \cdots & \underline{a}_{in} \\ \vdots & \vdots & \ddots & \vdots & \ddots & \vdots \\ \underline{a}_{m1} & \underline{a}_{m2} & \cdots & \underline{a}_{mi} & \cdots & \underline{a}_{mn} \end{bmatrix} \begin{bmatrix} \underline{x}_1 \\ \underline{x}_2 \\ \vdots \\ \underline{x}_i \\ \vdots \\ \underline{x}_n \end{bmatrix} = \begin{bmatrix} \underline{y}_1 \\ \underline{y}_2 \\ \vdots \\ \underline{y}_i \\ \vdots \\ \underline{y}_m \end{bmatrix} \tag{4.1}$$

Das Gleichungssystem umfasst m Gleichungen für die Bestimmung der n unbekannten Größen x_i. Im Folgenden werden Vektoren und Matrizen generell fett geschrieben. Dabei werden Vektoren klein und Matrizen groß dargestellt. Damit schreibt sich das algebraische Gleichungssystem aus Gl. (4.1) mit Hilfe der Matrix $\underline{A}$ bzw. der Spaltenvektoren $\underline{a}_i$, $\underline{x}$ und $\underline{y}$:

$$\underline{A}\,\underline{x} = \begin{bmatrix} \underline{a}_1 & \underline{a}_2 & \cdots & \underline{a}_i & \cdots & \underline{a}_n \end{bmatrix} \underline{x} = \underline{y} \tag{4.2}$$

Die Anzahl der linear unabhängigen Gleichungen des Gleichungssystems entspricht dem Rang $\mathrm{Rg}(\underline{A})$ der Matrix $\underline{A}$. Besitzt eine quadratische $(m = n)$ Matrix $\underline{A}$ einen Rang gleich ihrer Zeilen- und Spaltenzahl, so ist sie eine reguläre und damit invertierbare Matrix. Ihre Determinante ist ungleich null und damit ist auch keiner ihrer Eigenwerte gleich null. Des Weiteren sind ihre Zeilenvektoren, ebenso wie ihre Spaltenvektoren, linear unabhängig.

4.2 Lösung von linearen Gleichungssystemen

Das lineare (m, n)-Gleichungssystem in Gl. (4.1) bzw. Gl. (4.2) ist genau dann lösbar, wenn der Rang $\mathrm{Rg}(\underline{A})$ der Matrix $\underline{A}$ gleich dem Rang $\mathrm{Rg}(\underline{A}, \underline{y})$ der erweiterten Koeffizientenmatrix $[\underline{A}, \underline{y}]$ ist [1]. Andernfalls ist das Gleichungssystem unlösbar. Für den Fall der Lösbarkeit ist des Weiteren zu unterscheiden, ob der Rang $\mathrm{Rg}(\underline{A})$

https://doi.org/10.1515/9783110548532-004

der Matrix $\underline{A}$ der Anzahl n der Unbekannten x_i entspricht oder kleiner als diese ist. Für $\mathrm{Rg}(\underline{A}) = n$ ist die Lösung eindeutig und für $\mathrm{Rg}(\underline{A}) < n$ nicht eindeutig, d. h., dass man $n - \mathrm{Rg}(\underline{A})$-Variablen x_i beliebig wählen kann und sich die verbleibenden $\mathrm{Rg}(\underline{A})$-Variablen x_i aus Linearkombinationen dieser frei gewählten Variablen ergeben.

Für den Spezialfall eines linearen homogenen Gleichungssystems ($\underline{y} = \mathbf{0}$) sind natürlich der $\mathrm{Rg}(\underline{A})$ und $\mathrm{Rg}(\underline{A}, \underline{y})$ gleich. Das Gleichungssystem ist für $\mathrm{Rg}(\underline{A}) = n$ dann nur trivial mit $\underline{x} = \mathbf{0}$ lösbar. Erst für $\mathrm{Rg}(\underline{A}) < n$ besitzt das Gleichungssystem nichttriviale Lösungen [1].

Für die Lösung von linearen Gleichungssystemen können das Gauß'sche Eliminationsverfahren und die Cramer'sche Regel eingesetzt werden. Beim Gauß'schen Eliminationsverfahren und bei seiner Anwendung als Dreieckszerlegung (auch LR-Zerlegung) werden durch geschicktes Addieren einer Zeile oder eines Vielfachen einer Zeile („Eliminationszeile") zu anderen Zeilen die Werte in einer Spalte dieser Zeilen zu null gemacht. Beginnt man dabei mit der ersten Zeile als Eliminationszeile, eliminiert in allen anderen Zeilen die Elemente der ersten Spalte und fährt anschließend mit der zweiten Zeile als Eliminationszeile fort und eliminiert in nachfolgenden Zeilen die Elemente der zweiten Spalte, so entsteht ein gestaffeltes System $\underline{R}$ in Stufenform, dessen untere Dreiecksmatrix gleich null ist. Dabei ist natürlich die rechte Seite entsprechend mitzubehandeln. Für ein reguläres lineares (n, n)-Gleichungssystem ergibt sich:

$$\underline{R} \cdot \underline{x} = \begin{bmatrix} a_{11} & a_{12} & \cdots & a_{1i} & \cdots & a_{1n} \\ 0 & a'_{22} & \cdots & a'_{2i} & \cdots & a'_{2n} \\ \vdots & \ddots & \ddots & \vdots & \ddots & \vdots \\ 0 & \ddots & 0 & a'_{ii} & \cdots & a'_{in} \\ \vdots & \ddots & \cdots & 0 & \ddots & \vdots \\ 0 & 0 & \cdots & 0 & 0 & a'_{nn} \end{bmatrix} \begin{bmatrix} x_1 \\ x_2 \\ \vdots \\ x_i \\ \vdots \\ x_n \end{bmatrix} = \begin{bmatrix} y'_1 \\ y'_2 \\ \vdots \\ y'_i \\ \vdots \\ y'_n \end{bmatrix} = \underline{y}' \qquad (4.3)$$

Die für die Herstellung dieser Stufenform erforderlichen Eliminationskoeffizienten (negative Vielfache der Eliminationszeilen) können in einer unteren Dreiecksmatrix $\underline{L}$ zusammengefasst werden, deren Diagonalelemente zusätzlich gleich eins gesetzt werden:

$$\underline{L} = \begin{bmatrix} 1 & 0 & \cdots & 0 & \cdots & 0 \\ l_{21} & 1 & \ddots & 0 & \cdots & 0 \\ \vdots & \ddots & \ddots & 0 & \ddots & \vdots \\ l_{i1} & l_{i2} & \ddots & 1 & \ddots & 0 \\ \vdots & \vdots & \ddots & \ddots & \ddots & 0 \\ l_{n1} & l_{n2} & \cdots & l_{ni} & \ddots & 1 \end{bmatrix} \qquad (4.4)$$

Es gilt dann weiterhin [1]:

$$\underline{A} \cdot \underline{x} = \underline{L} \cdot \underline{R} \cdot \underline{x} = \underline{L} \cdot \underline{z} = \underline{y} \tag{4.5}$$

Durch die Einführung der Zwischengrößen $\underline{z}$ kann das Gleichungssystem in zwei Schritten durch Abwärts- und Aufwärtsrechnung gelöst werden. Beim Abwärtsrechnen werden zunächst die $\underline{z}_i$ mit Hilfe der Matrix $\underline{L}$ und der rechten Gleichungsseite $\underline{y}$ bestimmt:

$$\underline{L} \cdot \underline{z} = \begin{bmatrix} 1 & 0 & \cdots & 0 & \cdots & 0 \\ \underline{l}_{21} & 1 & \ddots & 0 & \cdots & 0 \\ \vdots & \ddots & \ddots & 0 & \ddots & \vdots \\ \underline{l}_{i1} & \underline{l}_{i2} & \ddots & 1 & \ddots & 0 \\ \vdots & \vdots & \ddots & \ddots & \ddots & 0 \\ \underline{l}_{n1} & \underline{l}_{n2} & \cdots & \underline{l}_{ni} & \ddots & 1 \end{bmatrix} \begin{bmatrix} \underline{z}_1 \\ \underline{z}_2 \\ \vdots \\ \underline{z}_i \\ \vdots \\ \underline{z}_n \end{bmatrix} = \begin{bmatrix} \underline{y}_1 \\ \underline{y}_2 \\ \vdots \\ \underline{y}_i \\ \vdots \\ \underline{y}_n \end{bmatrix} = \underline{y} \tag{4.6}$$

Es gilt die folgende rekursive Gleichung ($l_{ii} = 1$):

$$\underline{z}_i = \frac{1}{\underline{l}_{ii}} \left(\underline{y}_i - \sum_{k=1}^{i-1} \underline{l}_{ik} \underline{y}_k \right) \tag{4.7}$$

Anschließend können durch Aufwärtsrechnung die $\underline{x}_i$ bestimmt werden:

$$\underline{R} \cdot \underline{x} = \begin{bmatrix} \underline{r}_{11} & \underline{r}_{12} & \cdots & \underline{r}_{1i} & \cdots & \underline{r}_{1n} \\ 0 & \underline{r}_{22} & \cdots & \underline{r}_{2i} & \cdots & \underline{r}_{2n} \\ \vdots & \ddots & \ddots & \ddots & \ddots & \vdots \\ 0 & \ddots & \ddots & \underline{r}_{ii} & \cdots & \underline{r}_{in} \\ \vdots & \ddots & 0 & \ddots & \ddots & \vdots \\ 0 & \cdots & 0 & \cdots & 0 & \underline{r}_{nn} \end{bmatrix} \begin{bmatrix} \underline{x}_1 \\ \underline{x}_2 \\ \vdots \\ \underline{x}_i \\ \vdots \\ \underline{x}_n \end{bmatrix} = \begin{bmatrix} \underline{z}_1 \\ \underline{z}_2 \\ \vdots \\ \underline{z}_i \\ \vdots \\ \underline{z}_n \end{bmatrix} = \underline{z} \tag{4.8}$$

Es gilt die folgende rekursive Gleichung:

$$\underline{x}_i = \frac{1}{r_{ii}} \cdot \left(\underline{z}_i - \sum_{k=i+1}^{n} \underline{r}_{ik} \cdot \underline{x}_k \right) \tag{4.9}$$

Entsteht während der Dreiecksfaktorisierung auf dem Diagonalelement der nächsten Eliminationszeile ein Nullelement, so sind Zeilenvertauschungen erforderlich, die durch Permutationsmatrizen beschrieben werden können [2]. Des Weiteren sollte insbesondere bei spärlich besetzten Matrizen, wie sie bei der mathematischen Beschreibung von elektrischen Systemen entstehen, bei der Elimination auf die Begrenzung der Entstehung von Nicht-Nullelementen geachtet werden [3]. Hierfür existieren verschiedene Vorgehensweisen, die in [3] kurz beschrieben werden. Weiterhin sei hier hinsichtlich weiterer Verfahren, z. B. iterativer Verfahren, Genauigkeit, Rechenaufwand, etc. auf vertiefende Literatur verwiesen, z. B. [1, 2].

Mit Hilfe der Cramer'schen Regel können reguläre lineare Gleichungssysteme ebenfalls gelöst werden. Die Regularität sichert die Invertierbarkeit der Matrix $\underline{\underline{A}}$, d. h. die Determinante $\det(\underline{\underline{A}})$ der Matrix $\underline{\underline{A}}$ ist ungleich null:

$$\underline{x} = \underline{\underline{A}}^{-1} \cdot \underline{y} = \frac{\mathrm{adj}\,(\underline{\underline{A}})}{\det\,(\underline{\underline{A}})} \cdot \underline{y} = \frac{1}{\det\,(\underline{\underline{A}})} \cdot \begin{bmatrix} \underline{A}_{11} & \underline{A}_{12} & \cdots & \underline{A}_{1n} \\ \underline{A}_{21} & \underline{A}_{22} & \cdots & \underline{A}_{2n} \\ \vdots & \vdots & \ddots & \vdots \\ \underline{A}_{n1} & \underline{A}_{n2} & \cdots & \underline{A}_{nn} \end{bmatrix} \begin{bmatrix} \underline{y}_1 \\ \underline{y}_2 \\ \vdots \\ \underline{y}_n \end{bmatrix} \tag{4.10}$$

mit der Matrix $\mathrm{adj}(\underline{\underline{A}})$ der Adjunkten (algebraische Komplemente oder Kofaktoren) $\underline{A}_{ik}$ der Elemente $\underline{a}_{ik}$ der Matrix $\underline{\underline{A}}$. Die Adjunkte $\underline{A}_{ik}$ berechnet sich aus dem Faktor $(-1)^{i+k}$ und der Unterdeterminanten des Elementes $\underline{a}_{ik}$:

$$\underline{A}_{ik} = (-1)^{i+k} \begin{vmatrix} \underline{a}_{11} & \cdots & \underline{a}_{1k-1} & \underline{a}_{1k+1} & \cdots & \underline{a}_{1n} \\ \vdots & \vdots & \vdots & \vdots & \cdots & \vdots \\ \underline{a}_{i-11} & \cdots & \underline{a}_{i-1k-1} & \underline{a}_{i-1k+1} & \vdots & \underline{a}_{i-1n} \\ \underline{a}_{i+11} & \cdots & \underline{a}_{i+1k-1} & \underline{a}_{ik+1} & \cdots & \underline{a}_{i+1n} \\ \vdots & \vdots & \vdots & \vdots & \vdots & \vdots \\ \underline{a}_{n1} & \cdots & \underline{a}_{nk-1} & \underline{a}_{nk+1} & \cdots & \underline{a}_{nn} \end{vmatrix} \tag{4.11}$$

Die Bestimmung eines einzelnen Elementes des Lösungsvektors kann auch wie folgt angegeben werden [1]:

$$\underline{x}_i = \frac{\det\,(\underline{\underline{A}}_i)}{\det\,(\underline{\underline{A}})} = \frac{\det\left(\begin{bmatrix} \underline{a}_1 & \underline{a}_2 & \cdots & \underline{y} & \cdots & \underline{a}_n \end{bmatrix}\right)}{\det\,(\underline{\underline{A}})}$$

$$= \frac{1}{\det\,(\underline{\underline{A}})} \begin{vmatrix} \underline{a}_{11} & \underline{a}_{12} & \cdots & \underline{y}_1 & \cdots & \underline{a}_{1n} \\ \underline{a}_{21} & \underline{a}_{22} & \cdots & \underline{y}_2 & \cdots & \underline{a}_{2n} \\ \vdots & \vdots & \ddots & \vdots & \ddots & \vdots \\ \underline{a}_{i1} & \underline{a}_{i2} & \cdots & \underline{y}_i & \cdots & \underline{a}_{in} \\ \vdots & \vdots & \ddots & \vdots & \ddots & \vdots \\ \underline{a}_{n1} & \underline{a}_{n2} & \cdots & \underline{y}_n & \cdots & \underline{a}_{nn} \end{vmatrix} \tag{4.12}$$

wobei für die Bestimmung der Determinanten $\det(\underline{A}_i)$ die i-te Spalte der Matrix $\underline{A}$ durch den Vektor $\underline{y}$ ersetzt wird.

Die Berechnung mit der Cramer'schen Regel ist aufgrund der Berechnung vieler Determinanten sehr aufwendig.

4.3 Spezielle Matrizen

Die in Tabelle 4.1 angegebenen speziellen Matrizen und Vektoren erleichtern die Darstellung und die Umstellung von Gleichungssystemen.

Tab. 4.1: Spezielle Matrizen und Vektoren

Matrix/Vektor	Schreibweise
i-ter Spaltenvektor	$\boldsymbol{a}_{si} = \begin{bmatrix} a_{1i} & a_{2i} & \dots & a_{ii} & \dots & a_{ni} \end{bmatrix}^T$
i-ter Zeilenvektor	$\boldsymbol{a}_{zi} = \begin{bmatrix} a_{i1} & a_{i2} & \dots & a_{ii} & \dots & a_{in} \end{bmatrix}$
Diagonalmatrix	$\boldsymbol{D} = \text{diag}\begin{pmatrix} a_{11} & a_{22} & \dots & a_{ii} & \dots & a_{nn} \end{pmatrix}$
Einheitsmatrix	$\boldsymbol{E} = \text{diag}\begin{pmatrix} 1 & 1 & \dots & 1 & \dots & 1 \end{pmatrix}$
komplexe Matrix	$\underline{A} = (\underline{a}_{ik})^{m \times n}$
zu $\underline{A}$ konjugiert komplexe Matrix	$\underline{A}^* = (\underline{a}_{ik}^*)^{m \times n}$
zu $\boldsymbol{A}$ transponierte Matrix	$\boldsymbol{A}^T = (\underline{a}_{ik})^{n \times m}$
$\boldsymbol{A}$ ist symmetrische Matrix	$\boldsymbol{A} = \boldsymbol{A}^T = (\underline{a}_{ik})^{n \times n}, \; a_{ki} = a_{ik}$
$\boldsymbol{A}$ ist schiefsymmetrische Matrix	$\boldsymbol{A}^T = -\boldsymbol{A}$
zu $\underline{A}$ adjungierte Matrix	$\underline{A}^{*T}$
$\underline{A}$ ist hermitische Matrix	$\underline{A}^{*T} = \underline{A}$
zu $\underline{A}$ inverse Matrix	$\underline{A}^{-1}$
$\boldsymbol{A}$ ist orthogonale Matrix	$\boldsymbol{A}^T = \boldsymbol{A}^{-1}$
$\underline{A}$ ist unitäre Matrix	$\underline{A}^{*T} = \underline{A}^{-1}$
$\underline{A}$ ist normale Matrix	$\underline{A}\,\underline{A}^{*T} = \underline{A}^{*T}\underline{A}$

4.4 Rechenregeln für Matrizen

Für das Rechnen mit Matrizen gelten u. a. die in Tabelle 4.2 angegebenen Rechenregeln.

Tab. 4.2: Ausgewählte Regeln für das Rechnen mit Matrizen und Vektoren

Rechenregel	Schreibweise und Ergebnis
Addition $c_{ik} = a_{ik} + b_{ik}$	$\mathbf{A} + \mathbf{B} = \mathbf{B} + \mathbf{A} = \mathbf{C}$
Multiplikation $c_{ik} = \mathbf{a}_i^{\mathrm{T}} \mathbf{b}_l = \displaystyle\sum_{j=1}^{n} a_{ij}\, b_{jk}$	$\mathbf{A}\,\mathbf{B} = \mathbf{C}$
Assoziativgesetz	$\mathbf{A}\,\mathbf{B}\,\mathbf{C} = (\mathbf{A}\,\mathbf{B})\mathbf{C} = \mathbf{A}(\mathbf{B}\,\mathbf{C})$
Distributivgesetz	$(\mathbf{A} + \mathbf{B})\mathbf{C} = \mathbf{A}\,\mathbf{C} + \mathbf{B}\,\mathbf{C}$ $\mathbf{C}(\mathbf{A} + \mathbf{B}) = \mathbf{C}\,\mathbf{A} + \mathbf{C}\,\mathbf{B}$
Kommutativgesetz (gilt auch nicht für das Produkt mit einer Diagonalmatrix)	$\mathbf{A}\,\mathbf{B} \neq \mathbf{B}\,\mathbf{A}$ $\mathbf{A}\,\mathbf{D} \neq \mathbf{D}\,\mathbf{A}$
Multiplikation von $\mathbf{A}$ mit einer Diagonalmatrix von links	$\mathbf{D}\,\mathbf{A} = \begin{bmatrix} d_1 a_{11} & d_1 a_{12} & \cdots & d_1 a_{1n} \\ d_2 a_{21} & d_2 a_{22} & \cdots & d_2 a_{2n} \\ \vdots & \vdots & \ddots & \vdots \\ d_n a_{n1} & d_n a_{n2} & \cdots & d_n a_{nn} \end{bmatrix}$
Multiplikation von $\mathbf{A}$ mit einer Diagonalmatrix von rechts	$\mathbf{A}\,\mathbf{D} = \begin{bmatrix} a_{11} d_1 & a_{12} d_2 & \cdots & a_{1n} d_n \\ a_{21} d_1 & a_{22} d_2 & \cdots & a_{2n} d_n \\ \vdots & \vdots & \ddots & \vdots \\ a_{n1} d_1 & a_{n2} d_2 & \cdots & a_{nn} d_n \end{bmatrix}$
Multiplikation mit einem Spaltenvektor $c_i = \mathbf{a}_i^{\mathrm{T}} \mathbf{b} = \sum_{j=1}^{n} a_{ij} b_j$	$\mathbf{A}\,\mathbf{b} = \begin{bmatrix} a_{11} & a_{12} & \cdots & a_{1n} \\ a_{21} & a_{22} & \cdots & a_{2n} \\ \vdots & \vdots & \ddots & \vdots \\ a_{n1} & a_{n2} & \cdots & a_{nn} \end{bmatrix} \begin{bmatrix} b_1 \\ b_2 \\ \vdots \\ b_n \end{bmatrix} = \begin{bmatrix} c_1 \\ c_1 \\ \vdots \\ c_n \end{bmatrix} = \mathbf{c}$
Das Ergebnis des Produkts eines Zeilen- mit einem Spaltenvektor ist ein Skalar.	$\mathbf{a}^{\mathrm{T}} \mathbf{b} = \begin{bmatrix} a_1 & a_2 & \cdots & a_n \end{bmatrix} \begin{bmatrix} b_1 \\ b_2 \\ \vdots \\ b_n \end{bmatrix} = c$
Das Ergebnis des Produkts eines Spalten- mit einem Zeilenvektor (dyadisches Produkt) ist eine Matrix.	$\mathbf{a}\,\mathbf{b}^{\mathrm{T}} = \begin{bmatrix} a_1 b_1 & a_1 b_2 & \cdots & a_1 b_m \\ a_2 b_2 & a_2 b_2 & \cdots & a_2 b_m \\ \vdots & \vdots & \ddots & \vdots \\ a_n b_1 & a_n b_2 & \cdots & a_n b_m \end{bmatrix} = \mathbf{C}$
Multiplikation mit einem Skalar	$k\,\mathbf{A} = \mathbf{A}\,k = (k\,a_{ik})^{m \times n}$
Inversion $\mathbf{B} = [\mathbf{b}_1 \ \mathbf{b}_2 \ \cdots \ \mathbf{b}_i \ \cdots \ \mathbf{b}_n] = \mathbf{A}^{-1}$ Berechnung des i-ten Spaltenvektors $\mathbf{b}_i$ der Inversen $\mathbf{B}$ durch geordnete Elimination mit dem i-ten Spaltenvektor $\mathbf{e}_i$ der Einheitsmatrix $\mathbf{E}$	$\mathbf{A}\,\mathbf{B} = \mathbf{A}\,\mathbf{A}^{-1} = \mathbf{E} \ \Leftrightarrow \ \mathbf{A}\,\mathbf{b}_i = \mathbf{e}_i$ $(\mathbf{A}\,\mathbf{B})^{-1} = \mathbf{B}^{-1}\mathbf{A}^{-1}$
Transposition	$(\mathbf{A}\,\mathbf{B})^{\mathrm{T}} = \mathbf{B}^{\mathrm{T}}\mathbf{A}^{\mathrm{T}}$ und $(\mathbf{A}^{\mathrm{T}})^{\mathrm{T}} = \mathbf{A}$ $(\mathbf{A} + \mathbf{B})^{\mathrm{T}} = \mathbf{A}^{\mathrm{T}} + \mathbf{B}^{\mathrm{T}}$

4.5 Koordinatentransformation, Eigenwerte und Eigenvektoren

In der elektrischen Energieversorgung werden häufig zur Erreichung von einfacher zu behandelnden Gleichungssystemen oder zur Ausnutzung von Symmetrieeigenschaften Transformationen in andere Koordinatensysteme (auch Modaltransfomation) vorgenommen, wie z. B. die Transformation in die Symmetrischen Koordinaten (siehe Kapitel 20). Dabei unterscheidet man zum einen zwischen reellen und komplexen und zum anderen zwischen ruhenden und rotierenden (umlaufenden) Koordinatensystemen. Koordinatentransformationen können dabei sowohl auf die elektrischen und magnetischen Größen im Zeitbereich als auch auf die entsprechenden Zeiger im Frequenzbereich angewendet werden. Ziel einer Koordinatentransformation ist es, eine Parametermatrix, z. B. eine Impedanz- oder Admittanzmatrix, auf eine Diagonalform mit den Eigenwerten als Diagonalelementen zu transformieren, um damit die Kopplungen zwischen den drei Leitern eines Drehstromsystems entfallen zu lassen und eine einfachere und übersichtlichere Berechnung zu ermöglichen. Dies wird in Kapitel 20 am Beispiel der Transformation in die Symmetrischen Koordinaten ausführlich erläutert. Hier wird im Folgenden auf die Bestimmung der Eigenwerte und Eigenvektoren von Matrizen und ihre Bedeutung eingegangen. Eigenwerte geben z. B. darüber Auskunft, ob ein lineares Gleichungssystem eindeutig lösbar ist. Das ist z. B. an der Definition der Determinanten $\det(\underline{A})$ einer quadratischen Matrix $\underline{A}$ der Ordnung n erkennbar, die sich auch aus dem Produkt aller Eigenwerte $\underline{\lambda}_i$ bestimmen lässt [1]:

$$\det(\underline{A}) = \prod_{i=1}^{n} \underline{\lambda}_i \qquad (4.13)$$

Ein Nulleigenwert lässt die Determinante von $\underline{A}$ ebenfalls zu null werden. Die Matrix $\underline{A}$ ist dann nicht mehr regulär, sie ist nicht invertierbar, ihr Rang ist kleiner als ihre Zeilenanzahl und die Lösung des linearen Gleichungssystem kann nicht mehr mit der Cramer'schen Regel in Gl. (4.12) berechnet werden.

Für die Diagonalisierung einer diagonalisierbaren quadratischen Matrix $\underline{A}$ mit Hilfe der Transformationsmatrix $\underline{T}_M$ und ihrer Inversen $\underline{T}_M^{-1}$ gilt [1]:

$$\underline{T}_M^{-1} \cdot \underline{A} \cdot \underline{T}_M = \underline{\Lambda} = \text{diag}(\underline{\lambda}_i) \qquad (4.14)$$

Diagonalisierbar sind insbesondere symmetrische Matrizen $\underline{A} = \underline{A}^T$. Für die Transformationsmatrix kann dann auch $\underline{T}_M^{-1} = \underline{T}_M^T$ angenommen werden. Die Diagonalelemente von $\underline{\Lambda}$ sind die Eigenwerte $\underline{\lambda}_i$ der Matrix $\underline{A}$. Die Spaltenvektoren der Matrix $\underline{T}_M$ sind die zugehörigen (rechtsseitigen) Eigenvektoren $\underline{t}_i$:

$$\underline{T}_M = \begin{bmatrix} \underline{t}_1 & \underline{t}_2 & \cdots & \underline{t}_i & \cdots & \underline{t}_n \end{bmatrix} \qquad (4.15)$$

Nach der Umstellung von Gl. (4.14) erhält man bei einer spaltenweisen Betrachtung:

$$\underline{A}\,\underline{t}_i = \lambda_i \underline{t}_i \quad \Leftrightarrow \quad (\underline{A} - \lambda_i E) \cdot \underline{t}_i = 0 \tag{4.16}$$

Diese Gleichung stellt ein homogenes lineares Gleichungssystem dar, dass nur eine nichttriviale Lösung besitzt, wenn der Rang $Rg(\underline{A} - \lambda_i E) < n$ ist. Damit muss die Determinante gleich null sein, woraus sich die Bestimmungsgleichung für die Eigenwerte ergibt (siehe Abschnitt 4.2):

$$\det(\underline{A} - \lambda_i E) = 0 \tag{4.17}$$

Die zugehörigen Eigenvektoren lassen sich dann für jeden Eigenwert λ_i mit Gl. (4.16) bestimmen. Dabei ist zum einen zu beachten, dass wegen der Bedingung in Gl. (4.17) bzw. in Abhängigkeit von der Vielfachheit der Eigenwerte entsprechend viele Elemente eines Eigenvektors vorzugeben sind (vgl. Abschnitt 4.2). Zum anderen ist darauf zu achten, dass sich linear unabhängige Eigenvektoren $\underline{t}_i$ ergeben.

4.6 Eigenwerte und inverse Matrizen spezieller Matrizen

Im Rahmen von Netzberechnungen ist die Inversion und auch die Berechnung von Eigenwerten erforderlich. Da die Matrizen in vielen Fällen bestimmte Struktureigenschaften aufweisen, können mit den Gleichungen in Tabelle 4.3 die Inverse einer Matrix und deren Eigenwerte explizit angegeben werden.

Tab. 4.3: Eigenwerte und inverse Matrizen spezieller Matrizen

spezielle Matrix	Eigenwerte und Inverse
zyklisch symmetrische Matrix $$M = \begin{bmatrix} A & B & C \\ C & A & B \\ B & C & A \end{bmatrix}$$	Inverse $$M^{-1} = \frac{1}{\det(M)} \begin{bmatrix} A^2 - BC & C^2 - AB & B^2 - AC \\ B^2 - AC & A^2 - BC & C^2 - AB \\ C^2 - AB & B^2 - AC & A^2 - BC \end{bmatrix}$$ $$\det(M) = A^3 + B^3 + C^3 - 3ABC$$ Eigenwerte $$\underline{\lambda}_1 = A + \underline{a}B + \underline{a}^2 C$$ $$\underline{\lambda}_2 = A + \underline{a}^2 B + \underline{a}C = \underline{\lambda}_1^*$$ $$\lambda_3 = A + B + C$$
diagonal-zyklisch symmetrische Matrix $$M = \begin{bmatrix} A & B & B \\ B & A & B \\ B & B & A \end{bmatrix}$$	Inverse $$M^{-1} = \frac{1}{(A-B)(A+2B)} \begin{bmatrix} A+B & -B & -B \\ -B & A+B & -B \\ -B & -B & A+B \end{bmatrix}$$ Eigenwerte $$\lambda_1 = A - B$$ $$\lambda_2 = A - B = \lambda_1$$ $$\lambda_3 = A + 2B$$
Eigenwerte symmetrischer Matrizen $$M = \begin{bmatrix} A & B & C \\ B & C & A \\ C & A & B \end{bmatrix}$$	Inverse $$M^{-1} = \frac{1}{\det(M)} \begin{bmatrix} A^2 - BC & B^2 - AC & C^2 - AB \\ B^2 - AC & C^2 - AB & A^2 - BC \\ C^2 - AB & A^2 - BC & B^2 - AC \end{bmatrix}$$ $$\det(M) = A^3 + B^3 + C^3 - 3ABC$$ Eigenwerte $$\lambda_1 = +\sqrt{A^2 + B^2 + C^2 - AB - BC - CA}$$ $$\lambda_2 = -\sqrt{A^2 + B^2 + C^2 - AB - BC - CA}$$ $$\lambda_3 = A + B + C$$
Für das Anwendungsbeispiel Synchronmaschine folgt mit $A = \cos\alpha$, $B = \cos\left(\alpha - \frac{2\pi}{3}\right)$ und $C = \cos\left(\alpha + \frac{2\pi}{3}\right)$: $$M =$$ $$\begin{bmatrix} \cos\alpha & \cos\left(\alpha - \frac{2\pi}{3}\right) & \cos\left(\alpha + \frac{2\pi}{3}\right) \\ \cos\left(\alpha - \frac{2\pi}{3}\right) & \cos\left(\alpha + \frac{2\pi}{3}\right) & \cos\alpha \\ \cos\left(\alpha + \frac{2\pi}{3}\right) & \cos\alpha & \cos\left(\alpha - \frac{2\pi}{3}\right) \end{bmatrix}$$	$\det(M) = 0 \Rightarrow M^{-1}$ existiert nicht. Eigenwerte $$\lambda_1 = \frac{3}{2}$$ $$\lambda_2 = -\frac{3}{2}$$ $$\lambda_3 = 0$$ Die Eigenwerte sind unabhängig von α. Das Ergebnis folgt aus den vorstehenden Gleichungen.

5 Verbraucherzählpfeilsystem, Impedanz und Admittanz

Ein Zählpfeilsystem gibt an, wie die Zählpfeile für die Spannungen und Ströme an den Klemmen (Pole) eines Betriebsmittels zueinander angeordnet sind. Die Zählpfeile für die Spannungen und Ströme werden einmalig festgelegt und geben Auskunft darüber, in welche Richtung der zugehörige Strom und die Spannung positiv zu zählen sind. Sie legen damit das Vorzeichen des Stromes und der Spannung fest und müssen damit auch nicht der tatsächlichen Stromflussrichtung bzw. Spannungsorientierung entsprechen.

Die Zuordnung der Strom- und Spannungszählpfeile hat Rückwirkung auf die Vorzeichen der Impedanzen bzw. Admittanzen und die der Schein-, Wirk- und Blindleistungen. Die in den folgenden Kapiteln sowie in Band 2 und Band 3 angegebenen Betriebsmittelgleichungen und Ersatzschaltungen werden, wenn es nicht explizit anders beschrieben ist, stets für das Verbraucherzählpfeilsystem (VZS) angegeben.

5.1 Zählpfeilzuordnung im Verbraucherzählpfeilsystem

Bei Verwendung des Verbraucherzählpfeilsystems (VZS) sind der Strom- und der Spannungszählpfeil gleichgerichtet angeordnet, d. h. das die beiden Zählpfeile ausgehend von einer Anschlussklemme (Pol) eines Zwei- oder Vierpols in dieselbe Richtung weisen (in Abbildung 5.1 von der oberen Klemme wegweisend). An einem (einphasigen) Zweipol (1-Tor) sind eine Spannung und ein Strom für die Beschreibung des Klemmenverhaltens des Zweipols und entsprechend jeweils eine Spannung und ein Strom an jedem der beiden Tore eines Vierpols (2-Tor) erforderlich.

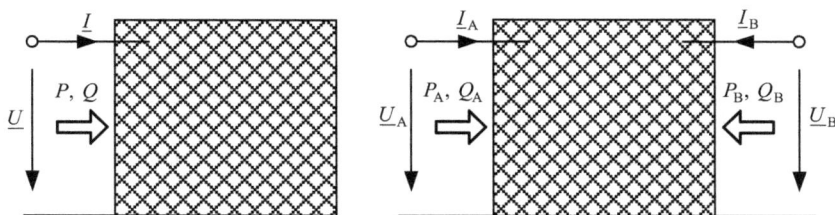

Abb. 5.1: Zählpfeile am Zweipol (links) und Zählpfeile am Vierpol (rechts) jeweils im VZS

Die Bezugspfeile für die Leistungen in Abbildung 5.1 werden durch das Zählpfeilsystem, hier ist es das VZS, vorgegeben. Sie geben die Bezugsrichtung der Leistungen an, auf die sich die Vorzeichen der Leistungen beziehen. Ein positives bzw. ein negatives Vorzeichen einer Wirk- oder Blindleistung geben im VZS aufgenommene bzw. abgegebene Wirk- oder Blindleistung an.

https://doi.org/10.1515/9783110548532-005

5.2 Impedanz und Admittanz

Im Verbraucherzählpfeilsystem sind der Spannungs- und der Stromzeiger über die Impedanz bzw. Admittanz miteinander über ein positives Vorzeichen verknüpft. Impedanz und Admittanz lassen sich über die Kehrwertbildung ineinander umrechnen. Sie sind im Gegensatz zu den Zeitzeigern für die Spannungen und Ströme, die die kosinusförmigen Spannungs- und Stromzeitverläufe symbolisch durch rotierende oder abkürzend durch ruhende Zeitzeiger beschreiben, keine zeitabhängigen Größen und werden als Operatoren bezeichnet.

Für den Zweipol gilt:

$$\underline{Z} = (+)\frac{\underline{U}}{\underline{I}} = \frac{U}{I} e^{j(\varphi_U - \varphi_I)} = Z e^{j\varphi_Z}$$

$$= \mathrm{Re}\,\{\underline{Z}\} + j\,\mathrm{Im}\,\{\underline{Z}\} = Z\,(\cos\varphi_Z + j\sin\varphi_Z) = R + jX \tag{5.1}$$

mit:

$$Z = \sqrt{R^2 + X^2} \quad \text{und} \quad \varphi_Z = \varphi_U - \varphi_I = \arctan\left(\frac{X}{R}\right) \quad (R > 0) \tag{5.2}$$

Der Summenausdruck in Gl. (5.1) beschreibt eine Reihenschaltung aus dem Wirkwiderstand (Resistanz) R und einem Blindwiderstand (Reaktanz) X. Positive Werte von R und X kennzeichnen Ohm'sche Verbraucher und Induktivitäten L, während negative Werte auf Wirkleistungsquellen $\ominus$ bzw. Kapazitäten C hinweisen. Der Impedanzwinkel φ_Z ergibt sich entsprechend Gl. (5.2) und ist in Abbildung 5.2 links dargestellt.

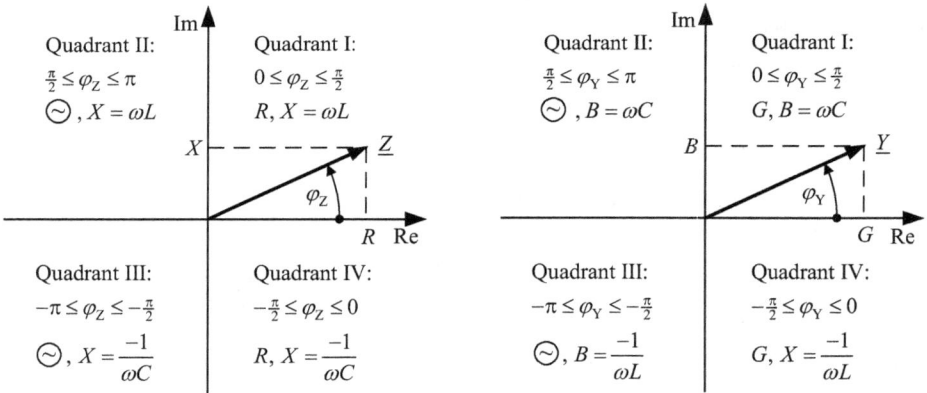

Abb. 5.2: Darstellung der Impedanz $\underline{Z}$ (links) und der Admittanz $\underline{Y}$ (rechts) in der komplexen Ebene

Spannung und Strom weisen eine Phasenverschiebung φ auf, die dem Impedanzwinkel φ_Z entspricht:

$$\varphi = \varphi_U - \varphi_I = \varphi_Z \tag{5.3}$$

Die Phasenverschiebung wird entsprechend der hier angegebenen Rechenvorschrift immer vom Stromzeiger zum Spannungszeiger gerechnet und ebenso in den Zeigerbildern eingetragen.

Für die Admittanz gilt:

$$\underline{Y} = (+)\frac{\underline{I}}{\underline{U}} = \frac{I}{U}\, e^{j(\varphi_I - \varphi_U)} = Y\, e^{j\varphi_Y}$$
$$= \operatorname{Re}\{\underline{Y}\} + j\operatorname{Im}\{\underline{Y}\} = Y\,(\cos\varphi_Y + j\sin\varphi_Y) = G + jB \tag{5.4}$$

mit:

$$Y = \sqrt{G^2 + B^2} \quad \text{und} \quad \varphi_Y = -\varphi_Z = \varphi_I - \varphi_U = \arctan\left(\frac{B}{G}\right) \quad (G > 0) \tag{5.5}$$

Der Summenausdruck in Gl. (5.4) beschreibt eine Parallelschaltung aus dem Ohm'schen Leitwert (Konduktanz) G und dem Blindleitwert (Suszeptanz) B. Positive Werte von G und B kennzeichnen Ohm'sche Verbraucher und Kapazitäten C, während negative Werte auf Wirkleistungsquellen bzw. Induktivitäten L hinweisen. Der Admittanzwinkel φ_Y ergibt sich entsprechend Gl. (5.5) und ist in Abbildung 5.2 rechts dargestellt.

Es gelten die folgenden Zusammenhänge zwischen der Definition der Impedanz und Admittanz:

$$\underline{Y} = \frac{1}{\underline{Z}} = \frac{R - jX}{R^2 + X^2} = \frac{R - jX}{Z^2} = G + jB \tag{5.6}$$

bzw.:

$$\underline{Z} = \frac{1}{\underline{Y}} = \frac{G - jB}{G^2 + B^2} = \frac{G - jB}{Y^2} = R + jX \tag{5.7}$$

mit:

$$G = \frac{R}{Z^2}, \quad B = -\frac{X}{Z^2} \quad \text{und} \quad \varphi_Y = -\varphi_Z \tag{5.8}$$

bzw.:

$$R = \frac{G}{Y^2}, \quad X = -\frac{B}{Y^2} \quad \text{und} \quad \varphi_Z = -\varphi_Y \tag{5.9}$$

Für Vier- und Mehrpole wird auf die Ausführungen in Abschnitt 7.4 verwiesen.

5.3 Zeigerbilder für typische Grundschaltelemente von Zweipolen im VZS

An Ohm'schen Widerständen R und Leitwerten G sind im VZS der Strom und die Spannung in Phase, d. h. die Phasenverschiebung $\varphi = \varphi_U - \varphi_I = \varphi_Z$ beträgt 0. Dementsprechend sind der Strom- und der Spannungszeiger ebenfalls in Phase (siehe Abbildung 5.3).

$$\underline{U} = R\underline{I} \quad \Leftrightarrow \quad \underline{I} = G\underline{U} \tag{5.10}$$

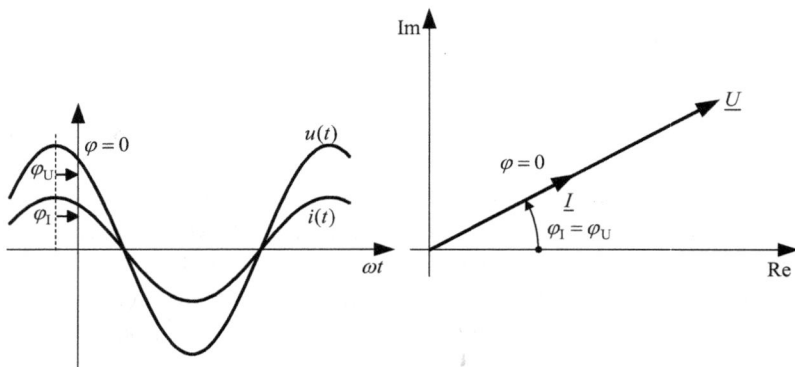

Abb. 5.3: Spannungs- und Stromzeitverlauf (links) und Spannungs- und Stromzeiger an einem Ohm'schen Widerstand oder Leitwert (rechts) jeweils im VZS

An Induktivitäten L ist die Spannung proportional zur zeitlichen Ableitung des Stromes. Die Spannung eilt damit im VZS dem Strom um $\pi/2$ voraus (siehe Abbildung 5.4 und vgl. Abschnitt 3.2). Im Frequenzbereich eilt der Spannungszeiger ebenfalls dem Stromzeiger um die Phasenverschiebung $\varphi = \varphi_u - \varphi_i = \varphi_Z = \pi/2$ voraus.

$$\underline{U} = j\omega L\underline{I} = jX\underline{I} = jX_L\underline{I} \quad \Leftrightarrow \quad \underline{I} = \frac{1}{jX_L}\underline{U} = \frac{1}{j\omega L}\underline{U} = j\frac{-1}{\omega L}\underline{U} = jB\underline{U} = jB_L\underline{U} \tag{5.11}$$

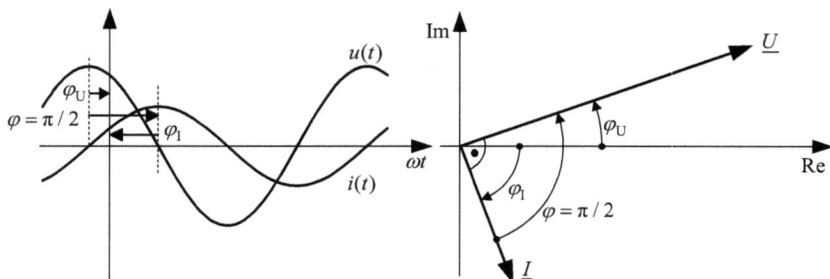

Abb. 5.4: Spannungs- und Stromzeitverlauf (links) und Spannungs- und Stromzeiger an einer Induktivität (rechts) jeweils im VZS

An Kapazitäten C ist der Strom proportional zur zeitlichen Ableitung der Spannung. Der Strom eilt im VZS der Spannung um $\pi/2$ nach (siehe Abbildung 5.5). Im Frequenzbereich eilt der Spannungszeiger damit dem Stromzeiger um die Phasenverschiebung $\varphi = \varphi_U - \varphi_I = \varphi_Z = -\pi/2$ nach.

$$\underline{I} = \mathrm{j}\omega C \underline{U} = \mathrm{j}B\underline{U} = \mathrm{j}B_C\underline{U} \quad \Leftrightarrow \quad \underline{U} = \frac{1}{\mathrm{j}B_C}\underline{I} = \frac{1}{\mathrm{j}\omega C}\underline{I} = \mathrm{j}\frac{-1}{\omega C}\underline{I} = \mathrm{j}X\underline{I} = \mathrm{j}X_C\underline{I} \qquad (5.12)$$

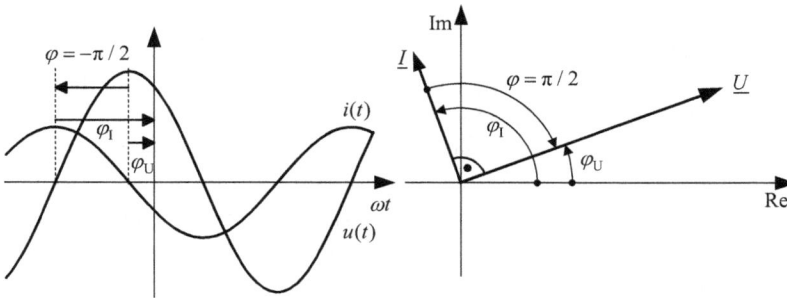

Abb. 5.5: Spannungs- und Stromzeitverlauf (links) und Spannungs- und Stromzeiger an einer Kapazität (rechts) jeweils im VZS

5.4 Hinweise zur Konstruktion von Zeigerbildern

Bei der Konstruktion von Zeigerbildern für elektrische Netzwerke sollten die folgenden allgemeinen Hinweise und die prinzipielle Vorgehensweise zusammen mit den in Abschnitt 5.3 beschriebenen Zusammenhängen zwischen den Strom- und Spannungszeigern der typischen Grundschaltelemente von Zweipolen beachtet werden:

1. Es sind die Zählpfeile für Ströme und Spannungen an die einzelnen Schaltelemente gemäß des VZS in das Schaltbild des Netzwerks einzuzeichnen.
2. Es sind die Knotenpunktsätze und Maschengleichungen zu formulieren (siehe Kapitel 8).
3. Für eine quantitative Darstellung der Strom- und Spannungszeiger sind die Maßstäbe für die Ströme in A/cm bzw. kA/cm und für die Spannungen in V/cm bzw. kV/cm festzulegen. In der Regel werden Zeigerbilder allerdings nur für die Beschreibung und Darstellung von grundsätzlichen qualitativen Zusammenhängen genutzt, so dass die Festlegung von Maßstäben dann entfallen kann.
4. Bei komplizierten Netzwerken sollte der Aufbau des Zeigerbildes im „Inneren" auf Basis eines gegebenen Zusammenhangs zwischen Strömen und Spannungen (z. B. über die Leistung oder die Impedanz/Admittanz) beginnen und dann das Zeigerbild nach „außen" hin aufgebaut werden. Dabei sollte eine mehreren Schaltelementen gemeinsame Größe möglichst in die Bezugsachse, typischer-

weise die reelle Achse, gelegt werden. Für die Konstruktion von weiteren Zeigern sollten gemeinsame Größen gesucht werden:

(a) Reihenschaltungen enthalten als gemeinsame Größe den Strom durch die in Reihe geschalteten Elemente. Mit ihrer Kenntnis können die Teilspannungen über den Reihenelementen bestimmt werden.

(b) Parallelschaltungen enthalten als gemeinsame Größe die Spannung über die parallel geschalteten Elemente. Mit ihrer Kenntnis können die Teilströme durch die Parallelelemente bestimmt werden.

(c) Bei einer Reihenschaltung aus Widerstand und Reaktanz oder einer Parallelschaltung aus Leitwert und Suszeptanz liefert der Thaleskreis die notwendige rechtwinklige Aufteilung der gesamten Spannung auf die Teilspannungen bzw. des Stromes auf die Teilströme der beiden Netzwerkelemente.

5. Die Zeigergrößen sind geometrisch gemäß den in Abschnitt 5.3 beschriebenen Zusammenhängen zwischen den Strom- und Spannungszeigern der typischen Grundschaltelemente durch Proportionalitätsfaktoren (keine Phasendrehung), Differentiation (Phasendrehung um $\pi/2$) und Integration (Phasendrehung um $-\pi/2$) miteinander in Beziehung zu setzen sowie gemäß den unter 2. aufgestellten Gleichungen geometrisch zu addieren und zu subtrahieren.

6 Leistungsberechnung und Oberschwingungen

6.1 Leistung im VZS

Die komplexe Scheinleistung $\underline{S}$ eines einphasigen Zweipols ergibt sich aus dem Produkt des Zeigers der Klemmenspannung $\underline{U}$ und des konjugiert komplexen Zeigers des Klemmenstroms $\underline{I}$. Der Realteil der Scheinleistung entspricht der Wirkleistung P und der Imaginärteil der Blindleistung Q. Wirkleistung und Blindleistung sind vorzeichenbehaftet. Das Vorzeichen gibt Auskunft über die Art der jeweiligen Leistungsaufnahme und die Zusammensetzung des Zweipols aus den Grundschaltelementen R, L, G und C und umgekehrt.

$$\underline{S} = \underline{U}\,\underline{I}^* = U\,I\,\mathrm{e}^{\mathrm{j}(\varphi_U - \varphi_I)} = S\,\mathrm{e}^{\mathrm{j}\varphi_S} = S\,\mathrm{e}^{\mathrm{j}\varphi} = P + \mathrm{j}Q \tag{6.1}$$

Der Winkel der Scheinleistung φ_S entspricht der Phasenverschiebung φ zwischen der Klemmenspannung $\underline{U}$ und dem Klemmenstrom $\underline{I}$ des Zweipols. Das Produkt aus Klemmenspannung $\underline{U}$ und Wirkstrom I_w ergibt die Wirkleistung. Der Wirkstrom I_w entspricht der Projektion des Stromzeigers auf den Spannungszeiger und ist nicht mit dem Real- $I_\perp$ oder Imaginärteil $I_{\perp\perp}$ des Stromes zu verwechseln (siehe Abbildung 6.1). Nur wenn der Spannungszeiger in der reellen Achse ($\varphi_U = 0$) liegt, fallen der Wirkstrom und der Realteil des Stromes sowie der Blind- und der Imaginärteil des Stromes zusammen ($I_w = I_\perp = I\cos\varphi$ und $I_b = I_{\perp\perp} = -I\sin\varphi$).

Entsprechend ergibt sich aus dem Produkt der Klemmenspannung $\underline{U}$ und dem Blindstrom I_b die Blindleistung Q. Dabei ist zu beachten, dass der Wirk- und der Blindstrom wie die Wirkleistung P und die Blindleistung Q vorzeichenbehaftet sind.

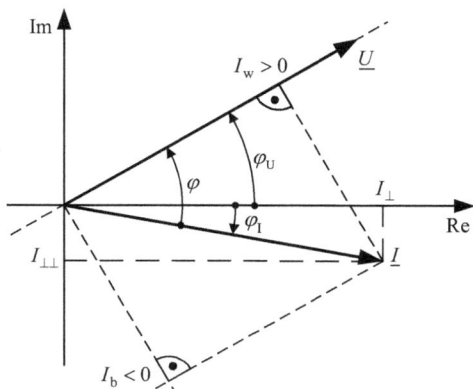

Abb. 6.1: Wirk- und Blindstrom sowie Real- und Imaginärteil des Stromes $\underline{I}$

Der Wirk- und der Blindstrom lassen sich anschaulich bestimmen, wenn man aus dem Stromzeiger gedanklich den Nullphasenwinkel des Spannungszeigers heraus-

https://doi.org/10.1515/9783110548532-006

zieht. Der verbleibende Real- und Imaginärteil entsprechen dann dem Wirk- und dem Blindstrom in Bezug auf den Spannungszeiger $\underline{U} = U e^{j\varphi_U}$:

$$\underline{I} = I_\perp + jI_{\perp\perp} = \frac{\underline{S}^*}{\underline{U}^*} = \frac{P - jQ}{U} e^{j\varphi_U} = (I\cos\varphi - jI\sin\varphi)\, e^{j\varphi_U} = (I_w + jI_b)\, e^{j\varphi_U} \qquad (6.2)$$

Der Blindstrom ist hier und im Folgenden so definiert, dass ein der Spannung nacheilender Strom (Induktivität im VZS) einen negativen Blindstrombetrag ($I_b < 0$) aufweist. In der Literatur gibt es aber auch dazu abweichende Definitionen für den Blindstrom mit einem umgekehrten Vorzeichen.

Die Momentanleistung $p(t)$ ergibt sich aus dem Produkt der Augenblickswerte der Klemmenspannung und des Klemmenstromes. Das Ersetzen der Momentanwerte mit den Zeitzeigern zeigt, dass die Momentanleistung des Zweipols um ihren Mittelwert P mit dem Scheinleistungsbetrag S kosinusförmig mit der doppelten Frequenz schwankt (siehe Tabelle 3.2):

$$\begin{aligned}
p(t) &= u(t)\, i(t) \\
&= \sqrt{2}\,\mathrm{Re}\left\{\underline{U}\, e^{j\omega t}\right\}\, \sqrt{2}\,\mathrm{Re}\left\{\underline{I}\, e^{j\omega t}\right\} \\
&= \frac{1}{2}\left(\underline{U}\, e^{j\omega t} + \underline{U}^*\, e^{-j\omega t}\right)\left(\underline{I}\, e^{j\omega t} + \underline{I}^*\, e^{-j\omega t}\right) \\
&= \frac{1}{2}\left[\underline{U}\,\underline{I}^* + (\underline{U}\,\underline{I}^*)^*\right] + \frac{1}{2}\left[\underline{U}\,\underline{I}\, e^{j2\omega t} + (\underline{U}\,\underline{I}\, e^{j2\omega t})^*\right] \\
&= \mathrm{Re}\left\{\underline{U}\,\underline{I}^*\right\} + \mathrm{Re}\left\{\underline{U}\,\underline{I}\, e^{j2\omega t}\right\} \\
&= U I \left(\cos\varphi + \cos\left(2\omega t + \varphi_U + \varphi_I\right)\right) \\
&= U I \left(\cos\varphi + \cos\left(2\left(\omega t + \varphi_U\right) - \varphi\right)\right) \\
&= P + S\cos\left(2\omega t + \varphi_U + \varphi_I\right)
\end{aligned} \qquad (6.3)$$

Zerlegt man den sich mit der doppelten Netzfrequenz ändernden Leistungsanteil mit dem Additionstheorem für die cos-Funktion aus Tabelle 3.2, können die Wirkleistung und die Blindleistung besser interpretiert werden. Man erhält für die Momentanleistung des Zweipols:

$$\begin{aligned}
p(t) &= U I \left(\cos\varphi + \cos\left(2(\omega t + \varphi_U) - \varphi\right)\right) \\
&= U I \cos\varphi \left(1 + \cos\left(2(\omega t + \varphi_U)\right)\right) + U I \sin\varphi \sin\left(2(\omega t + \varphi_U)\right) \\
&= P \left(1 + \cos\left(2(\omega t + \varphi_U)\right)\right) + Q\sin\left(2(\omega t + \varphi_U)\right) = p_P(t) + p_Q(t)
\end{aligned} \qquad (6.4)$$

Der erste Term $p_P(t)$ schwankt mit der doppelten Netzfrequenz um seinen zeitlichen Mittelwert, der der Wirkleistung P entspricht. Dieser Term ist immer positiv und entspricht der vom Zweipol aufgenommenen Wirkleistung. Der zweite Term $p_Q(t)$ schwankt mit der Amplitude Q ebenfalls mit der doppelten Netzfrequenz um den zeitlichen Mittelwert null. Dieser Term beschreibt die zwischen der Quelle und dem Zweipol hin- und herpendelnde Blindleistung, die für den Auf- und Abbau der magnetischen oder elektrischen Felder im Zweipol benötigt wird. Für $\varphi = 0$ (Ohm'scher Widerstand) wird dieser Anteil gleich null.

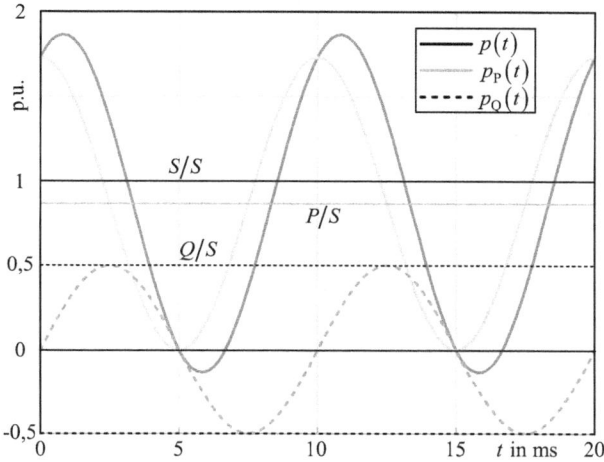

Abb. 6.2: Zeitverläufe der auf die Scheinleistung S bezogenen Momentanleistung $p(t)$ und der beiden Leistungsterme $p_P(t)$ und $p_Q(t)$ in Gl. (6.4) sowie die Werte der bezogenen Wirkleistung P, Blindleistung Q und Scheinleistung S für $\varphi = \pi/6$ ($\cos \varphi = \sqrt{3}/2 \approx 0{,}866$)

6.2 Eigenschaften von typischen Grundschaltelementen von Zweipolen im VZS

Anhand des Impedanz- bzw. Admittanzwinkels und/oder der Klemmenleistung lässt sich auf die Grundschaltelemente der Impedanz oder Admittanz eines Zweipols und umgekehrt schließen. Im VZS haben ohmsch-induktive Elemente (Zweipole) einen Impedanz- und Leistungswinkel zwischen 0 und $\pi/2$ (vgl. Abschnitt 5.2). Die Wirk- und die Blindleistung haben dann grundsätzlich ein positives Vorzeichen. Dies entspricht einer Wirkleistungsaufnahme und einer Aufnahme von (induktiver) Blindleistung durch den Zweipol. Abbildung 6.3 zeigt für verschiedene Phasenverschiebungen zwischen Klemmenspannung und Klemmenstrom bei Beschreibung mit dem VZS die entsprechenden Vorzeichen für die Wirk- und die Blindleistung und die Torimpedanz.

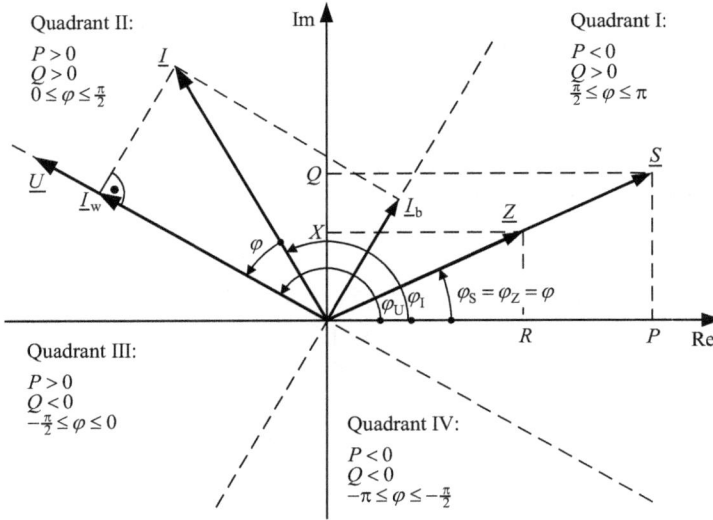

Abb. 6.3: Vorzeichen der Wirk- und Blindleistungen und der Impedanz bei verschiedenen Phasenverschiebungen zwischen Strom und Spannung bei Beschreibung mit dem VZS

Für die verschiedenen Grundschaltelemente von Zweipolen ergeben sich die Leistungs- und Impedanzwinkel in Tabelle 6.1.

Tab. 6.1: Leistungs- und Impedanzwinkel von Zweipolen mit verschiedenen Grundschaltelementen

Grundschaltelement		Zweipolleistung	Reaktanz	Phasenverschiebung
$R > 0$	pos. Wirkwiderstand	$P > 0, Q = 0$	$X = 0$	$\varphi = 0$
$R < 0$	Quelle	$P < 0, Q = 0$	$X = 0$	$\varphi = \pm\pi$
$X > 0$	Induktivität	$P = 0, Q > 0$	$X = X_L = \omega L$	$\varphi = +\frac{\pi}{2}$
$X < 0$	Kapazität	$P = 0, Q < 0$	$X = -X_C = -\frac{1}{\omega C}$	$\varphi = -\frac{\pi}{2}$

Für die Scheinleistungsberechnung gilt bei Verwendung der Grundschaltelemente R, L, G und C für die Reihenschaltung aus Ohm'schem Widerstand R und Reaktanz X:

$$\underline{S} = \underline{U}\,\underline{I}^* = \underline{Z}\,\underline{I}\,\underline{I}^* = \underline{Z}I^2 = R\,I^2 + \mathrm{j}\,X\,I^2 = P + \mathrm{j}Q \qquad (6.5)$$

Entsprechend gilt für eine Parallelschaltung aus Leitwert G und Suszeptanz B:

$$\underline{S} = \underline{U}\,\underline{I}^* = \underline{U}\,\underline{Y}^*\,\underline{U}^* = \underline{Y}^* U^2 = G\,U^2 - \mathrm{j}\,B\,U^2 = P + \mathrm{j}Q \qquad (6.6)$$

Die Scheinleistungen berechnen sich ebenso über die Wirk- und Blindströme:

$$\underline{S} = \underline{U}\,\underline{I}^* = U\,(I\cos\varphi + \mathrm{j}I\sin\varphi) = U\,I_\mathrm{w} - \mathrm{j}\,U\,I_\mathrm{b} = P + \mathrm{j}Q \qquad (6.7)$$

6.3 Oberschwingungen

In Energieversorgungsnetzen treten neben den sogenannten Grundschwingungsanteilen mit einer Frequenz von $f = f_1 = 50\,\text{Hz}$ vielfach auch Verzerrungen der Strom- und Spannungsschwingungen auf, deren Ursache in vorhandenen Nichtlinearitäten, z. B. durch nichtlineare Sättigungskennlinien von Transformatoren, leistungselektronische Bauelemente (Gleichrichter, Wechselrichter und Umrichter) oder auch durch elektrische Drehfeldmaschinen, liegen. Die verzerrten Spannungen und Ströme können im Rahmen einer Fourieranalyse in die Grundschwingung mit der Frequenz f_1 und die Oberschwingungen (Harmonische) mit Frequenzen $f_h = h \cdot f_1$, die einem ganzzahligen Vielfachen h der Grundschwingung entsprechen, zerlegt werden:

$$\underline{I} = \underline{I}_1 + \underline{I}_2 + \cdots + \underline{I}_\infty \quad \text{und} \quad \underline{U} = \underline{U}_1 + \underline{U}_2 + \cdots + \underline{U}_\infty \tag{6.8}$$

Es gilt für die Effektivwerte der Ströme und Spannungen:

$$I = \sqrt{I_1{}^2 + I_2{}^2 + \cdots I_\infty{}^2} = \sqrt{\sum_{h=1}^{\infty} I_h{}^2} \quad \text{und}$$

$$\tag{6.9}$$

$$U = \sqrt{U_1{}^2 + U_2{}^2 + \cdots U_\infty{}^2} = \sqrt{\sum_{h=1}^{\infty} U_h{}^2}$$

Neben diesen Oberschwingungen können auch noch sogenannte Subharmonische mit Frequenzen unterhalb der Grundschwingungsfrequenz sowie Zwischenharmonische mit nicht ganzzahligen Vielfachen der Grundschwingungsfrequenz auftreten. Hierauf wird im Folgenden nicht weiter eingegangen. Die nachfolgenden Ausführungen sind aber grundsätzlich auch auf die Zwischen- und Subharmonischen zu übertragen.

Grundsätzlich erhöhen Oberschwingungen die Betriebsmittelbelastungen (Erhöhung der Scheinleistung) und damit auch die Verluste. Sie führen zu einem zusätzlichen Blindleistungsanteil, der auch als Verzerrungsleistung bezeichnet wird und von der Grundschwingungsblindleistung, die auch als Verschiebungsblindleistung bezeichnet wird, zu unterscheiden ist.

Zur Beschreibung des Oberschwingungsgehalts werden dimensionslose Kenngrößen verwendet. Dies sind zum einen der Grundsatzschwingungsgehalt g, der dem Verhältnis des Effektivwertes der Grundschwingung einer Wechselgröße (z. B. Strom I_1 oder Spannung U_1) zum Gesamteffektivwert der Wechselgröße (I oder U) entspricht und sich wie folgt aus der Grund- und allen Oberschwingungen berechnet:

$$g_{\mathrm{I}} = \frac{I_1}{\sqrt{I_1{}^2 + I_2{}^2 + \cdots I_\infty{}^2}} = \frac{I_1}{I} \quad \text{und} \quad g_{\mathrm{U}} = \frac{U_1}{\sqrt{U_1{}^2 + U_2{}^2 + \cdots U_\infty{}^2}} = \frac{U_1}{U} \tag{6.10}$$

Zum anderen sind dies die Klirrfaktoren d, die sich aus dem Verhältnis des Effektivwertes aller Oberschwingungen zum Gesamteffektivwert ergeben:

$$d_I = \frac{\sqrt{I_2{}^2 + \cdots I_\infty{}^2}}{\sqrt{I_1{}^2 + I_2{}^2 + \cdots I_\infty{}^2}} = \frac{\sqrt{I_2{}^2 + \cdots I_\infty{}^2}}{I} \quad \text{und}$$

(6.11)

$$d_U = \frac{\sqrt{U_2{}^2 + \cdots U_\infty{}^2}}{\sqrt{U_1{}^2 + U_2{}^2 + \cdots U_\infty{}^2}} = \frac{\sqrt{U_2{}^2 + \cdots U_\infty{}^2}}{U}$$

Damit gilt allgemein:

$$g_I^2 + d_I^2 = 1 \quad \text{bzw.} \quad g_U^2 + d_U^2 = 1 \tag{6.12}$$

6.4 Verschiebungsfaktor, Leistungsfaktor und Verzerrungsleistung

Die Berechnung des Betrages der Scheinleistung eines einphasigen Wechselstromsystems unter Berücksichtigung der Oberschwingungen ergibt:

$$S^2 = U^2 I^2 = \sum_{h=1}^{\infty} U_h{}^2 \sum_{h=1}^{\infty} I_h{}^2 = \left(U_1{}^2 + U_2{}^2 + \cdots U_\infty{}^2\right) \cdot \left(I_1{}^2 + I_2{}^2 + \cdots I_\infty{}^2\right)$$

$$= \underbrace{U_1{}^2 I_1{}^2}_{S_1{}^2} + \underbrace{\sum_{h=2}^{\infty} U_h{}^2 I_h{}^2}_{\sum_{h=2}^{\infty} S_h^2} + \underbrace{U_1{}^2 \sum_{h=2}^{\infty} I_h{}^2}_{D_{U1H}^2} + \underbrace{I_1{}^2 \sum_{h=2}^{\infty} U_h{}^2}_{D_{I1H}^2} + \underbrace{\sum_{h=2}^{\infty} U_h{}^2 \sum_{\substack{m=2 \\ m \neq h}}^{\infty} I_m{}^2}_{D_{UIH}^2} \tag{6.13}$$

$$\underbrace{\phantom{= U_1{}^2 I_1{}^2 + \sum_{h=2}^{\infty} U_h{}^2 I_h{}^2 + U_1{}^2 \sum_{h=2}^{\infty} I_h{}^2 + I_1{}^2 \sum_{h=2}^{\infty} U_h{}^2 + \sum_{h=2}^{\infty} U_h{}^2 \sum_{m=2}^{\infty} I_m{}^2}}_{D^2}$$

Die Gesamtscheinleistung $\underline{S}$ kann in die Grundschwingungsscheinleistung $\underline{S}_1$ und in die Verzerrungsleistung $\underline{D}$ aufgeteilt werden. Die komplexe Grundschwingungsscheinleistung $\underline{S}_1$ besteht aus der Grundschwingungswirk- und -blindleistung P_1 und Q_1:

$$\underline{S}_1 = \underline{U}_1 \underline{I}_1^* = P_1 + jQ_1 = U_1 I_1 (\cos \varphi_1 + j \sin \varphi_1) \quad \text{mit}$$

(6.14)

$$S_1 = U_1 I_1 = \sqrt{P_1{}^2 + Q_1{}^2}$$

Analog kann auch für jede Oberschwingung die Oberschwingungsscheinleistung $\underline{S}_h$ mit einer Oberschwingungswirk- und -blindleistung P_h und Q_h definiert werden, wobei die Oberschwingungswirkleistung als Verlustleistung anzusehen ist, die nicht für eine Anwendung und Leistungsübertragung genutzt werden kann:

$$\underline{S}_h = \underline{U}_h \underline{I}_h^* = P_h + jQ_h = U_h I_h (\cos \varphi_h + j \sin \varphi_h) \quad \text{mit}$$

(6.15)

$$S_h = U_h I_h = \sqrt{P_h{}^2 + Q_h{}^2}$$

Der Kosinus der Phasenverschiebungen φ_1 bzw. φ_h wird als (Grundschwingungs-) Verschiebungsfaktor $\cos \varphi_1$ bzw. Oberschwingungsverschiebungsfaktor $\cos \varphi_h$ bezeichnet und ist der Kosinus des Phasenwinkels φ_1 bzw. φ_h zwischen den kosinusförmigen Schwingungen der Spannung und des Stromes derselben Frequenz (vgl. Abschnitt 5.3).

Die restlichen Bestandteile der Scheinleistung in Gl. (6.13) sind Kombinationen von Spannungen und Strömen mit unterschiedlichen Frequenzen. Zusammen mit der Oberschwingungsscheinleistung bilden sie die sogenannte Verzerrungsleistung $\underline{D}$ in Gl. (6.13). Der Zusammenhang zwischen der Schein-, der Grundschwingungswirk- und -blindleistung und der Verzerrungsleistung ist entsprechend Gl. (6.13) graphisch in Abbildung 6.4 dargestellt.

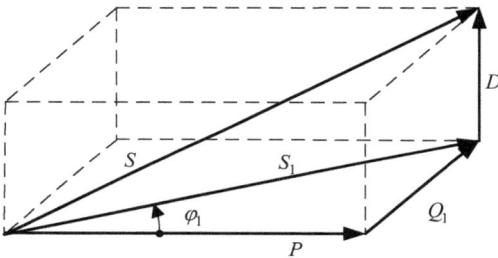

Abb. 6.4: Zusammenhang von Schein-, Grundschwingungsschein-, Grundschwingungswirk- und Grundschwingungsblindleistung sowie Verzerrungsleistung

Das Verhältnis des Betrages der (Grundschwingungs-)Wirkleistung $|P_1|$ zur Scheinleistung S wird als Wirkleistungsfaktor oder kurz als Leistungsfaktor λ bezeichnet. Der Leistungsfaktor ist immer positiv und ≤ 1. Er bezieht neben der Grundschwingungswirk- und -blindleistung auch die Verzerrungsleistung mit ein:

$$\lambda = \frac{|P_1|}{S} \leq 1 \tag{6.16}$$

Wenn man die Grundschwingungswirkleistung entsprechend Gl. (6.14) mit Hilfe der Grundschwingungsgehalte und der Klirrfaktoren ausdrückt und die Scheinleistung mit Gl. (6.13) ersetzt:

$$S^2 = \sum_{h=1}^{\infty} U_h{}^2 \sum_{h=1}^{\infty} I_h{}^2 = \left(U_1{}^2 + U_2{}^2 + \cdots U_{\infty}{}^2\right) \cdot \left(I_1{}^2 + I_2{}^2 + \cdots I_{\infty}{}^2\right)$$
$$= \left(g_U^2 + d_U^2\right)\left(g_I^2 + d_I^2\right)U^2 I^2 = \underbrace{g_U^2 g_I^2 U^2 I^2}_{S_1{}^2} + \underbrace{\left(g_U^2 d_I^2 + g_I^2 d_U^2 + d_U^2 d_I^2\right)U^2 I^2}_{D^2} \tag{6.17}$$

so ergibt sich für den Leistungsfaktor:

$$\lambda = \frac{|P_1|}{S} = \frac{U_1 I_1 \, |\cos \varphi_1|}{U I} = g_U g_I \, |\cos \varphi_1| \leq 1 \tag{6.18}$$

Für den Sonderfall von rein sinusförmigen Größen ($\underline{U}_h = 0$, $\underline{I}_h = 0$ für $h = 2 \ldots \infty$) sind der Leistungsfaktor λ und der Betrag des Verschiebungsfaktors $\cos \varphi_1$ identisch ($g_U = g_I = 1$ und $d_U = d_I = 0$):

$$\lambda = \frac{|P_1|}{S} = \frac{|P_1|}{S_1} = \left| \cos \varphi_1 \right| \leq 1$$

$$\text{für} \quad \underline{U}_h = 0 \quad \text{und} \quad \underline{I}_h = 0 \quad \text{mit} \quad h = 2 \ldots \infty$$

(6.19)

7 Zwei-, Vier- und Mehrpoldarstellung

Mit Zwei-, Vier- und auch Mehrpolgleichungen kann das Klemmenverhalten an dem oder den Eingangstor(en) von beliebigen Betriebsmitteln allgemein beschrieben werden. Dabei werden mit Zweipolgleichungen Quellen (aktiver Zweipol) und Verbraucher (passiver Zweipol) sowie das Klemmenverhalten an einem Eingangstor (aktiver oder passiver Zweipol) eines größeren Netzwerks mit oder auch ohne Strom- und Spannungsquellen beschrieben. Vierpol- und Mehrpolgleichungen dienen u. a. der Beschreibung des Übertragungsverhaltens von passiven Betriebsmitteln der Energieübertragung wie Leitungen oder Transformatoren. Durch die Multiplikation der Mehrpolgleichungen auf Basis der Rechenregeln für Matrizen und Vektoren lassen sich die Verschaltungen der Betriebsmittel nachbilden und grundsätzlich auch Netzberechnungen durchführen. Generell setzen die Mehrpolnachbildungen lineare und zeitkonstante Systeme voraus. Es kann dann das Überlagerungsprinzip angewendet werden und die Betrachtung wird in der Regel auf eine Frequenz beschränkt. Mehrpolnachbildungen sind aber keinesfalls auf diesen Sonderfall beschränkt.

7.1 Satz von der Ersatzspannungsquelle

Ein lineares aktives Netzwerk, das aus verschiedenen aktiven und passiven Zwei-, Vier- und sonstigen Mehrpolen besteht, kann an zwei beliebigen Klemmen durch eine eingeprägte Ersatzspannungsquelle $\underline{U}_q$ und eine innere Impedanz $\underline{Z}_i$ hinsichtlich ihres Klemmenverhaltens im stationären Betrieb vollständig nachgebildet werden (siehe Abbildung 7.1):

$$\underline{U} = \underline{Z}_i \underline{I} + \underline{U}_q \tag{7.1}$$

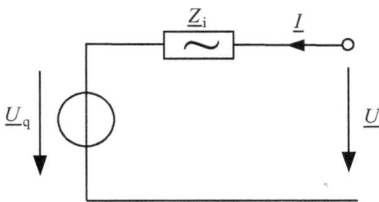

Abb. 7.1: Spannungsquellenersatzschaltung

Die Ersatzspannungsquelle $\underline{U}_q$ entspricht der Leerlaufspannung, die sich zwischen den beiden offenen, unbelasteten Klemmen einstellt. Die innere Impedanz $\underline{Z}_i$ ist gleich der Torimpedanz zwischen den beiden Klemmen, wenn man alle elektromotorischen Kräfte in dem Netzwerk nicht mehr wirken lässt, d. h., dass alle Spannungsquellen kurzgeschlossen und alle Stromquellen unterbrochen werden.

https://doi.org/10.1515/9783110548532-007

7.2 Satz von der Ersatzstromquelle

Ein lineares aktives Netzwerk, das aus verschiedenen aktiven und passiven Zwei-, Vier- und sonstigen Mehrpolen besteht, kann an zwei beliebigen Klemmen durch eine eingeprägte Ersatzstromquelle $\underline{I}_q$ und eine innere Admittanz $\underline{Y}_i$ hinsichtlich ihres Klemmenverhaltens im stationären Betrieb vollständig nachgebildet werden (siehe Abbildung 7.2):

$$\underline{I} = \underline{Y}_i \underline{U} + \underline{I}_q \tag{7.2}$$

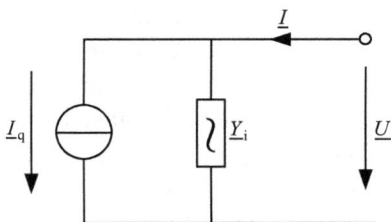

Abb. 7.2: Stromquellenersatzschaltung

Die Ersatzstromquelle $\underline{I}_q$ ergibt sich aus dem Kurzschlussstrom, der zwischen den beiden kurzgeschlossenen Klemmen fließt. Die innere Admittanz $\underline{Y}_i$ ist gleich der Toradmittanz zwischen den beiden Klemmen, wenn man alle elektromotorischen Kräfte in dem Netzwerk nicht mehr wirken lässt, d. h., dass alle Spannungsquellen kurzgeschlossen und alle Stromquellen unterbrochen werden.

7.3 Umwandlung Spannungsquellenersatzschaltung in Stromquellenersatzschaltung

Die Spannungsquellenersatzschaltung und die Stromquellenersatzschaltung sind dual zueinander. Sie können ineinander überführt werden und beschreiben das Klemmenverhalten des aktiven Zweipols äquivalent. Es gilt für die Spannungsquellenersatzschaltung in Abbildung 7.1 bzw. die Stromquellenersatzschaltung in Abbildung 7.2:

$$\underline{U} = \underline{Z}_i \underline{I} + \underline{U}_q \quad \text{bzw.} \quad \underline{I} = \underline{Y}_i \underline{U} + \underline{I}_q \tag{7.3}$$

mit:

$$\underline{Z}_i = \frac{1}{\underline{Y}_i} \quad \text{und} \quad \underline{U}_q = -\underline{Z}_i \underline{I}_q \tag{7.4}$$

Die Zusammenhänge sind mit Hilfe des Leerlauf- oder des Kurzschlussversuches abzuleiten. Im Leerlauf (Index l, $\underline{I} = 0$) findet man:

$$\underline{U} = \underline{U}_l = \underline{U}_q \quad \text{bzw.} \quad \underline{U} = \underline{U}_l = -\frac{1}{\underline{Y}_i} \underline{I}_q \tag{7.5}$$

Im Kurzschluss (Index k, $\underline{U} = 0$) gilt:

$$\underline{I} = \underline{I}_k = -\frac{1}{\underline{Z}_i}\underline{U}_q \quad \text{bzw.} \quad \underline{I} = \underline{I}_k = \underline{I}_q \tag{7.6}$$

Aus Gl. (7.5) oder Gl. (7.6) ergibt sich:

$$\underline{U}_q = -\underline{Z}_i\underline{I}_q \quad \text{bzw.} \quad \underline{I}_q = -\underline{Y}_i\underline{U}_q \tag{7.7}$$

7.4 Vier- und Mehrpolgleichungen

Die Vier- und auch Mehrpolgleichungen können in verschiedenen Formen angegeben werden. Im Folgenden sind häufig genutzte Darstellungen und Rechenregeln zusammengestellt. Die Gleichungen werden für den allgemeinen Vierpol in Abbildung 7.3 mit den dort angegebenen Zählpfeilen dargestellt und können entsprechend auf Mehrpole erweitert werden.

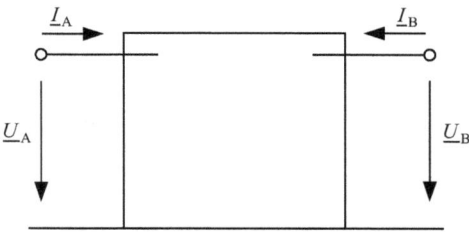

Abb. 7.3: Allgemeiner Vierpol mit Zählpfeilen entsprechend dem VZS

Die Elemente der Vierpolgleichungen können durch die Betrachtung von vier Sonderfällen bestimmt werden:
- Leerlauf am Tor A: $\underline{I}_A = 0$
- Leerlauf am Tor B: $\underline{I}_B = 0$
- Kurzschluss am Tor A: $\underline{U}_A = 0$
- Kurzschluss am Tor B: $\underline{U}_B = 0$

7.4.1 Impedanzdarstellung

Die allgemeine Darstellung eines Vierpols in Impedanzform setzt die Klemmenspannungen mit den Klemmenströmen an den beiden Toren über Impedanzen in Beziehung:

$$\underline{u} = \begin{bmatrix}\underline{U}_A\\\underline{U}_B\end{bmatrix} = \begin{bmatrix}\underline{Z}_{AA} & \underline{Z}_{AB}\\\underline{Z}_{BA} & \underline{Z}_{BB}\end{bmatrix}\begin{bmatrix}\underline{I}_A\\\underline{I}_B\end{bmatrix} = \underline{Z}\,\underline{i} \tag{7.8}$$

Die Matrixelemente können durch die Betrachtung von zwei Sonderfällen bestimmt werden:

– Leerlauf am Tor A: $\underline{I}_A = 0$

$$\underline{Z}_{AB} = \left.\frac{\underline{U}_A}{\underline{I}_B}\right|_{\underline{I}_A=0} \quad \text{und} \quad \underline{Z}_{BB} = \left.\frac{\underline{U}_B}{\underline{I}_B}\right|_{\underline{I}_A=0} \tag{7.9}$$

– Leerlauf am Tor B: $\underline{I}_B = 0$

$$\underline{Z}_{BA} = \left.\frac{\underline{U}_B}{\underline{I}_A}\right|_{\underline{I}_B=0} \quad \text{und} \quad \underline{Z}_{AA} = \left.\frac{\underline{U}_A}{\underline{I}_A}\right|_{\underline{I}_B=0} \tag{7.10}$$

7.4.2 Admittanzdarstellung

Die Auflösung von Gl. (7.8) nach den Klemmenströmen ergibt die Admittanzform:

$$\underline{i} = \begin{bmatrix} \underline{I}_A \\ \underline{I}_B \end{bmatrix} = \begin{bmatrix} \underline{Y}_{AA} & \underline{Y}_{AB} \\ \underline{Y}_{BA} & \underline{Y}_{BB} \end{bmatrix} \begin{bmatrix} \underline{U}_A \\ \underline{U}_B \end{bmatrix} = \underline{\underline{Y}}\,\underline{u} \tag{7.11}$$

mit (vgl. Abschnitt 4.2):

$$\underline{\underline{Y}} = \begin{bmatrix} \underline{Y}_{AA} & \underline{Y}_{AB} \\ \underline{Y}_{BA} & \underline{Y}_{BB} \end{bmatrix} = \underline{\underline{Z}}^{-1} = \begin{bmatrix} \underline{Z}_{AA} & \underline{Z}_{AB} \\ \underline{Z}_{BA} & \underline{Z}_{BB} \end{bmatrix}^{-1} = \frac{1}{\underline{Z}_{AA}\underline{Z}_{BB} - \underline{Z}_{AB}\underline{Z}_{BA}} \begin{bmatrix} \underline{Z}_{BB} & -\underline{Z}_{AB} \\ -\underline{Z}_{BA} & \underline{Z}_{AA} \end{bmatrix} \tag{7.12}$$

Die Matrixelemente können durch die Betrachtung von ebenfalls zwei Sonderfällen bestimmt werden:

– Kurzschluss am Tor A: $\underline{U}_A = 0$

$$\underline{Y}_{AB} = \left.\frac{\underline{I}_A}{\underline{U}_B}\right|_{\underline{U}_A=0} \quad \text{bzw.} \quad \underline{Y}_{BB} = \left.\frac{\underline{I}_B}{\underline{U}_B}\right|_{\underline{U}_A=0} \tag{7.13}$$

– Kurzschluss am Tor B: $\underline{U}_B = 0$

$$\underline{Y}_{BA} = \left.\frac{\underline{I}_B}{\underline{U}_A}\right|_{\underline{U}_B=0} \quad \text{bzw.} \quad \underline{Y}_{AA} = \left.\frac{\underline{I}_A}{\underline{U}_A}\right|_{\underline{U}_B=0} \tag{7.14}$$

7.4.3 Kettenformdarstellung

In der Kettenform werden die Klemmengrößen einer Seite durch die Klemmengrößen der anderen Seite ausgedrückt. Es gilt:

$$\underline{z}_A = \begin{bmatrix} \underline{U}_A \\ \underline{I}_A \end{bmatrix} = \begin{bmatrix} \underline{A}_{UU} & \underline{A}_{UI} \\ \underline{A}_{IU} & \underline{A}_{II} \end{bmatrix} \begin{bmatrix} \underline{U}_B \\ \underline{I}_B \end{bmatrix} = \underline{\underline{A}}\,\underline{z}_B \tag{7.15}$$

Die Matrixelemente können durch die Betrachtung von ebenfalls zwei Sonderfällen bestimmt werden:

- Leerlauf am Tor A: $\underline{I}_A = 0$

$$\underline{A}_{UU} = \frac{\underline{U}_A}{\underline{U}_B}\bigg|_{\underline{I}_B=0} \quad \text{und} \quad \underline{A}_{IU} = \frac{\underline{I}_A}{\underline{U}_B}\bigg|_{\underline{I}_B=0} \tag{7.16}$$

- Kurzschluss am Tor B: $\underline{U}_B = 0$

$$\underline{A}_{UI} = \frac{\underline{U}_A}{\underline{I}_B}\bigg|_{\underline{U}_B=0} \quad \text{und} \quad \underline{A}_{II} = \frac{\underline{I}_A}{\underline{I}_B}\bigg|_{\underline{U}_B=0} \tag{7.17}$$

Diese Darstellungsform eignet sich insbesondere für die Reihenschaltung (Kettenschaltung) von mehreren Übertragungselementen. Für die Kettenschaltung ist es hilfreich, die Richtung des Zählpfeils für den Klemmenstrom an der Klemme B umzukehren (siehe Abbildung 7.4).

$$\underline{z}_A = \begin{bmatrix} \underline{U}_A \\ \underline{I}_A \end{bmatrix} = \begin{bmatrix} \underline{A}_{UU} & -\underline{A}_{UI} \\ \underline{A}_{IU} & -\underline{A}_{II} \end{bmatrix} \begin{bmatrix} \underline{U}_B \\ \underline{I}'_B = -\underline{I}_B \end{bmatrix} = \begin{bmatrix} \underline{A}'_{UU} & \underline{A}'_{UI} \\ \underline{A}'_{IU} & \underline{A}'_{II} \end{bmatrix} \begin{bmatrix} \underline{U}_B \\ \underline{I}'_B \end{bmatrix} = \boldsymbol{A}' \, \underline{z}'_B \tag{7.18}$$

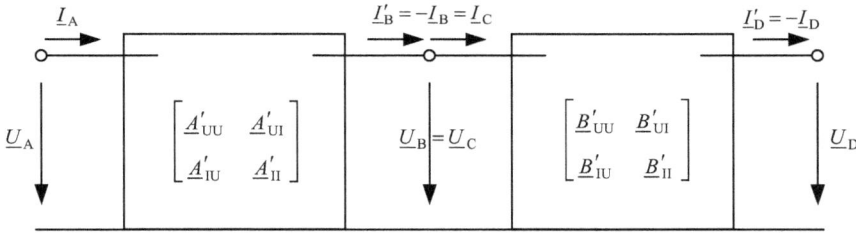

Abb. 7.4: Reihenschaltung von zwei allgemeinen Vierpolen

Für die Kettenschaltung von zwei Vierpolen mit den Klemmenbezeichnungen A und B bzw. C und D gilt dann mit $\underline{U}_B = \underline{U}_C$ und $\underline{I}'_B = \underline{I}_C$ (siehe Abbildung 7.4):

$$\begin{aligned}
\begin{bmatrix} \underline{U}_A \\ \underline{I}_A \end{bmatrix} &= \begin{bmatrix} \underline{A}'_{UU} & \underline{A}'_{UI} \\ \underline{A}'_{IU} & \underline{A}'_{II} \end{bmatrix} \begin{bmatrix} \underline{U}_B \\ \underline{I}'_B \end{bmatrix} = \begin{bmatrix} \underline{A}'_{UU} & \underline{A}'_{UI} \\ \underline{A}'_{IU} & \underline{A}'_{II} \end{bmatrix} \begin{bmatrix} \underline{U}_C \\ \underline{I}_C \end{bmatrix} \\
&= \begin{bmatrix} \underline{A}'_{UU} & \underline{A}'_{UI} \\ \underline{A}'_{IU} & \underline{A}'_{II} \end{bmatrix} \begin{bmatrix} \underline{B}'_{UU} & \underline{B}'_{UI} \\ \underline{B}'_{IU} & \underline{B}'_{II} \end{bmatrix} \begin{bmatrix} \underline{U}_D \\ \underline{I}'_D \end{bmatrix} \\
&= \begin{bmatrix} \underline{A}'_{UU}\underline{B}'_{UU} + \underline{A}'_{UI}\underline{B}'_{IU} & \underline{A}'_{UU}\underline{B}'_{UI} + \underline{A}'_{UI}\underline{B}'_{II} \\ \underline{A}'_{IU}\underline{B}'_{UU} + \underline{A}'_{II}\underline{B}'_{IU} & \underline{A}'_{IU}\underline{B}'_{UI} + \underline{A}'_{II}\underline{B}'_{II} \end{bmatrix} \begin{bmatrix} \underline{U}_D \\ \underline{I}'_D = -\underline{I}_D \end{bmatrix} \\
&= \begin{bmatrix} \underline{A}_{UU}\underline{B}_{UU} - \underline{A}_{UI}\underline{B}_{IU} & \underline{A}_{UU}\underline{B}_{UI} - \underline{A}_{UI}\underline{B}_{II} \\ \underline{A}_{IU}\underline{B}_{UU} - \underline{A}_{II}\underline{B}_{IU} & \underline{A}_{IU}\underline{B}_{UI} - \underline{A}_{II}\underline{B}_{II} \end{bmatrix} \begin{bmatrix} \underline{U}_D \\ \underline{I}_D \end{bmatrix}
\end{aligned} \tag{7.19}$$

7.4.4 Spezielle Vierpole und ihre Ersatzschaltungen

Die Vierpolgleichungen können durch Ersatzschaltungen nachgebildet werden. In Tabelle 7.1 sind in der elektrischen Energieversorgung häufig eingesetzte quellenfreie Vierpolersatzschaltungen zusammengestellt und die zugehörigen Vierpolgleichungen in Kettenform entsprechend Gl. (7.15) angegeben.

Tab. 7.1: Beispiele für häufig verwendete Vierpolersatzschaltungen und Vierpolgleichungen in Kettenform

Bezeichnung	Ersatzschaltung	Vierpolmatrix $\underline{A}$ in Kettenform
Längsimpedanz	I_A, I_B, U_A, U_B, $\underline{Z} = \dfrac{1}{\underline{Y}}$	$\begin{bmatrix} 1 & -\underline{Z} \\ 0 & -1 \end{bmatrix}$
Queradmittanz	I_A, I_B, U_A, U_B, $\underline{Y} = \dfrac{1}{\underline{Z}}$	$\begin{bmatrix} 1 & 0 \\ \underline{Y} & -1 \end{bmatrix}$
idealer Übertrager	I_A, $\ddot{\underline{u}}:1$, I_B, U_A, U_B	$\begin{bmatrix} \ddot{\underline{u}} & 0 \\ 0 & -1/\ddot{\underline{u}}^* \end{bmatrix}$
Π-Ersatzschaltung	I_A, $\underline{Z}_3$, I_B, U_A, $\underline{Z}_1$, $\underline{Z}_2$, U_B	$\begin{bmatrix} \underline{Z}_3\underline{Y}_2 + 1 & -\underline{Z}_3 \\ \underline{Y}_1 + \underline{Y}_2 + \underline{Y}_1\underline{Y}_2\underline{Z}_3 & -(\underline{Z}_3\underline{Y}_1 + 1) \end{bmatrix}$
T-Ersatzschaltung	I_A, I_B, $\underline{Z}_1$, $\underline{Z}_2$, U_A, $\underline{Z}_3$, U_A	$\begin{bmatrix} \underline{Z}_1\underline{Y}_3 + 1 & -(\underline{Z}_1 + \underline{Z}_2 + \underline{Z}_1\underline{Z}_2\underline{Y}_3) \\ \underline{Y}_3 & -(\underline{Z}_2\underline{Y}_3 + 1) \end{bmatrix}$
homogene Leitung	I_A, $\underline{Z}_W, \underline{\gamma}, l$, I_B, U_A, U_B	$\begin{bmatrix} \cosh(\underline{\gamma}l) & -\underline{Z}_W\sinh(\underline{\gamma}l) \\ \underline{Y}_W\sinh(\underline{\gamma}l) & -\cosh(\underline{\gamma}l) \end{bmatrix}$

Die verwendeten Vierpolgleichungen beschreiben umkehrbare Vierpole. Umkehrbare Vierpole (auch reziprok, kopplungssymmetrisch oder übertragungssymmetrisch) zeigen in beide Richtungen dasselbe Übertragungsverhalten, d. h., dass ein am Tor A eingeprägter Strom dieselbe Leerlaufspannung am Tor B erzeugt wie ein am Tor B eingeprägter Strom derselben Größe am Tor A. Es gilt insbesondere $\underline{Z}_{AB} = \underline{Z}_{BA}$, $\underline{Y}_{AB} = \underline{Y}_{BA}$

und $\det(\underline{A}) = 1$. Passive Vierpole mit den Grundschaltungselementen R, L, G und C sind immer umkehrbar. Zum Teil sind die typischerweise verwendeten Vierpolgleichungen auch symmetrisch. Bei symmetrischen Vierpolen (auch widerstandssymmetrisch) können die beiden Eingangstore miteinander getauscht werden. Es sind dann die beiden Torimpedanzen gleich groß, wenn das jeweils andere Tor mit derselben Impedanz abgeschlossen wird. Es gilt dann zusätzlich zu den Eigenschaften umkehrbarer Vierpole $\underline{Z}_{AA} = \underline{Z}_{BB}$, $\underline{Y}_{AA} = \underline{Y}_{BB}$, $\underline{A}_{AA} = \underline{A}_{BB}$ und $\det(\underline{A}) = 1$. Daraus folgt auch, dass ein symmetrischer Vierpol umkehrbar ist [4].

Die T-Ersatzschaltung in Abbildung 7.5 ermöglicht die Darstellung eines beliebigen umkehrbaren Vierpols mit Hilfe von Ersatzimpedanzen, die in Form eines T angeordnet sind. Der Ausgangspunkt der Bildung der Ersatzschaltung ist die Vierpolgleichung in Impedanzform in Gl. (7.8), die in Gl. (7.20) geeignet umgestellt ist ($\underline{Z}_{AB} = \underline{Z}_{BA}$):

$$
\begin{bmatrix} \underline{U}_A \\ \underline{U}_B \end{bmatrix} = \begin{bmatrix} \underline{Z}_{AA} - \underline{Z}_{AB} & \underline{Z}_{AB} & 0 \\ 0 & \underline{Z}_{BA} & \underline{Z}_{BB} - \underline{Z}_{BA} \end{bmatrix} \begin{bmatrix} \underline{I}_A \\ \underline{I}_A + \underline{I}_B \\ \underline{I}_B \end{bmatrix}
$$

$$
= \begin{bmatrix} \underline{Z}_1 & \underline{Z}_3 & 0 \\ 0 & \underline{Z}_3 & \underline{Z}_2 \end{bmatrix} \begin{bmatrix} \underline{I}_A \\ \underline{I}_A + \underline{I}_B \\ \underline{I}_B \end{bmatrix} \tag{7.20}
$$

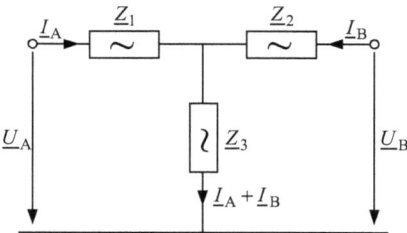

Abb. 7.5: T-Ersatzschaltung für die Vierpolersatzschaltung in Impedanzform

Die Π-Ersatzschaltung in Abbildung 7.6 ermöglicht die Darstellung eines beliebigen umkehrbaren Vierpols mit Hilfe von Ersatzadmittanzen, die in Form eines Π angeordnet sind. Ausgangspunkt der Bildung der Ersatzschaltung ist die Vierpolgleichung in Admittanzform in Gl. (7.11), die in Gl. (7.21) geeignet umgestellt ist ($\underline{Y}_{AB} = \underline{Y}_{BA}$):

$$
\begin{bmatrix} \underline{I}_A \\ \underline{I}_B \end{bmatrix} = \begin{bmatrix} \underline{Y}_{AA} + \underline{Y}_{AB} & -\underline{Y}_{AB} & 0 \\ 0 & \underline{Y}_{BA} & \underline{Y}_{BB} + \underline{Y}_{BA} \end{bmatrix} \begin{bmatrix} \underline{U}_A \\ \underline{U}_A - \underline{U}_B \\ \underline{U}_B \end{bmatrix}
$$

$$
= \begin{bmatrix} \underline{Y}_1 & \underline{Y}_3 & 0 \\ 0 & -\underline{Y}_3 & \underline{Y}_2 \end{bmatrix} \begin{bmatrix} \underline{U}_A \\ \underline{U}_A - \underline{U}_B \\ \underline{U}_B \end{bmatrix} \tag{7.21}
$$

Weitere Darstellungsformen, Rechenregeln, etc. sind z. B. [4] zu entnehmen.

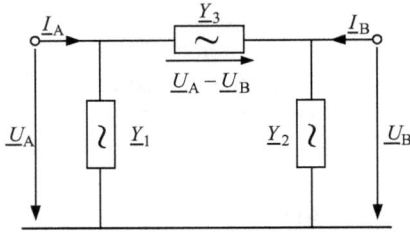

Abb. 7.6: Π-Ersatzschaltung für die Vierpolersatzschaltung in Admittanzform

8 Kirchhoff'sche Gesetze und Strom- und Spannungsteilerregeln

Die Kirchhoff'schen Gesetze umfassen den Knotenpunktsatz und den Maschensatz und gehen auf den deutschen Physiker Gustav Robert Kirchhoff (1824–1887) zurück. Sie sind, wie auch die Strom- und Spannungsteilerregeln, grundlegende Hilfsmittel für die Analyse von elektrischen Netzwerken mit liniengebundenen Leitern und können mit Hilfe der Graphentheorie formuliert werden. Dies wird im Folgenden mit Hilfe des Beispielnetzes in Abbildung 8.1 erläutert.

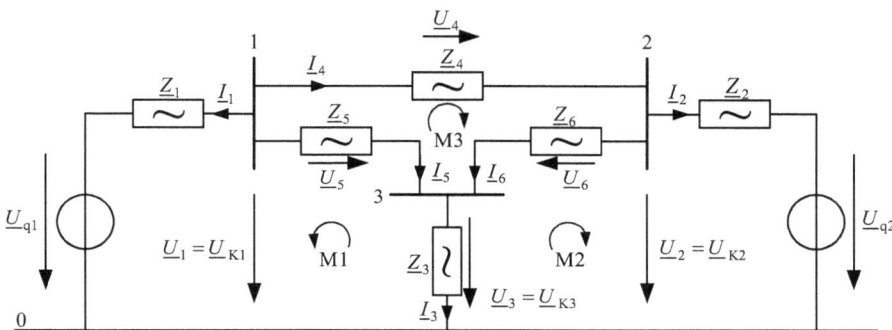

Abb. 8.1: Beispielnetz mit drei unabhängigen Knoten und sechs Zweigen

8.1 Graphen und Subgraphen

Ein orientierter Netzgraph (siehe Abbildung 8.2 für das Beispielnetz in Abbildung 8.1) beschreibt die Topologie eines Netzes. Die Struktur des Netzes wird durch Knoten und Verbindungslinien dargestellt. Ein Knoten entspricht einer Sammelschiene oder einem Verbindungspunkt zwischen zwei Betriebsmitteln. Eine Verbindungslinie repräsentiert einen Netzzweig, der durch die Klemmengrößen eines Zweipols oder die Klemmengrößen auf einer Seite eines Vier- oder sonstigen Mehrpols (siehe Kapitel 7) beschrieben wird. Die Zweige und Knoten des Netzes werden durchnummeriert, und die Verbindungslinien erhalten eine Orientierung, die den Zählpfeilen der Klemmenströme (Zweigströme) entsprechen. Aufgrund des gewählten Verbraucherzählpfeilsystems entspricht diese Orientierung auch der Zählpfeilrichtung der jeweiligen Klemmenspannung (Zweigspannung).

https://doi.org/10.1515/9783110548532-008

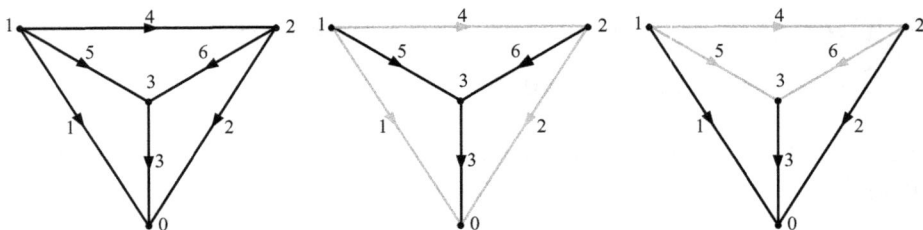

Abb. 8.2: Gerichteter Graph mit numerierten Knoten und Verbindungen (links) und zwei Beispiele für vollständige Bäume in dem gerichteten Graph mit numerierten Knoten und Verbindungen (Mitte und rechts) jeweils für das Beispielnetz in Abbildung 8.1

Subgraphen sind der Baum, die Masche und der Schnitt. Ein vollständiger Baum umfasst alle n unabhängigen Knoten sowie den Bezugsknoten (siehe Abbildung 8.2 Mitte und rechts für zwei Beispiele von vollständigen Bäumen). Er enthält damit n Baumzweige um die insgesamt $n + 1$ Knoten zu verbinden. Alle anderen $m = z - n$ Zweige werden als Verbindungszweige oder auch als unabhängige Zweige bezeichnet. Ein Baum enthält keine Masche.

Eine Masche ist ein geschlossener Umlauf im Graphen. Dabei werden die der Masche angehörenden Knoten und Verbindungen (Zweige) nur einmalig durchlaufen. Eine unabhängige Masche entsteht immer dann, wenn ein Verbindungszweig zum Baum hinzugenommen wird und die Masche nur diesen Verbindungszweig enthält. Es entstehen damit entsprechend der Anzahl der Verbindungszweige $m = z - n$ unabhängige Maschen, mit denen ein Maschengleichungssystem gebildet werden kann. Die Orientierung eines Maschenumlaufs ist prinzipiell beliebig. Da für einen Graphen zahlreiche vollständige Bäume gebildet werden können, existieren auch entsprechend viele unabhängige Maschengleichungssysteme.

Ein Schnitt schneidet den Graphen in zwei Teilgraphen und trennt mindestens einen Knoten vom Graphen heraus. Wird nur ein Knoten herausgeschnitten, so ergibt sich der Sonderfall des Knotenschnitts. Es ergeben sich entsprechend der n unabhängigen Knoten n unabhängige Knotenschnitte. Der Knotenschnitt um den Bezugsknoten ($n + 1$ Knoten, Knoten 0 in Abbildung 8.1) liefert nur eine linear von den anderen n Gleichungen abhängige Gleichung. Jeder Schnitt erhält eine beliebige Orientierung, z. B. vom Knoten wegweisend.

8.2 Knotenpunktsatz (1. Kirchhoff'sches Gesetz)

Aus der ersten Maxwell'schen Gleichung (Durchflutungsgesetz) [5, 6] in Integralform erhält man bei Bildung eines Flächenintegrals über eine geschlossene Fläche (Hülleninintegral) das Kontinuitätsgesetz [5, 6]. Es besagt, dass sich die in einem durch eine geschlossene Fläche A mit ihrem Flächennormalenvektor $\vec{n}$ umgrenzten Raumgebiet mit dem Volumen V befindliche Raumladung nur ändert, wenn sich die in einer Zeiteinheit $\mathrm{d}t$ ein- und ausströmenden Ladungen unterscheiden. Dieser Zusammenhang kann im Zeitbereich mit dem Vektor der Verschiebungsstromdichte $\vec{D}$ oder der skalaren Funktion der Raumladungsdichte ρ und dem Stromdichtevektor $\vec{j}^{1}$ ausgedrückt werden [5, 6]:

$$\oiint_{A} \vec{j}\vec{n}\,\mathrm{d}A = -\oiint_{A} \frac{\mathrm{d}\vec{D}}{\mathrm{d}t}\vec{n}\,\mathrm{d}A = -\frac{\mathrm{d}}{\mathrm{d}t}\iiint_{V} \rho\,\mathrm{d}V \quad \text{bzw.} \quad \operatorname{div}\vec{j} = -\operatorname{div}\frac{\mathrm{d}\vec{D}}{\mathrm{d}t} = -\frac{\mathrm{d}\rho}{\mathrm{d}t} \quad (8.1)$$

Unter den hier getroffenen Annahmen von quasistationären Vorgängen kann die magnetfelderzeugende Wirkung der Verschiebungsstromdichte $\vec{D}$ vernachlässigt werden, so dass $\mathrm{d}\vec{D}/\mathrm{d}t \approx 0$ gilt [5, 6]. Zu jedem Zeitpunkt bleibt damit die Ladung erhalten, d. h., dass keine Ladung gespeichert wird. Bildet man ferner das Flächenintegral um einen Netzknoten als Verbindungsstelle mehrerer Netzzweige, in denen ausschließlich Ströme fließen, kann der Knotenpunktsatz (1. Kirchhoff'sches Gesetz) formuliert werden. Dieser besagt, dass an jedem Netzknotenpunkt zu jedem Zeitpunkt die Summe der zufließenden Zweigströme der Summe der abfließenden Zweigströme entspricht. Jeder Zweigstrom wird dabei durch seinen Zählpfeil gekennzeichnet, so dass eindeutig entschieden werden kann, ob der Strom des Zweigs j einem Knoten i zu- oder von diesem abfließt. Dieser Zusammenhang kann durch das Element k_{ij} gekennzeichnet werden:

$$k_{ij} = \begin{cases} 1 & \text{der Zählpfeil von } \underline{I}_j \text{ weist vom Knoten } i \text{ weg} \\ -1 & \text{der Zählpfeil von } \underline{I}_j \text{ weist zum Knoten } i \text{ hin} \\ 0 & \text{der Zweig ist nicht mit dem Knoten verbunden} \end{cases} \quad (8.2)$$

Damit lässt sich für jeden Knoten i der Knotenpunktsatz bei Annahme von harmonischen Zeitabhängigkeiten mit den Zeitzeigern $\underline{I}_i$ der Zweigströme und mit der Anzahl z der Zweigströme wie folgt formulieren:

$$\sum_{j=1}^{z} k_{ij}\underline{I}_j = 0 \quad (8.3)$$

Für den Knoten in Abbildung 8.3 ergibt sich beispielsweise:

$$-\underline{I}_1 + \underline{I}_2 - \underline{I}_3 + \underline{I}_4 - \underline{I}_5 = 0 \quad (8.4)$$

---

1 Die Größen $\underline{\vec{D}}$ und $\underline{\vec{j}}$ sind Richtungsvektoren mit den drei Raumkomponenten der Verschiebungsstromdichte und elektrischen Stromdichte, die jeweils durch einen Zeitzeiger im Frequenzbereich beschrieben werden. $\vec{n}$ ist der Flächennormalenvektor, ein Richtungsvektor, der senkrecht auf der Fläche A steht.

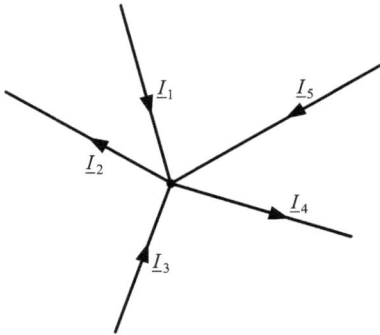

Abb. 8.3: Knoten mit fünf angeschlossenen Zweigen

Insgesamt können entsprechend der Anzahl n von unabhängigen Knoten n unabhängige Knotenpunktsätze formuliert werden. Diese unabhängigen Knotenpunktsätze können für ein Netz mit z Zweigen und n unabhängigen Knoten auch mit Hilfe der Knoten-Klemmen-Inzidenzmatrix K kompakt in Matrizenschreibweise angegeben werden. Hierfür werden die z durch ihre Zählpfeile gerichteten Zweigströme $\underline{I}_i$ in einem Zweigstromvektor $\underline{i}_Z$ zusammengefasst:

$$\underline{i}_Z = \begin{bmatrix} \underline{I}_1 & \underline{I}_2 & \cdots & \underline{I}_i & \cdots & \underline{I}_z \end{bmatrix}^{\mathrm{T}} \tag{8.5}$$

Die Zweigströme entsprechen den Klemmenströmen der Zwei-, Vier- und Mehrpole. Die Knoten-Klemmen-Inzidenzmatrix K besitzt die Ordnung $n \times z$ mit der Anzahl n der unabhängigen Netzknoten. Sie beschreibt die Verknüpfungen der Netzzweige mit den Knoten entsprechend der Aufbauregel in Gl. (8.2):

$$K = \begin{bmatrix} k_{11} & \cdots & k_{1j} & \cdots & k_{1z} \\ \vdots & \ddots & \vdots & & \vdots \\ k_{i1} & \cdots & k_{ij} & \cdots & k_{iz} \\ \vdots & & \vdots & \ddots & \vdots \\ k_{n1} & \cdots & k_{nj} & \cdots & k_{nz} \end{bmatrix} \tag{8.6}$$

Dadurch, dass die Zählpfeile der Klemmengrößen entsprechend der hier getroffenen Zählpfeilkonvention im Verbraucherzählpfeilsystem angegeben werden, weisen die Zweigströme der Elemente mit einer Zwei-, Vier- oder Mehrpoldarstellung vom Knoten weg in die Zwei-, Vier- und Mehrpole hinein, so dass die Knoten-Klemmen-Inzidenzmatrix für diese Elemente nur die Werte null und eins enthält. Jede Zeile der Knoten-Klemmen-Inzidenzmatrix enthält die Zweige, die mit einem Knoten verbunden sind. Die n Knotenpunktsätze lassen sich damit wie folgt formulieren:

$$K\underline{i}_Z = 0 \tag{8.7}$$

Für das Beispielnetz in Abbildung 8.1 erhält man für die Knotenpunktsätze:

$$K\underline{i}_Z = \begin{bmatrix} 1 & 0 & 0 & 1 & 1 & 0 \\ 0 & 1 & 0 & -1 & 0 & 1 \\ 0 & 0 & 1 & 0 & -1 & -1 \end{bmatrix} \begin{bmatrix} \underline{I}_1 \\ \underline{I}_2 \\ \underline{I}_3 \\ \underline{I}_4 \\ \underline{I}_5 \\ \underline{I}_6 \end{bmatrix} = \begin{bmatrix} 0 \\ 0 \\ 0 \end{bmatrix} = \mathbf{0} \tag{8.8}$$

8.3 Maschensatz (2. Kirchhoff'sches Gesetz)

Aus der zweiten Maxwell'schen Gleichung (Induktionsgesetz) [5, 6] in Integralform (siehe Gl. (11.1)) erhält man für einen geschlossenen Umlauf in einer Masche eines Netzwerks bei Annahme von harmonischen Zeitabhängigkeiten mit den Zeitzeigern $\underline{U}_i$ der Zweigspannungen und mit der Anzahl z der Zweige den folgenden Zusammenhang:

$$\sum_{j=1}^{z} m_{ij}\underline{U}_j = 0 \tag{8.9}$$

Dabei entsprechen die Zweigspannungen den Klemmenspannungen der Netzzweige. Für die Masche wird eine Umlaufrichtung gewählt und alle mit ihrer Zählpfeilrichtung in der gewählten Umlaufrichtung liegenden Zweigspannungen werden positiv und alle entgegengesetzt gerichteten Zweigspannungen negativ gezählt. Dieser Zusammenhang kann durch das Element m_{ij} gekennzeichnet werden:

$$m_{ij} = \begin{cases} 1 & \text{der Zählpfeil von } \underline{U}_j \text{ und der Maschenumlauf sind gleichsinnig} \\ & \text{orientiert} \\ -1 & \text{der Zählpfeil von } \underline{U}_j \text{ und der Maschenumlauf sind} \\ & \text{entgegengesetzt orientiert} \\ 0 & \text{der Zweig wird nicht in der Masche durchlaufen} \end{cases} \tag{8.10}$$

Für ein Netzwerk mit z Zweigen und n unabhängigen Knoten können $m = z - n$ unabhängige Maschengleichungen angegeben werden. Für das Beispielnetz mit $z = 6$ Zweigen und $n = 3$ unabhängigen Knoten in Abbildung 8.1 ergeben sich $m = 6 - 3 = 3$ unabhängige Maschengleichungen:

$$\underline{U}_1 - \underline{U}_3 - \underline{U}_5 = 0$$
$$\underline{U}_2 - \underline{U}_3 - \underline{U}_6 = 0 \tag{8.11}$$
$$\underline{U}_4 - \underline{U}_5 + \underline{U}_6 = 0$$

Die Maschensätze können auch mit Hilfe der Maschen-Klemmen-Inzidenzmatrix $\boldsymbol{M}$ kompakt in Matrizenschreibweise angegeben werden. Hierfür werden die z durch ihre Zählpfeile gerichteten Zweigsspanngen $\underline{U}_i$ in einem Zweigspannungsvektor $\underline{\boldsymbol{u}}_Z$ zusammengefasst:

$$\underline{\boldsymbol{u}}_Z = \begin{bmatrix} \underline{U}_1 & \underline{U}_2 & \cdots & \underline{U}_i & \cdots & \underline{U}_z \end{bmatrix}^{\mathrm{T}} \tag{8.12}$$

Die Maschen-Zweig-Inzidenzmatrix $\boldsymbol{M}$ besitzt die Ordnung $m \times z$ mit der Anzahl m der unabhängigen Maschen. Sie beschreibt die Verknüpfungen der Netzzweige mit den Maschen entsprechend der Aufbauregel in Gl. (8.10):

$$\boldsymbol{M} = \begin{bmatrix} m_{11} & \cdots & m_{1j} & \cdots & m_{1z} \\ \vdots & \ddots & \vdots & & \vdots \\ m_{i1} & \cdots & m_{ij} & \cdots & m_{iz} \\ \vdots & & \vdots & \ddots & \vdots \\ m_{m1} & \cdots & m_{mj} & \cdots & m_{mz} \end{bmatrix} \tag{8.13}$$

Jede Zeile der Maschen-Zweig-Inzidenzmatrix enthält die Zweige, die in dem jeweiligen Maschenumlauf durchlaufen werden. Die m Maschensätze lassen sich damit wie folgt formulieren:

$$\boldsymbol{M}\underline{\boldsymbol{u}}_Z = \boldsymbol{0} \tag{8.14}$$

Für das Beispielnetz in Abbildung 8.1 lautet die Gl. (8.11) in Matrizenschreibweise:

$$\boldsymbol{M}\underline{\boldsymbol{u}}_Z = \begin{bmatrix} 1 & 0 & -1 & 0 & -1 & 0 \\ 0 & 1 & -1 & 0 & 0 & -1 \\ 0 & 0 & 0 & 1 & -1 & 1 \end{bmatrix} \begin{bmatrix} \underline{U}_1 \\ \underline{U}_2 \\ \underline{U}_3 \\ \underline{U}_4 \\ \underline{U}_5 \\ \underline{U}_6 \end{bmatrix} = \begin{bmatrix} 0 \\ 0 \\ 0 \end{bmatrix} = \boldsymbol{0} \tag{8.15}$$

8.4 Topologische Regeln und Anzahl der Gleichungen und Unbekannten

Es gilt für den Zusammenhang zwischen den beiden Inzidenzmatrizen $\boldsymbol{K}$ und $\boldsymbol{M}$ die sogenannte topologische Regel [32]:

$$\boldsymbol{K}\boldsymbol{M}^{\mathrm{T}} = \boldsymbol{0} \quad \text{und} \quad \boldsymbol{M}\boldsymbol{K}^{\mathrm{T}} = \boldsymbol{0} \tag{8.16}$$

Dabei ist unbedingt zu beachten, dass diese Matrizenprodukte und damit auch die Nullmatrizen unterschiedliche Ordnungen aufweisen ($n \times m$ bzw. $m \times n$).

Die Elemente jeder Spalte der Knoten-Klemmen-Inzidenzmatrix $\boldsymbol{K}$ kennzeichnen die Knoten, an die der Zweig angeschlossen ist. Damit ist es möglich, einen Zusammenhang zwischen den n unabhängigen Knotenspannungen $\underline{U}_{Ki}$ und den Zweigspannungen herzustellen. Die Knotenspannungen $\underline{U}_{Ki}$ erhalten dabei Zählpfeile, die vom

i-ten unabhängigen Netzknoten zum Bezugsknoten weisen (siehe Abbildung 8.1):

$$\underline{u}_Z = \boldsymbol{K}^\mathrm{T}\underline{u}_K \tag{8.17}$$

Für das Beispielnetz in Abbildung 8.1 erhält man für den Zusammenhang zwischen den Zweig- und Knotenspannungen:

$$\underline{u}_Z = \boldsymbol{K}^\mathrm{T}\underline{u}_K = \begin{bmatrix} \underline{U}_1 \\ \underline{U}_2 \\ \underline{U}_3 \\ \underline{U}_4 \\ \underline{U}_5 \\ \underline{U}_6 \end{bmatrix} = \begin{bmatrix} 1 & 0 & 0 \\ 0 & 1 & 0 \\ 0 & 0 & 1 \\ 1 & -1 & 0 \\ 1 & 0 & -1 \\ 0 & 1 & -1 \end{bmatrix} \begin{bmatrix} \underline{U}_{K1} \\ \underline{U}_{K2} \\ \underline{U}_{K3} \end{bmatrix} = \begin{bmatrix} \underline{U}_{K1} \\ \underline{U}_{K2} \\ \underline{U}_{K3} \\ \underline{U}_{K1} - \underline{U}_{K2} \\ \underline{U}_{K1} - \underline{U}_{K3} \\ \underline{U}_{K2} - \underline{U}_{K3} \end{bmatrix} \tag{8.18}$$

Die Knotenspannungen sind so gewählt worden, dass sie die Maschengleichungen automatisch erfüllen. Dies kann mit Hilfe von Gl. (8.16) gezeigt werden:

$$\boldsymbol{M}\underline{u}_Z = \boldsymbol{M}\boldsymbol{K}^\mathrm{T}\underline{u}_K = \boldsymbol{0} \tag{8.19}$$

Für die Lösung eines Netzgleichungssystems mit z unbekannten Klemmenspannungen (Zweigspannungen) und z unbekannten Klemmenströmen (Zweigströme) werden somit $2z$ linear unabhängige Gleichungen benötigt. Es stehen insgesamt n Knotengleichungen und $m = z - n$ Maschengleichungen sowie z Zweiggleichungen, die die Klemmenspannungen (Zweigspannungen) und die Klemmenströme (Zweigströme) über die Zweigimpedanzen bzw. Zweigadmittanzen in Beziehung setzen, und damit $n + m + z = n + (z - n) + z = 2z$ Gleichungen zur Verfügung, womit das Netzgleichungssystem gelöst werden kann.

8.5 Spannungsteilerregel

In einer Reihenschaltung von mehreren komplexen Impedanzen (siehe Abbildung 8.4) können die Teilspannungsabfälle $\underline{U}_i$ über den einzelnen Teilimpedanzen $\underline{Z}_i$ aus der Gesamtspannung $\underline{U}$ über der Reihenschaltung und den Teilimpedanzen berechnet werden:

$$\underline{I} = \frac{\underline{U}}{\underline{Z}_\mathrm{ges}} = \frac{\underline{U}_1}{\underline{Z}_1} = \frac{\underline{U}_2}{\underline{Z}_2} = \cdots = \frac{\underline{U}_i}{\underline{Z}_i} = \cdots = \frac{\underline{U}_n}{\underline{Z}_n} \quad \Rightarrow \quad \frac{\underline{U}_k}{\underline{U}} = \frac{\underline{Z}_k}{\underline{Z}_\mathrm{ges}} \tag{8.20}$$

mit

$$\underline{Z}_\mathrm{ges} = \sum_{k=1}^{n} \underline{Z}_k = \underline{Z}_1 + \underline{Z}_2 + \cdots + \underline{Z}_i + \cdots + \underline{Z}_n \tag{8.21}$$

Der auf den Gesamtspannungsabfall bezogene Teilspannungsabfall verhält sich proportional zu der auf die Gesamtimpedanz bezogenen Teilimpedanz, über der der Teilspannungsabfall auftritt.

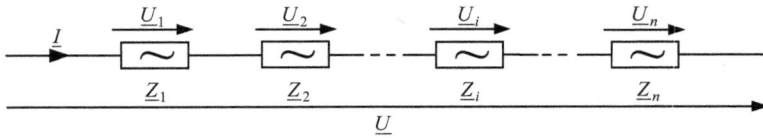

Abb. 8.4: Reihenschaltung mit komplexen Impedanzen und Teilspannungsabfällen

Ebenso kann man auch die Teilspannungen zueinander über die Teilimpedanzen ins Verhältnis setzen:

$$\frac{\underline{U}_i}{\underline{U}_k} = \frac{\underline{Z}_i}{\underline{Z}_k} \quad \text{und auch} \quad \frac{\sum\limits_{i=n}^{i=m} \underline{U}_i}{\sum\limits_{k=v}^{k=\mu} \underline{U}_k} = \frac{\sum\limits_{i=n}^{i=m} \underline{Z}_i}{\sum\limits_{k=v}^{k=\mu} \underline{Z}_k} \tag{8.22}$$

Die Teilspannungsabfälle verhalten sich proportional zu den Teilimpedanzen, über denen diese Teilspannungsabfälle auftreten.

8.6 Stromteilerregel

In einer Parallelschaltung vom mehreren komplexen Admittanzen (siehe Abbildung 8.5) können die Teilstöme $\underline{I}_i$ über den einzelnen Teiladmittanzen $\underline{Y}_i$ aus dem Gesamtstrom $\underline{I}$ durch die Parallelschaltung und die Teiladmittanzen berechnet werden:

$$\underline{U} = \frac{\underline{I}}{\underline{Y}_{\text{ges}}} = \frac{\underline{I}_1}{\underline{Y}_1} = \frac{\underline{I}_2}{\underline{Y}_2} = \cdots = \frac{\underline{I}_i}{\underline{Y}_i} = \cdots = \frac{\underline{I}_n}{\underline{Y}_n} \quad \Rightarrow \quad \frac{\underline{I}_k}{\underline{I}} = \frac{\underline{Y}_k}{\underline{Y}_{\text{ges}}} = \frac{\underline{Z}_{\text{ges}}}{\underline{Z}_k} \tag{8.23}$$

mit

$$\underline{Y}_{\text{ges}} = \frac{1}{\underline{Z}_{\text{ges}}} = \sum_{k=1}^{n} \underline{Y}_k = \underline{Y}_1 + \underline{Y}_2 + \cdots + \underline{Y}_i + \cdots + \underline{Y}_n$$

$$= \sum_{k=1}^{n} \frac{1}{\underline{Z}_k} = \frac{1}{\underline{Z}_1} + \frac{1}{\underline{Z}_2} + \cdots + \frac{1}{\underline{Z}_i} + \cdots + \frac{1}{\underline{Z}_n} \tag{8.24}$$

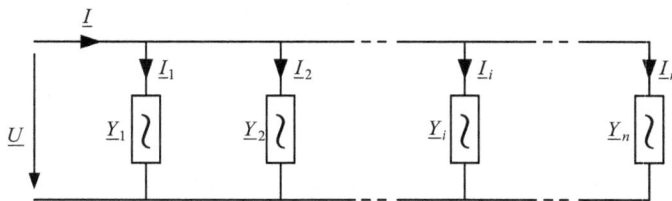

Abb. 8.5: Parallelschaltung mit komplexen Admittanzen und Teilströmen

Der auf den Gesamtstrom bezogene Teilstrom verhält sich proportional zu der auf die Gesamtadmittanz bezogenen Teiladmittanz, durch die der Teilstrom fließt.

Ebenso können auch die Teilströme zueinander über die Teiladmittanzen ins Verhältnis gesetzt werden:

$$\frac{\underline{I}_i}{\underline{I}_k} = \frac{\underline{Y}_i}{\underline{Y}_k} = \frac{\underline{Z}_k}{\underline{Z}_i} \quad \text{und auch} \quad \frac{\sum\limits_{i=n}^{i=m} \underline{I}_i}{\sum\limits_{k=v}^{k=\mu} \underline{I}_k} = \frac{\sum\limits_{i=n}^{i=m} \underline{Y}_i}{\sum\limits_{k=v}^{k=\mu} \underline{Y}_k} = \frac{\dfrac{1}{\sum\limits_{k=v}^{k=\mu} \underline{Y}_k}}{\dfrac{1}{\sum\limits_{i=n}^{i=m} \underline{Y}_i}} = \frac{\underline{Z}_{\Sigma v\mu}}{\underline{Z}_{\Sigma nm}} \tag{8.25}$$

mit

$$\underline{Z}_{\Sigma v\mu} = \frac{1}{\sum\limits_{k=v}^{k=\mu} \underline{Y}_k} = \frac{1}{\sum\limits_{k=v}^{k=\mu} \dfrac{1}{\underline{Z}_k}} = \frac{1}{\dfrac{1}{\underline{Z}_v} + \cdots + \dfrac{1}{\underline{Z}_\mu}} \tag{8.26}$$

Die Teilströme verhalten sich proportional zu den Teiladmittanzen bzw. umgekehrt proportional zu den Teilimpedanzen, durch die die Teilströme fließen.

9 Drehstromsystem

9.1 Vom Wechselstromsystem zum Drehstromsystem

In der elektrischen Energieversorgung werden für die elektrische Energieübertragung und -verteilung in der Regel keine Wechselstromsysteme (siehe Abbildung 9.1), sondern sogenannte Dreiphasensysteme mit dem Sonderfall des Drehstromsystems eingesetzt.

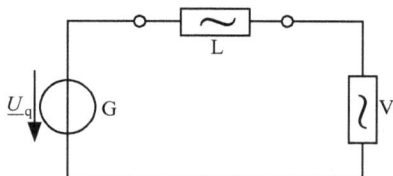

Abb. 9.1: Wechselstromsystem (G Generator, L Leitung, V Verbraucher)

Für ein besseres Verständnis der Entwicklung vom Wechselstromsystem über das Dreiphasensystem zum Drehstromsystem sollte man sich zunächst drei parallele Wechselstromsysteme (siehe Abbildung 9.2) mit jeweils eigenen Spannungsquellen (G) und Rückleitern vorstellen, die jeweils „unverkettet" einzelne Verbraucher (V) über die Leitungen (L) speisen.

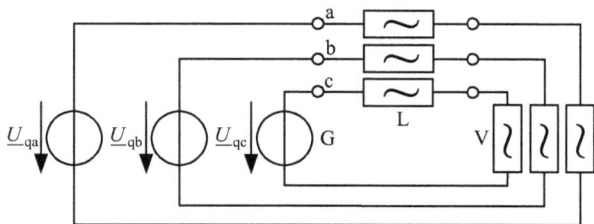

Abb. 9.2: Unverkettetes Dreiphasensystem (G Generator, L Leitung, V Verbraucher)

Aus Abbildung 9.2 wird ersichtlich, dass die drei Wechselstromsysteme auch einen gemeinsamen Rückleiter nutzen und damit mindestens zwei Rückleiter eingespart werden können (siehe Abbildung 9.3). Es entsteht ein Vierleitersystem mit dem Nullleiter N als viertem Leiter.

https://doi.org/10.1515/9783110548532-009

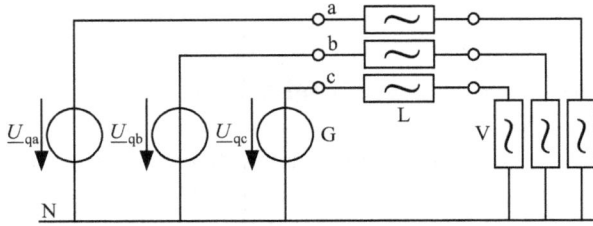

Abb. 9.3: Verkettetes Dreiphasensystem mit einem gemeinsamen Rückleiter (Vierleitersystem, G Generator, L Leitung, V Verbraucher, N Nullleiter)

Durch diese Verkettung, d. h. durch eine elektrisch leitende Verbindung der drei Grundstromkreise, entsteht das verkettete Dreiphasensystem. Die Verkettung erfolgt entweder in Form der Sternschaltung oder in der Ring- oder Polygonschaltung, die für den Sonderfall des Dreiphasensystems der Dreieckschaltung entspricht (siehe Abschnitt 9.2). Dabei ist es erforderlich, dass alle drei Spannungsquellen die gleiche Frequenz und zueinander fest stehende Phasenlagen (Nullphasen) aufweisen. In einem Drehstromsystem, als Sonderfall des Dreiphasensystems, beträgt die gegenseitige Phasenbeziehung (Differenz der Nullphasenwinkel) zwischen den elektrischen Größen in den drei Leitern 120° bzw. $2\pi/3$ im Bogenmaß. Am Beispiel der Quellenspannungen ist dies im Zeigerbild in Abbildung 9.4 verdeutlicht. Mathematisch können die Zusammenhänge für ein solches symmetrisches Quellenspannungssystem mit Hilfe des Einheitsversors $\underline{a}$ (siehe Abschnitt 3.3) ausgedrückt werden:

$$\underline{U}_{qa} = \underline{U}_q \, , \quad \underline{U}_{qb} = \underline{a}^2 \underline{U}_q \quad \text{und} \quad \underline{U}_{qc} = \underline{a}\,\underline{U}_q \quad \text{mit} \quad \underline{U}_{qa} + \underline{U}_{qb} + \underline{U}_{qc} = 0 \qquad (9.1)$$

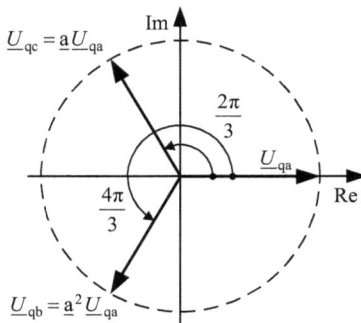

Abb. 9.4: Symmetrisches Quellenspannungssystem

Das Drehstromsystem stellt heute den Standard in den öffentlichen Energieversorgungsnetzen dar.

In Abbildung 9.3, Abbildung 9.5 und Abbildung 9.6 sind die drei Leiter der Spannungsquellen/Generatoren (G) und der Verbraucher (V) im Stern geschaltet worden.

Dabei kann der Sternpunkt geerdet (siehe Abbildung 9.3 und Abbildung 9.5) oder nicht geerdet (siehe Abbildung 9.6) ausgeführt werden. Werden beide Sternpunkte nicht geerdet, könnte auf einen Rückleiter verzichtet werden (siehe Abbildung 9.6). Auf einen Rückleiter könnte trotz beidseitiger Erdung ebenso verzichtet werden, wenn die Erde als Rückleiter (siehe Abbildung 9.5) dienen kann.

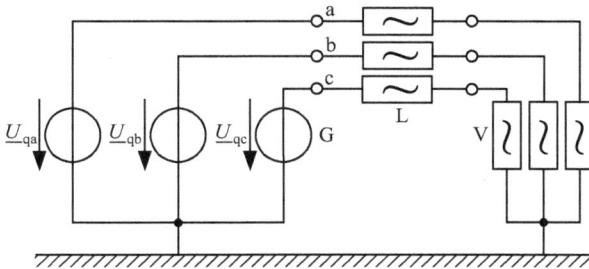

Abb. 9.5: Beidseitig geerdetes verkettetes Dreiphasensystem mit der Erde als Rückleiter (G Generator, L Leitung, V Verbraucher)

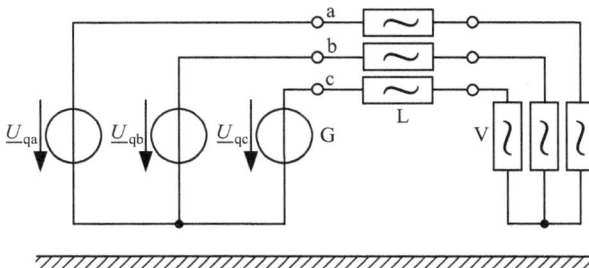

Abb. 9.6: Beidseitig nicht geerdetes verkettetes Dreiphasensystem (G Generator, L Leitung, V Verbraucher)

9.2 Stern- und Dreieckschaltung

Allgemein wird ein Zweig in einem Mehrphasensystem oder die Gesamtheit der Zweige in einem Mehrphasensystem, die einen Strom gleicher Phase führen, als Strang bezeichnet. So sind z. B. die Wicklungen, d. h. die Zweige eines Synchrongenerators oder eines Transformators, oder auch die Zweige eines Verbrauchers Stränge. Die Stränge können im Stern oder im Dreieck geschaltet werden (siehe Abbildung 9.7).

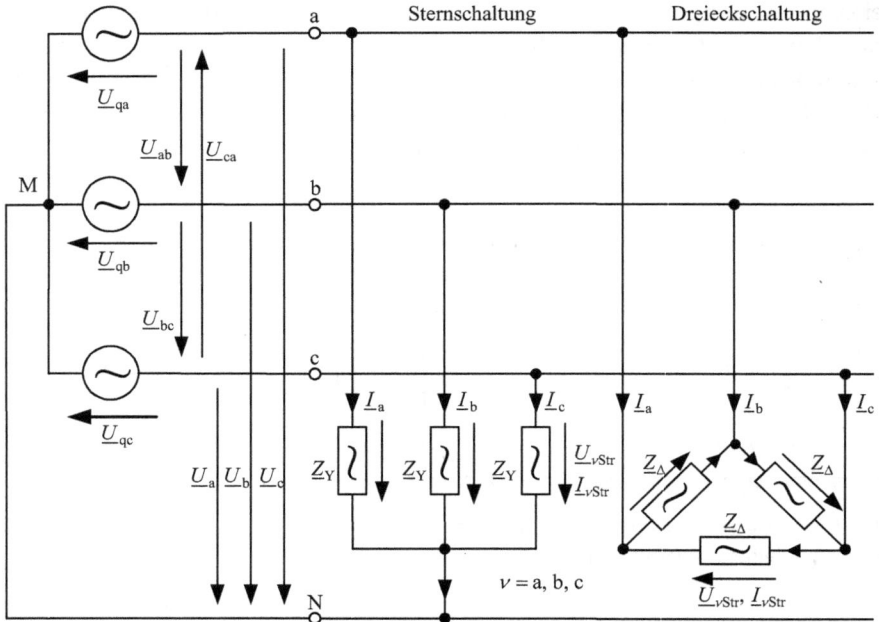

Abb. 9.7: Drehstromsystem mit Nullleiter N (Vierleitersystem) und zwei Verbrauchern in Stern- bzw. Dreieckschaltung

9.2.1 Sternschaltung

Werden die Anschlusspunkte aller Stränge eines Dreiphasensystems auf der einen Seite miteinander zu einem Sternpunkt M verbunden und die Anschlusspunkte der jeweils anderen Seiten der Stränge nach außen herausgeführt, so ergibt sich die Sternschaltung (siehe Abbildung 9.7). Die herausgeführten Anschlusspunkte bilden die Außenpunkte oder auch Außenleiter a, b und c (oder auch L1, L2 und L3), die früher auch als Phasen (veraltet) bezeichnet wurden. Der Sternpunkt M kann ebenfalls herausgeführt und beschaltet oder geerdet werden. Man spricht in diesem Fall von einem Vierleitersystem. Ansonsten handelt es sich um ein Dreileitersystem.

9.2.2 Dreieckschaltung

Eine Ring- oder Polygonschaltung ergibt sich durch die Reihenschaltung aller Stränge, wobei auch der Endpunkt des letzten mit dem Anfangspunkt des ersten Strangs verbunden wird. Die Verbindungspunkte werden nach außen geführt und bilden wieder die Außenleiter (Außenpunkte). Ein Sternpunkt M wird nicht gebildet. Für ein Dreiphasensystem ergibt sich in Anlehnung an die sich ergebende geometrische Struktur eine sogenannte Dreieckschaltung (siehe Abbildung 9.7). Die drei Außenpunkte werden wieder mit a, b und c (oder L1, L2 und L3) bezeichnet.

9.2.3 Bezeichnungen für Spannungen und Ströme

Die Spannungen zwischen zwei Außenleitern mit zeitlich aufeinanderfolgenden Phasen werden als Außenleiterspannungen oder als Leiter-Leiter-Spannungen oder auch als verkettete Spannungen bezeichnet. Im Dreiphasensystem werden diese Spannungen auch Dreieckspannungen genannt. Die Spannungen zwischen einem Außenleiter und dem Neutral- oder Sternpunkt M sind die Sternspannungen. Die Spannungen zwischen den beiden Anschlusspunkten eines Strangs sind die Strangspannungen.

Die in den Außenleitern a, b und c bzw. L1, L2 und L3 fließenden Ströme werden als Außenleiterströme (häufig auch in Kurzform als Leiterstrom) bezeichnet. Der bei einer Sternschaltung vom Sternpunkt M zum Neutralleiter N fließende Strom ist der Neutralleiter- oder Sternpunktstrom. Der in einem Strang fließende Strom ist der Strangstrom. Diese Bezeichnung gilt unabhängig davon, wie die Stränge miteinander verschaltet sind. Bei Sternschaltung wird dieser Strom aber auch als Sternstrom und bei einer Dreieckschaltung als Dreieckstrom bezeichnet.

9.2.4 Zusammenhänge zwischen Außenleiter- und Stranggrößen

Im Dreiphasensystem sind für die Sternschaltung die Strangströme identisch mit den Außenleiterströmen (siehe Abbildung 9.7). Die Außenleiterspannungen sind gleich den Differenzen der zugehörigen Strangspannungen. Speziell mit der Annahme, dass die Strangspannungen ein symmetrisches Drehstromsystem bilden und damit deren Beträge gleich groß sind und sich die Nullphasenwinkel um jeweils $2\pi/3$ unterscheiden, sind die Beträge der Außenleiterspannungen um den Faktor $\sqrt{3}$ größer als die Beträge der Strangspannungen. Es ist des Weiteren zu beachten, dass eine Phasenverschiebung zwischen den Außenleiterspannungen und den Strangspannungen besteht (siehe Abbildung 9.8):

$$\begin{bmatrix} \underline{U}_{ab} \\ \underline{U}_{bc} \\ \underline{U}_{ca} \end{bmatrix} = \begin{bmatrix} 1 & -1 & 0 \\ 0 & 1 & -1 \\ -1 & 0 & 1 \end{bmatrix} \begin{bmatrix} \underline{U}_{a} \\ \underline{U}_{b} \\ \underline{U}_{c} \end{bmatrix} = \sqrt{3}\,e^{j\frac{\pi}{6}} \begin{bmatrix} \underline{U}_{a} \\ \underline{U}_{b} \\ \underline{U}_{c} \end{bmatrix} = \sqrt{3}\,e^{j\frac{\pi}{6}} \begin{bmatrix} \underline{U}_{aStr} \\ \underline{U}_{bStr} \\ \underline{U}_{cStr} \end{bmatrix} \tag{9.2}$$

und:

$$\begin{bmatrix} \underline{I}_{a} \\ \underline{I}_{b} \\ \underline{I}_{c} \end{bmatrix} = \begin{bmatrix} \underline{I}_{aStr} \\ \underline{I}_{bStr} \\ \underline{I}_{cStr} \end{bmatrix} \tag{9.3}$$

U_{b}

U_{ab} $U_{\mathrm{a}} = U_{\mathrm{astr}}$

U_{bc}

$U_{\mathrm{c}} = U_{\mathrm{cstr}}$

U_{c}

U_{a} U_{ca} $U_{\mathrm{b}} = U_{\mathrm{bstr}}$

U_{a}

U_{ca} U_{ab}

U_{c} U_{bc} U_{b}

$I_{\nu} = I_{\nu \mathrm{str}}$
$\nu = \mathrm{a, b, c}$

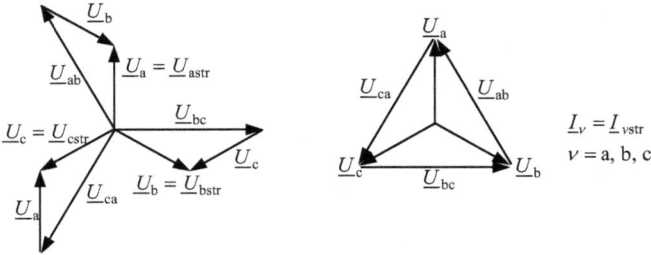

Abb. 9.8: Zusammenhang zwischen Strang- und Außenleitergrößen für die Sternschaltung

Für die Dreieckschaltung gilt im Dreiphasensystem, dass die Außenleiterspannungen identisch mit den Strangspannungen sind (siehe Abbildung 9.7). Die Außenleiterströme sind gleich den Differenzen der zugehörigen Strangströme. Speziell mit der Annahme, dass die Strangströme ein symmetrisches Drehstromsystem bilden und damit deren Beträge gleich groß sind und sich die Nullphasenwinkel um jeweils $2\pi/3$ unterscheiden, sind die Beträge der Außenleiterströme um den Faktor $\sqrt{3}$ größer als die Beträge der Strangströme. Es ist aber zu beachten, dass eine Phasenverschiebung zwischen den Außenleiterströmen und den Strangströmen besteht (siehe Abbildung 9.9):

$$\begin{bmatrix} I_a \\ I_b \\ I_c \end{bmatrix} = \begin{bmatrix} 1 & 0 & -1 \\ -1 & 1 & 0 \\ 0 & -1 & 1 \end{bmatrix} \begin{bmatrix} I_{ab} \\ I_{bc} \\ I_{ca} \end{bmatrix} = \sqrt{3}\,\mathrm{e}^{-\mathrm{j}\frac{\pi}{6}} \begin{bmatrix} I_{ab} \\ I_{bc} \\ I_{ca} \end{bmatrix} = \sqrt{3}\,\mathrm{e}^{-\mathrm{j}\frac{\pi}{6}} \begin{bmatrix} I_{abStr} \\ I_{bcStr} \\ I_{caStr} \end{bmatrix} \tag{9.4}$$

und:

$$\begin{bmatrix} U_{ab} \\ U_{bc} \\ U_{ca} \end{bmatrix} = \begin{bmatrix} U_{abStr} \\ U_{bcStr} \\ U_{caStr} \end{bmatrix} \tag{9.5}$$

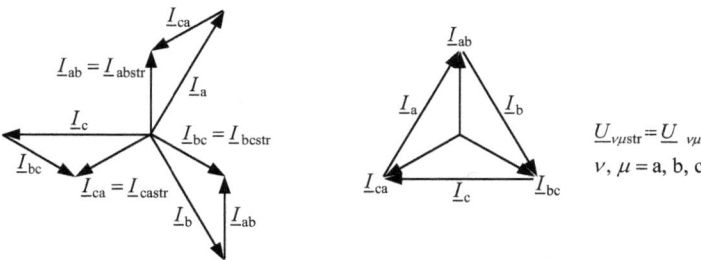

I_{ca}

$I_{\mathrm{ab}} = I_{\mathrm{abstr}}$ I_{a}

I_{c}

$I_{\mathrm{bc}} = I_{\mathrm{bcstr}}$

I_{bc}

$I_{\mathrm{ca}} = I_{\mathrm{castr}}$

I_{b} I_{ab}

I_{ab}

I_{a} I_{b}

I_{ca} I_{c} I_{bc}

$U_{\nu\mu\mathrm{str}} = U_{\nu\mu}$
$\nu, \mu = \mathrm{a, b, c}$

Abb. 9.9: Zusammenhang zwischen Strang- und Außenleitergrößen für die Dreieckschaltung

9.3 Umrechnungen zwischen Dreieckschaltung und Sternschaltung

Im Allgemeinen können in Elektroenergiesystemen gemischte Belastungen eines symmetrischen Dreiphasensystems auftreten. Damit soll z. B. eine Verbraucherlast in Form einer Stern- und als zweite Belastung eine Verbraucherlast in Form einer Dreieckschaltung verstanden werden (siehe Abbildung 9.10). Für die Berechnung von solchen symmetrischen Dreiphasensystemen ist es hilfreich, z. B. die Dreieckschaltung in eine äquivalente Sternschaltung (oder umgekehrt) mit einem identischen Klemmenverhalten umzuwandeln. Für die Umrechnung gelten die in Tabelle 9.1 angegebenen Umrechnungsbeziehungen.

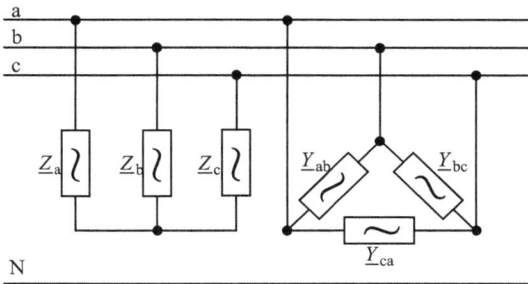

Abb. 9.10: Sternschaltung (links) und Dreieckschaltung (rechts)

Tab. 9.1: Stern-Dreieck- und Dreieck-Stern-Umwandlung (Bezeichnungen siehe Abbildung 9.10)

Stern-Dreieck-Umwandlung (Y → Δ)	Dreieck-Stern-Umwandlung (Δ →Y)
$\underline{Y}_{ab} = \dfrac{\underline{Y}_a\underline{Y}_b}{\underline{Y}_a + \underline{Y}_b + \underline{Y}_c}$	$\underline{Z}_a = \dfrac{\underline{Z}_{ab}\underline{Z}_{ca}}{\underline{Z}_{ab} + \underline{Z}_{bc} + \underline{Z}_{ca}}$
$\underline{Y}_{bc} = \dfrac{\underline{Y}_b\underline{Y}_c}{\underline{Y}_a + \underline{Y}_b + \underline{Y}_c}$	$\underline{Z}_b = \dfrac{\underline{Z}_{bc}\underline{Z}_{ab}}{\underline{Z}_{ab} + \underline{Z}_{bc} + \underline{Z}_{ca}}$
$\underline{Y}_{ca} = \dfrac{\underline{Y}_a\underline{Y}_c}{\underline{Y}_a + \underline{Y}_b + \underline{Y}_c}$	$\underline{Z}_c = \dfrac{\underline{Z}_{ca}\underline{Z}_{bc}}{\underline{Z}_{ab} + \underline{Z}_{bc} + \underline{Z}_{ca}}$
bei Symmetrie mit $\underline{Y}_a = \underline{Y}_b = \underline{Y}_c = \underline{Y}_Y$ gilt:	bei Symmetrie mit $\underline{Z}_{ab} = \underline{Z}_{bc} = \underline{Z}_{ca} = \underline{Z}_\Delta$ gilt:
$\underline{Y}_{ab} = \underline{Y}_{bc} = \underline{Y}_{ca} = \dfrac{\underline{Y}_Y}{3}$	$\underline{Z}_a = \underline{Z}_b = \underline{Z}_c = \dfrac{\underline{Z}_\Delta}{3}$

9.4 Induktive und kapazitive Kopplung

Durch die Parallelführung bzw. eine räumlich dichte Legung der drei Leiter eines Drehstromsystems entsteht eine induktive und eine kapazitive Kopplung der Leiter, die sich in den das Drehstromsystem beschreibenden Gleichungssystemen durch Kopplungsimpedanzen und -admittanzen äußern (siehe Abbildung 9.11).

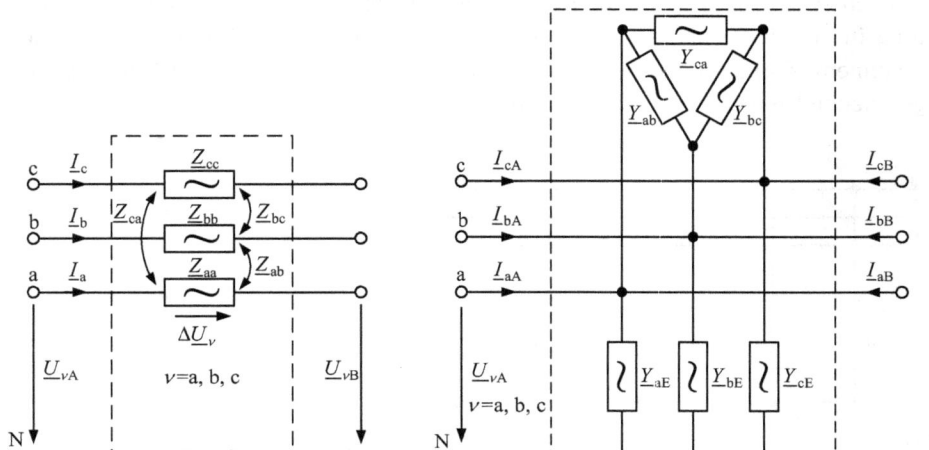

Abb. 9.11: Ersatzschaltungen mit induktiver Kopplung (links) und mit kapazitiver Kopplung (rechts)

Die Kopplungsimpedanzen $\underline{Z}_{\nu\mu}$ und -admittanzen $\underline{Y}_{\nu\mu}$ (ν, μ = a, b, c) haben sowohl einen Blindanteil, dies sind die Reaktanzen $X_{\nu\mu}$ und die Suszeptanzen $B_{\nu\mu}$, als auch einen Realteil, dies sind die Widerstände $R_{\nu\mu}$ und die Leitwerte $G_{\nu\mu}$. Die Widerstände $R_{\nu\mu}$ entstehen in der Regel nur bei Leitungen durch den Einfluss des verlustbehafteten Erdbodens (siehe Band 2, Abschnitt 6.5.1).

Für die Beschreibung von Drehstromsystemen werden die drei Leitergrößen für die jeweiligen Spannungen oder die Ströme in einen Spaltenvektor $\boldsymbol{u}$ oder $\boldsymbol{i}$ der Ordnung 3×1 zusammengefasst. Für die Beschreibung des Zusammenhangs zwischen den Spannungen und Strömen eines Netzzweigs wird eine Impedanzmatrix oder eine Admittanzmatrix benötigt. Diese Matrizen haben die Ordnung 3×3. Am Beispiel des einfachen Netzwerks mit induktiven Kopplungen zwischen den Leitern in Abbildung 9.11 links ergeben sich die folgenden Spannungsgleichungen. Die Impedanzmatrix $\underline{\boldsymbol{Z}}_\mathrm{L}$ ist voll besetzt und beschreibt die ohmsch-induktiven Kopplungen.

$$
\begin{bmatrix} \underline{U}_{aA} \\ \underline{U}_{bA} \\ \underline{U}_{cA} \end{bmatrix} - \begin{bmatrix} \underline{U}_{aB} \\ \underline{U}_{bB} \\ \underline{U}_{cB} \end{bmatrix} = \begin{bmatrix} \underline{Z}_{aa} & \underline{Z}_{ab} & \underline{Z}_{ac} \\ \underline{Z}_{ba} & \underline{Z}_{bb} & \underline{Z}_{bc} \\ \underline{Z}_{ca} & \underline{Z}_{cb} & \underline{Z}_{cc} \end{bmatrix} \begin{bmatrix} \underline{I}_a \\ \underline{I}_b \\ \underline{I}_c \end{bmatrix}
$$
$$
\boldsymbol{u}_\mathrm{A} \quad - \quad \boldsymbol{u}_\mathrm{B} \quad = \qquad \underline{\boldsymbol{Z}}_\mathrm{L} \qquad\quad \boldsymbol{i}
$$

(9.6)

Für das Netzwerk mit kapazitiven Kopplungen zwischen den Leitern in Abbildung 9.11 rechts ergibt sich die nachfolgende Stromgleichung. Die Admittanzzmatrix $\underline{Y}_L$ ist voll besetzt und beschreibt die kapazitiven Kopplungen zwischen den Leitern.

$$\begin{bmatrix} \underline{I}_{aA} \\ \underline{I}_{bA} \\ \underline{I}_{cA} \end{bmatrix} + \begin{bmatrix} \underline{I}_{aB} \\ \underline{I}_{bB} \\ \underline{I}_{cB} \end{bmatrix} = \begin{bmatrix} \underline{Y}_{aaL} & \underline{Y}_{abL} & \underline{Y}_{acL} \\ \underline{Y}_{baL} & \underline{Y}_{bbL} & \underline{Y}_{bcL} \\ \underline{Y}_{caL} & \underline{Y}_{cbL} & \underline{Y}_{ccL} \end{bmatrix} \begin{bmatrix} \underline{U}_a \\ \underline{U}_b \\ \underline{U}_c \end{bmatrix}$$
$$\underline{i}_A \quad + \quad \underline{i}_B \quad = \quad \underline{Y}_L \quad \underline{u}$$

(9.7)

mit:

$$\underline{Y}_{iiL} = \underline{Y}_{iE} + \underline{Y}_{ij} + \underline{Y}_{ik} , \quad \underline{Y}_{ijL} = -\underline{Y}_{ij} \quad \text{für} \quad i, j, k = a, b, c$$

(9.8)

9.5 Leistung im Drehstromsystem

In einem Drehstromsystem berechnet sich die komplexe Drehstromscheinleistung $\underline{S}$ aus der Summe der Strangleistungen (vgl. Gl. (6.1) für ein Wechselstromsystem). Sie kann auch mit Hilfe der Vektorschreibweise angegeben werden:

$$\underline{S} = \underline{S}_a + \underline{S}_b + \underline{S}_c = \underline{U}_a \underline{I}_a^* + \underline{U}_b \underline{I}_b^* + \underline{U}_c \underline{I}_c^* = \underline{u}^T \underline{i}^* = \begin{bmatrix} \underline{U}_a & \underline{U}_b & \underline{U}_c \end{bmatrix} \begin{bmatrix} \underline{I}_a \\ \underline{I}_b \\ \underline{I}_c \end{bmatrix}^* = P + jQ \quad (9.9)$$

Speziell für ein symmetrisches Dreileitersystem kann unter Ausnutzung der gleichen Beträge der Effektivwerte der Spannungen ($U_a = U_b = U_c = U$) und Ströme ($I_a = I_b = I_c = I$) und der gleichen Phasenverschiebungen ($\varphi_a = \varphi_b = \varphi_c = \varphi$) zwischen den Spannungen und Strömen eines Strangs eine Vereinfachung der Berechnung durch die Verwendung nur der Größen eines Strangs (i. d. R. Strang a) vorgenommen werden (siehe Abbildung 9.12). Die Gesamtdrehstromscheinleistung berechnet sich dann aus der dreifachen Strangleistung des Bezugsstrangs a. Der Index a wird dann weggelassen.

$$\underline{S} = S e^{j\varphi} = P + jQ = 3\underline{U}\,\underline{I}^* = 3U\,I\,e^{j\varphi}$$
$$= 3U\,I\,(\cos\varphi + j\sin\varphi) = 3\,(U\,I_w - jI_b) = 3U\,I_w - j3U\,I_b$$

(9.10)

Mit dem Wirk- und dem Blindstrom und dem Effektivwert des Stromes:

$$I_w = \frac{P}{3U} = I\cos\varphi , \quad I_b = -\frac{Q}{3U} = -I\sin\varphi \quad \text{und} \quad I = \sqrt{I_w^2 + I_b^2}$$

(9.11)

sowie:

$$S = \sqrt{P^2 + Q^2} , \quad \varphi_S = \arctan\left(\frac{Q}{P}\right) \quad \text{und} \quad \varphi_S = \varphi_Z = \varphi_u - \varphi_i = \varphi$$

(9.12)

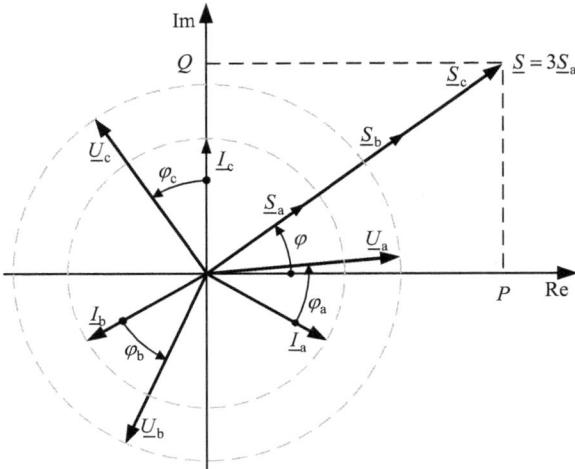

Abb. 9.12: Komplexe Leistung im symmetrischen Drehstromsystem mit Strangspannungen und Strangströmen ($\varphi = \varphi_a = \varphi_b = \varphi_c$)

Berücksichtigt man ferner, dass für ein symmetrisches Drehstromsystem in Stern-schaltung der Betrag der Strangspannungen U um den Faktor $\sqrt{3}$ kleiner ist als der Betrag der Außenleiterspannung U_{LL} (siehe Abschnitt 9.2.4), kann die Berechnung der komplexen Leistung in Gl. (9.10) auch wie folgt durchgeführt werden:

$$\underline{S} = 3\,\underline{U}\,\underline{I}^* = 3U\,I\,e^{j\varphi} = 3U\,I\,(\cos\varphi + j\sin\varphi) = \sqrt{3}\,U_{LL}I\,e^{j\varphi} \tag{9.13}$$

Dabei ist zu beachten, dass es sich in Gl. (9.13) immer noch um den Strangstrom han-delt und dass sich die Phasenverschiebung auf die Phasenverschiebung φ zwischen der Strangspannung und dem Strangstrom eines Stranges bezieht. Es wurde lediglich der Betrag der Strangspannung U durch die Beziehung zur Leiter-Leiter-Spannung U_{LL} entsprechend Gl. (9.2) ersetzt. Üblicherweise wird die Gl. (9.13) deshalb nur für die Berechnung des Betrags der Scheinleistung verwendet. Eine analoge Überlegung kann auch für die Dreiecksschaltung durchgeführt werden.

10 Positionswinkel, Winkelgeschwindigkeit und Drehimpulssatz

Für die Berechnung von rotierenden elektrischen Drehfeldmaschinen wie der Synchronmaschine (siehe Band 2, Kapitel 2) oder der Asynchronmaschine (siehe Band 2, Kapitel 3) ist auch die Beschreibung des mechanischen Bewegungsverhaltens dieser Maschinen erforderlich. Dafür ist die Kenntnis des Drehimpulssatzes, der Zusammenhang zwischen dem Positionswinkel und der Winkelgeschwindigkeit sowie zwischen den Momenten und Leistungen erforderlich.

10.1 Mechanischer und elektrischer Winkel und Winkelgeschwindigkeiten

Entlang des Umfangs der Ständerwicklung einer Drehfeldmaschine existieren $2p$ Wicklungszonen mit den Leitern der drei Stränge einer Drehstromwicklung (siehe Abbildung 10.1). Diese erzeugen bei Speisung mit einem Drehstromsystem ein magnetisches Drehfeld (siehe Band 2, Abschnitt 2.1.1 oder z. B. [30, 31]) mit $2p$ magnetischen

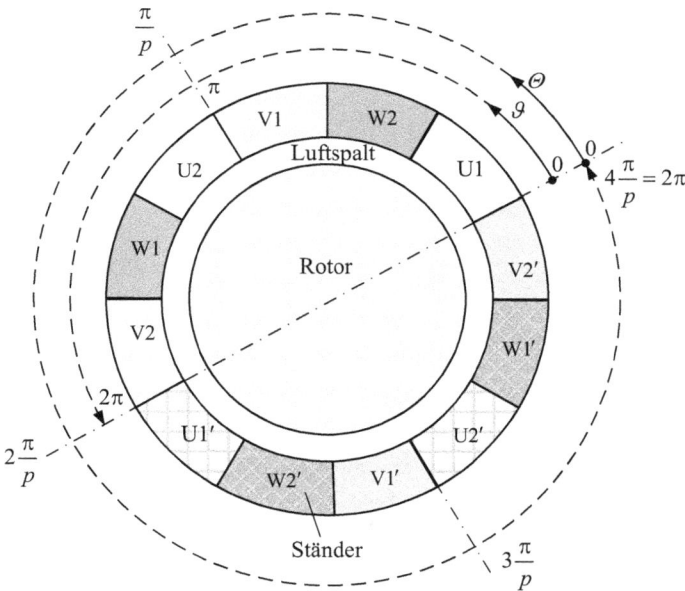

Abb. 10.1: Mechanischer und elektrischer Winkel Θ und ϑ für eine Drehfeldmaschine mit zwei Ständerdrehstromwicklungen (U1–U2, V1–V2, W1–W2 und U1'–U2', V1'–V2', W1'–W2') und damit mit der Polpaarzahl $p = 2$

https://doi.org/10.1515/9783110548532-010

Polen bzw. p Polpaaren mit einem magnetischen Nord- und Südpol. Während einer Netzperiode bewegt sich dieses Drehfeld um die doppelte Polteilung $2 \cdot 2\pi/2p = 2\pi/p$ (in Radiant) auf dem Umfangswinkel Θ entlang des Umfangs. Ein magnetischer Pol benötigt damit für einen vollständigen Umlauf p Netzperioden. Für die Analyse von elektrischen Maschinen wird in der Regel nur eines dieser Polpaare betrachtet und davon ausgegangen, dass sich die elektrischen und magnetischen Verhältnisse auf alle anderen Polpaare übertragen lassen. Für diese Betrachtungen wird der elektrische Winkel ϑ eingeführt und die doppelte Polteilung, die ein Polpaar einnimmt, entspricht 2π dieses elektrischen Winkels ϑ (siehe Abbildung 10.1).

Damit hängen der Umfangswinkel Θ und der elektrische Winkel ϑ über die folgende Beziehung zusammen:

$$\Theta = \frac{\vartheta}{p} \quad \Leftrightarrow \quad \vartheta = p\Theta \tag{10.1}$$

Die mechanische und die elektrische Winkelgeschwindigkeit Ω und ω berechnen sich aus dem Umfangswinkel Θ bzw. dem elektrischen Positionswinkel ϑ über deren zeitlichen Ableitungen:

$$\Omega = \dot{\Theta} = \frac{\mathrm{d}\Theta}{\mathrm{d}t} \quad \text{bzw.} \quad \omega = \dot{\vartheta} = \frac{\mathrm{d}\vartheta}{\mathrm{d}t} \tag{10.2}$$

Damit ergibt sich der Zusammenhang zwischen der elektrischen Winkelgeschwindigkeit ω und der mechanischen Winkelgeschwindigkeit Ω bzw. der Drehzahl n über die Polpaarzahl p der Maschine:

$$\Omega = 2\pi \cdot n = \frac{\omega}{p} \quad \text{bzw.} \quad \omega = \Omega \cdot p = 2\pi \cdot n \cdot p \tag{10.3}$$

10.2 Drehimpulssatz

Für die Beschreibung der Drehbewegung einer rotierenden elektrischen Maschine ist der Drehimpulssatz (auch Drallsatz) die zentrale Gleichung, die auf eine Differentialgleichung für die Winkelgeschwindigkeit führt:

$$J\dot{\Omega} = J\frac{\mathrm{d}\Omega}{\mathrm{d}t} = M_{\mathrm{m}} + M_{\delta} - M_{\mathrm{Reib}} = \Delta M \tag{10.4}$$

In dieser Gleichung beschreibt J das Massenträgheitsmoment der gesamten rotierenden Masse, die sich bei einem Generator aus der des Läufers der elektrischen Maschine, der Turbine und der Welle und bei einem Motor aus der des Läufers der elektrischen Maschine, der der Arbeitsmaschine und der Welle zusammensetzt. Die einzelnen Momente sind:

- das mechanische Drehmoment M_{m}, das bei einem Generator dem antreibenden Turbinendrehmoment M_{T} und bei einem Motor dem Widerstandsmoment M_{W} dieser Arbeitsmaschine entspricht,

- das Luftspaltmoment M_δ, das am Läufer angreift. Im Generatorbetrieb ist es negativ (VZS) und wirkt bremsend, während es im Motorbetrieb positiv ist und beschleunigend wirkt,
- das bremsende Reibungsmoment M_{Reib}, das in der Regel aufgrund seiner geringen Größe vernachlässigt werden kann.

Ist die Summe der Momente gleich null, erfährt der Rotor der elektrischen Maschine kein resultierendes Gesamtmoment ΔM und damit keine Winkelbeschleunigung $\dot{\Omega}$. Er rotiert dann mit konstanter Drehzahl bzw. konstanter mechanischer Winkelgeschwindigkeit Ω. Bei einem positiven Gesamtmoment ΔM wird der Rotor beschleunigt ($\dot{\Omega} > 0$), bei einem negativen Gesamtmoment abgebremst ($\dot{\Omega} < 0$).

Wirkleistungen P und Drehmomente M sind über die mechanische Winkelgeschwindigkeit Ω miteinander verknüpft, die noch durch die Drehzahl n des Läufers ausgedrückt werden kann:

$$P = M \cdot \Omega = M \cdot 2\pi n \tag{10.5}$$

Mit dem Zusammenhang zwischen Wirkleistungen und Drehmomenten in Gl. (10.5) lautet die Differentialgleichung in Gl. (10.4) mit der elektrischen Winkelgeschwindigkeit ω und dem elektrischen Winkel ϑ:

$$\dot{\omega} = \frac{d\omega}{dt} = \ddot{\vartheta} = \frac{d^2\vartheta}{dt^2} = \frac{p^2}{J} \cdot \frac{P_m + P_\delta - P_{Reib}}{\omega} = \frac{p^2}{J} \cdot \frac{\Delta P_m}{\omega} \tag{10.6}$$

11 Induzierte Spannungen und verkettete Wicklungen

11.1 Induktionsgesetz

Das Induktionsgesetz (2. Maxwell'sche Gleichung, siehe z. B. [5, 6]) besagt, dass das Umlaufintegral der elektrischen Feldstärke $\underline{\vec{E}}$ entlang der Randkurve s gleich der von diesem Umlauf in der Fläche A umfassten Änderung des magnetischen Flusses $\underline{\phi}$ ist. Dabei berechnet sich der magnetische Fluss $\underline{\phi}$ aus dem Integral der Skalarprodukte der ortsabhängigen magnetischen Induktion $\underline{\vec{B}}$ und den orientierten Flächenelementen $\vec{n} \, \mathrm{d}A$[1]:

$$\oint_s \underline{\vec{E}} \, \mathrm{d}\vec{s} = -\mathrm{j}\omega \iint_A \underline{\vec{B}}\vec{n} \, \mathrm{d}A = -\mathrm{j}\omega\underline{\phi} = \underline{U}_{\mathrm{ind}} \tag{11.1}$$

$\vec{n}$ ist der Flächennormaleneinheitsvektor der Fläche A. Die Richtung des Umlaufsinns der Randkurve ist dem Flächennormaleneinheitsvektor im Rechtsschraubensinn zugeordnet. Das Linienintegral entlang des geschlossenen Umlaufs ist ungleich null und entspricht der induzierten Spannung $\underline{U}_{\mathrm{ind}}$. Die Zählpfeilrichtung dieser Spannung entspricht dem Umlaufsinn der Randkurve (siehe Abbildung 11.1).

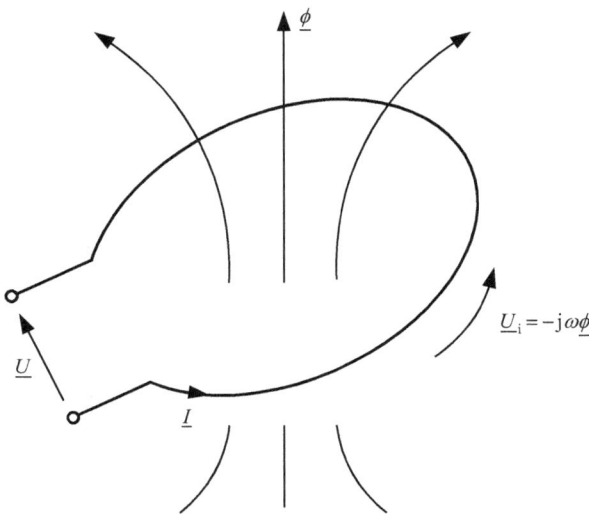

Abb. 11.1: Widerstandsbehaftete stromdurchflossene Leiterschleife

---

1 Die Größen $\underline{\vec{E}}$ und $\underline{\vec{B}}$ sind Richtungsvektoren mit den drei Raumkomponenten der elektrischen Feldstärke und magnetischen Flussdichte, die jeweils durch einen Zeitzeiger im Frequenzbereich beschrieben werden. $\vec{n}$ und $\vec{s}$ sind ebenfalls Richtungsvektoren für die Fläche A und deren Randkurve s.

https://doi.org/10.1515/9783110548532-011

Bilden mehrere dieser Windungen eine Wicklung, lässt sich durch entsprechend viele Windungen die induzierte Spannung erhöhen. Die Summe des von mehreren Windungen umfassten magnetischen Flusses wird als Flussverkettung (oder auch Spulenfluss) $\underline{\psi}$ bezeichnet. Seine zeitliche Änderung entspricht dem Wegintegral der elektrischen Feldstärke entlang aller w Windungen:

$$\sum_{\nu=1}^{w} \oint_{s_\nu} \underline{\vec{E}}_\nu \, \mathrm{d}\vec{s}_\nu = -\mathrm{j}\omega \sum_{\nu=1}^{w} \iint_{A_\nu} \underline{\vec{B}}_\nu \, \vec{n}_\nu \, \mathrm{d}A_\nu = -\mathrm{j}\omega \sum_{\nu=1}^{w} \underline{\phi}_\nu = -\mathrm{j}\omega\underline{\psi} = \underline{U}_{\mathrm{ind}} \qquad (11.2)$$

In vielen technischen Anwendungen, wie z. B. dem Transformator (siehe Band 2, Kapitel 5), kann man näherungsweise davon ausgehen, dass alle Windungen einer Wicklung den gleichen magnetischen Fluss umfassen, so dass sich die Flussverkettung aus dem Produkt der Windungszahl w und dem für alle Windungen gleichen magnetischen Fluss ergibt:

$$\underline{\psi} \approx w\underline{\phi} \qquad (11.3)$$

Die Anwendung des Induktionsgesetzes auf eine widerstandsbehaftete Leiterschleife, ähnlich Abbildung 11.1, liefert unter der Voraussetzung einer rechtswendigen Wicklung mit w Windungen im Verbraucherzählpfeilsystem:

$$R\underline{I} - \underline{U} = \underline{U}_{\mathrm{ind}} = -\mathrm{j}\omega\underline{\psi} \quad \text{bzw.} \quad \underline{U} = R\underline{I} + \mathrm{j}\omega\underline{\psi} = R\underline{I} + \mathrm{j}\omega L\underline{I} \qquad (11.4)$$

In Gl. (11.4) ist als Proportionalitätskonstante zwischen der Flussverkettung $\underline{\psi}$ und dem Strom $\underline{I}$ die Selbstinduktivität L eingeführt worden, die von der Windungszahl w, den geometrischen Abmessungen und den Materialkenngrößen der Wicklung abhängig ist. Die Induktivität ergibt sich aus dem Quotienten des von der Wicklung umschlossenen magnetischen Flusses und dem diesen Fluss erzeugenden Strom:

$$\underline{\psi} = w\underline{\phi} = L\underline{I} \quad \text{bzw.} \quad L = \frac{w\underline{\phi}}{\underline{I}} = \frac{\underline{\psi}}{\underline{I}} \qquad (11.5)$$

Erweitert man die Betrachtung auf zwei Wicklungen mit den Windungszahlen w_1 und w_2 in Abbildung 11.2, so sind die von den beiden Strömen erzeugten magnetischen Flüsse unterschiedlich mit den beiden Wicklungen verknüpft.

Zunächst wird angenommen, dass nur die Wicklung 1 stromdurchflossen ist. Der von dem Strom $\underline{I}_1$ in dieser Wicklung erzeugte magnetische Fluss $\underline{\phi}_1$ ist zwar vollständig mit dieser Wicklung, aber nur zum Teil mit der zweiten Wicklung verkettet:

$$\underline{\phi}_1\left(\underline{I}_1\right) = \underline{\phi}_{1\mathrm{h}}\left(\underline{I}_1\right) + \underline{\phi}_{1\sigma}\left(\underline{I}_1\right) \qquad (11.6)$$

Der vom Strom $\underline{I}_1$ erzeugte und vollständig mit beiden Wicklungen verkettete magnetische Fluss wird als magnetischer Hauptfluss $\underline{\phi}_{1\mathrm{h}}(\underline{I}_1)$ bezeichnet, während der vom Strom $\underline{I}_1$ erzeugte und nur mit der Wicklung 1 verkettete Fluss $\underline{\phi}_{1\sigma}(\underline{I}_1)$ den Streufluss bildet. Damit ist für dieses Beispiel die Wicklung 2 mit dem Hauptfluss $\underline{\phi}_2(\underline{I}_1) = \underline{\phi}_{1\mathrm{h}}(\underline{I}_1)$ verkettet. Entsprechend zu der Definition der Selbstinduktivität

$$\underline{\psi}_2(\underline{I}_1) + \underline{\psi}_{2h}(\underline{I}_2) = L_{21}\underline{I}_1 + L_{2h}\underline{I}_2$$

$$\underline{\psi}_2 = \underline{\psi}_2(\underline{I}_1)$$
$$+\underline{\psi}_2(\underline{I}_2)$$

$$\underline{\psi}_{2\sigma}(\underline{I}_2) = L_{2\sigma}\underline{I}_2$$

$$\underline{\psi}_1 = \underline{\psi}_1(\underline{I}_1)$$
$$+\underline{\psi}_1(\underline{I}_2)$$

$$\underline{\psi}_{1\sigma}(\underline{I}_1) = L_{1\sigma}\underline{I}_1$$

$$\underline{\psi}_{1h}(\underline{I}_1) + \underline{\psi}_1(\underline{I}_2) = L_{1h}\underline{I}_1 + L_{12}\underline{I}_2$$

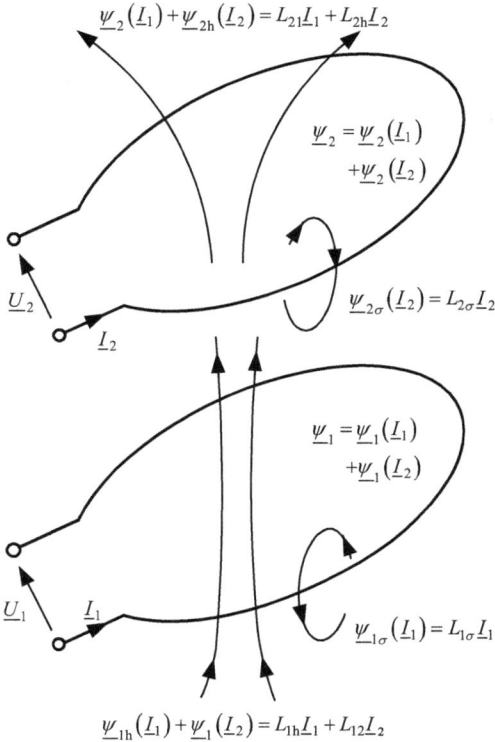

Abb. 11.2: Zwei magnetisch gekoppelte Wicklungen

können nun auch sogenannte Haupt-, Gegen- und Streuinduktivitäten als Proportionalitätsfaktoren zwischen Flüssen und Strömen angegeben werden. Die Hauptinduktivitäten werden jeder Wicklung zugeordnet und ergeben sich aus dem Quotienten des Hauptflusses in der Wicklung und dem erregendem Strom dieser Wicklung:

$$L_{1h} = \frac{w_1 \underline{\phi}_{1h}(\underline{I}_1)}{\underline{I}_1} = \frac{\underline{\psi}_{1h}(\underline{I}_1)}{\underline{I}_1} \tag{11.7}$$

Die Streuinduktivitäten sind ebenfalls entsprechend der Streuflüsse jeder Wicklung zugeordnet und ergeben sich aus der Differenz von Selbst- und Hauptinduktivität:

$$L_{1\sigma} = \frac{w_1 \underline{\phi}_{1\sigma}(\underline{I}_1)}{\underline{I}_1} = \frac{w_1 \underline{\phi}_1(\underline{I}_1) - w_1 \underline{\phi}_{1h}(\underline{I}_1)}{\underline{I}_1} = \frac{\underline{\psi}_1(\underline{I}_1) - \underline{\psi}_{1h}(\underline{I}_1)}{\underline{I}_1} = L_1 - L_{1h} \tag{11.8}$$

Die Gegeninduktivität beschreibt die magnetische Kopplung zwischen der Wicklung mit dem erregendem Strom und einer zweiten Wicklung. Sie entspricht der mit dem Windungszahlverhältnis umgerechneten Hauptinduktivität der Wicklung mit dem erregenden Strom:

$$L_{12} = \frac{w_2 \underline{\phi}_2(\underline{I}_1)}{\underline{I}_1} = \frac{\underline{\psi}_2(\underline{I}_1)}{\underline{I}_1} = \frac{w_2 \underline{\phi}_{1h}(\underline{I}_1)}{\underline{I}_1} = \frac{w_2}{w_1}\frac{\underline{\psi}_{1h}(\underline{I}_1)}{\underline{I}_1} = \frac{w_2}{w_1}L_{1h} \tag{11.9}$$

Analoge Betrachtungen bei Annahme, dass nur die Wicklung 2 stromdurchflossen ist, ergeben, dass:

– die Gegeninduktivität der ersten zur zweiten Wicklung gleich der Gegeninduktivität der zweiten zur ersten Wicklung ist:

$$L_{21} = \frac{w_1 \phi_1 (I_2)}{I_2} = \frac{\psi_1 (I_2)}{I_2} = \frac{w_1 \phi_{2h} (I_2)}{I_2} = \frac{w_1}{w_2} \frac{\psi_{2h} (I_2)}{I_2} = \frac{w_1}{w_2} L_{2h} \qquad (11.10)$$
$$= L_{12} = L_g$$

– sich die Hauptinduktivitäten der beiden Wicklungen wie die Quadrate ihrer Windungszahlen verhalten:

$$\frac{L_{1h}}{L_{2h}} = \left(\frac{w_1}{w_2} \right)^2 \qquad (11.11)$$

Es gilt dann für die Spannungsabfälle über den beiden Wicklungen mit den Selbstinduktivitäten $L_1 = L_{1h} + L_{1\sigma}$ und $L_2 = L_{2h} + L_{2\sigma}$:

$$
\begin{aligned}
\begin{bmatrix} \underline{U}_1 \\ \underline{U}_2 \end{bmatrix} &= \begin{bmatrix} R_1 & 0 \\ 0 & R_2 \end{bmatrix} \begin{bmatrix} \underline{I}_1 \\ \underline{I}_2 \end{bmatrix} + j\omega \begin{bmatrix} L_1 & L_{12} \\ L_{21} & L_2 \end{bmatrix} \begin{bmatrix} \underline{I}_1 \\ \underline{I}_2 \end{bmatrix} \\
&= \begin{bmatrix} R_1 & 0 \\ 0 & R_2 \end{bmatrix} \begin{bmatrix} \underline{I}_1 \\ \underline{I}_2 \end{bmatrix} + j\omega \begin{bmatrix} L_{1h} + L_{1\sigma} & L_{12} \\ L_{21} & L_{2h} + L_{2\sigma} \end{bmatrix} \begin{bmatrix} \underline{I}_1 \\ \underline{I}_2 \end{bmatrix} \qquad (11.12) \\
&= \begin{bmatrix} R_1 & 0 \\ 0 & R_2 \end{bmatrix} \begin{bmatrix} \underline{I}_1 \\ \underline{I}_2 \end{bmatrix} + j\omega \begin{bmatrix} L_{1h} + L_{1\sigma} & \frac{w_2}{w_1} L_{1h} \\ \frac{w_1}{w_2} L_{2h} & L_{2h} + L_{2\sigma} \end{bmatrix} \begin{bmatrix} \underline{I}_1 \\ \underline{I}_2 \end{bmatrix}
\end{aligned}
$$

Diese Definitionen gelten unter den Voraussetzungen, dass alle Windungen einer Wicklung durch den gleichen Fluss durchsetzt sind (vgl. Gl. (11.3)) und dass sich alle Wicklungen in einem Raum mit homogener Permeabilität befinden. Des Weiteren müsste strenggenommen bei der Berechnung der Induktivitäten auch der magnetische Fluss im Inneren der nicht linienförmigen, sondern mit einem endlichen Durchmesser behafteten Leiter berücksichtigt werden. Die Berechnung ist sehr aufwendig und kann am einfachsten aus dem Energieinhalt der magnetischen Felder erfolgen. Im Ergebnis führt dies auf eine zusätzlich zu berücksichtigende sogenannte innere Induktivität (aus dem magnetische Fluss im Inneren der Leiter) und eine äußere Induktivität (entspricht der oben angegebenen Herleitung), die im Allgemeinen deutlich überwiegt.

Wicklungen mit einem Eisenkern weisen grundsätzlich in Abhängigkeit vom momentan in der Wicklung fließenden Strom ein nichtlineares Verhalten auf, wodurch die Induktivität nicht mehr konstant ist, sondern nichtlinear vom Strom abhängig wird. Damit muss bei der Berechnung der induzierten Spannung der Selbstinduktion diese Abhängigkeit berücksichtigt werden, da für die induzierte Spannung die Änderung der magnetischen Flussverkettung entscheidend ist. Diese Betrachtung muss im Zeitbereich erfolgen, damit die momentane Auslenkung der Magnetisierungskennlinie berücksichtigt werden kann. Es ergibt sich eine vom Arbeitspunkt abhängige Induktivität L_{AP}:

$$
\begin{aligned}
u_{\text{ind}} &= -\frac{\mathrm{d}\psi(i)}{\mathrm{d}t} = -\frac{\mathrm{d}(L(i)i)}{\mathrm{d}t} = -\left(\frac{\mathrm{d}L(i)}{\mathrm{d}i}\frac{\mathrm{d}i}{\mathrm{d}t}i + L(i)\frac{\mathrm{d}i}{\mathrm{d}t}\right) \\
&= -\left(\frac{\mathrm{d}L(i)}{\mathrm{d}i}i + L(i)\right)\frac{\mathrm{d}i}{\mathrm{d}t} = -L_{AP}\frac{\mathrm{d}i}{\mathrm{d}t}
\end{aligned}
\tag{11.13}
$$

11.2 Verkettete Wicklungen

In rotierenden elektrischen Maschinen und in Transformatoren sind mehrere Wicklungen über gemeinsame Eisenkreise magnetisch gekoppelt. Diese Kopplungen werden durch Flussverkettungen, die sich aus den Selbst- und Gegeninduktivitäten berechnen, beschrieben. Über die Gegeninduktivitäten und die Stromänderungen in den anderen Wicklungen bzw. über die damit verbundenen Änderungen der Flussverkettungen werden in einer Wicklung Spannungen induziert. Setzt man generell rechtswendige Wicklungen voraus und orientiert die Zählpfeile für die Flussverkettungen entsprechend denen von Spannung und Strom in den entsprechenden Wicklungen im VZS, so gilt eine positive Zählrichtung für die Flußverkettungen in Richtung der Wicklungsachse (siehe Abbildung 11.3).

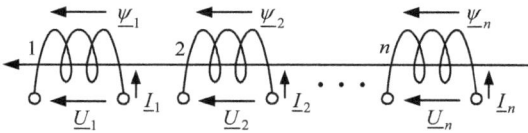

Abb. 11.3: n rechtsgängige Wicklungen

Für die Flussverkettungen $\underline{\psi}_i$ ergibt sich bei einer vollständigen induktiven Verkettung das Flussverkettungsgleichungssystem mit den Selbst- und Gegeninduktivitäten als Proportionalitätskonstanten zwischen den Flussverkettungen und den Strömen:

$$
\begin{bmatrix} \underline{\psi}_1 \\ \underline{\psi}_2 \\ \vdots \\ \underline{\psi}_n \end{bmatrix} = \begin{bmatrix} L_{11} & L_{12} & \cdots & L_{1n} \\ L_{21} & L_{22} & \cdots & L_{2n} \\ \vdots & \vdots & \ddots & \vdots \\ L_{n1} & L_{n2} & \cdots & L_{nn} \end{bmatrix} \begin{bmatrix} \underline{I}_1 \\ \underline{I}_2 \\ \vdots \\ \underline{I}_n \end{bmatrix} \quad \text{mit} \quad L_{ik} = L_{ki}
\tag{11.14}
$$

Dabei sind die gegenseitigen Induktivitäten (Gegeninduktivitäten) zwischen zwei Wicklungen gleich groß. Das Spannungsgleichungssystem lautet nach Einsetzen der

Flussverkettungen:

$$
\begin{bmatrix} \underline{U}_1 \\ \underline{U}_2 \\ \vdots \\ \underline{U}_n \end{bmatrix} = \begin{bmatrix} R_1 & & & \\ & R_2 & & \\ & & \ddots & \\ & & & R_n \end{bmatrix} \begin{bmatrix} \underline{I}_1 \\ \underline{I}_2 \\ \vdots \\ \underline{I}_n \end{bmatrix} + j\omega \begin{bmatrix} \underline{\psi}_1 \\ \underline{\psi}_2 \\ \vdots \\ \underline{\psi}_n \end{bmatrix}
$$

$$
= \begin{bmatrix} \underline{Z}_{11} & \underline{Z}_{12} & \cdots & \underline{Z}_{1n} \\ \underline{Z}_{21} & \underline{Z}_{22} & \cdots & \underline{Z}_{2n} \\ \vdots & \vdots & \ddots & \vdots \\ \underline{Z}_{n1} & \underline{Z}_{n2} & \cdots & \underline{Z}_{nn} \end{bmatrix} \begin{bmatrix} \underline{I}_1 \\ \underline{I}_2 \\ \vdots \\ \underline{I}_n \end{bmatrix}
$$

(11.15)

mit den Selbstimpedanzen der Leiterschleifen und den Gegenimpedanzen zwischen den Leiterschleifen:

$$
\underline{Z}_{ii} = R_i + jX_{ii} = R_i + j\omega L_{ii} \quad \text{und} \quad \underline{Z}_{ik} = jX_{ik} = j\omega L_{ik} \quad \text{mit} \quad L_{ik} = L_{ki} \tag{11.16}
$$

Werden Erdleiter oder das Erdreich bei der Berechnung der Schleifenimpedanzen einbezogen, wie z. B. bei der Freileitung (siehe Band 2, Abschnitt 6.5.1), ist die Widerstandsmatrix ebenfalls voll besetzt, und die Gegenimpedanzen zwischen den Leiterschleifen enthalten dann ebenfalls einen Ohm'schen Widerstand R_{ik}.

11.3 Kraftwirkung auf stromdurchflossene Leiter im Magnetfeld

Auf einen stromdurchflossenen Leiter der Länge dl wirkt im Magnetfeld eine Kraft d$\vec{F}$. Sie ist ein Vektor, der senkrecht auf der von dem Vektor der magnetischen Flussdichte $\vec{B}$ und von dem Raumvektor d$\vec{l}$ auf der Teillänge dl des Leiters aufgespannten Ebene steht (siehe Abbildung 11.4). Der Raumvektor d$\vec{l}$ beschreibt die Richtung des Stromflusses bzw. die Richtung des Zählpfeils für den Strom $\underline{I}$.

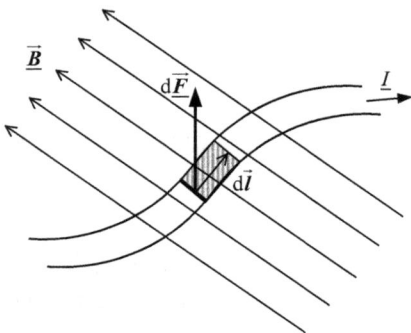

Abb. 11.4: Kraftwirkung auf ein stromdurchflossenes Leiterelement in einem beliebigen Magnetfeld

Die Richtung des Kraftvektors $\mathrm{d}\vec{\underline{F}}$ kann mit der sogenannten Rechte-Hand-Regel bestimmt werden. Der Daumen weist in Richtung des Stromes $\underline{I}$ bzw. in Richtung von $\mathrm{d}\vec{l}$, der Zeigefinger in Richtung der magnetischen Flussdichte $\vec{B}$ und die Kraft $\mathrm{d}\vec{\underline{F}}$ in Richtung des Mittelfingers. Dabei steht der Mittelfinger senkrecht auf der von $\vec{B}$ und $\mathrm{d}\vec{l}$ aufgespannten Fläche. Der Betrag der Kraft ist proportional zur magnetischen Flussdichte, dem Strom des Leiters und der Länge des Leiterstücks. Die Kraft berechnet sich damit aus dem folgenden Vektorprodukt, das mit dem Strom $\underline{I}$ multipliziert wird:

$$\mathrm{d}\vec{\underline{F}} = \underline{I}\left(\mathrm{d}\vec{l} \times \vec{B}\right) \quad \text{und} \quad \mathrm{d}F = \left|\mathrm{d}\vec{\underline{F}}\right| = I\left|\mathrm{d}\vec{l}\right|\left|\vec{B}\right| \sin\left(\sphericalangle \mathrm{d}\vec{l}, \vec{B}\right) \tag{11.17}$$

Die resultierende Kraft auf einen vom Strom $\underline{I}$ durchflossenen Leiter beliebiger Länge l in einem beliebigen Magnetfeld $\vec{B}$ berechnet sich aus dem Integral der Teilkräfte über die gesamte Leiterlänge.

$$\vec{\underline{F}} = \int_l \mathrm{d}\vec{\underline{F}} = \underline{I}\int_l \left(\mathrm{d}\vec{l} \times \vec{B}\right) \tag{11.18}$$

Für einfache Leiterformen, wie z. B. einem geraden Leiter der Länge l in einem homogenen Magnetfeld (siehe Abbildung 11.5), kann der Integralausdruck vereinfacht und die resultierende Kraft mit der folgenden Gleichung bestimmt werden:

$$\vec{\underline{F}} = \underline{I}\left(\vec{l} \times \vec{\underline{B}}\right) \tag{11.19}$$

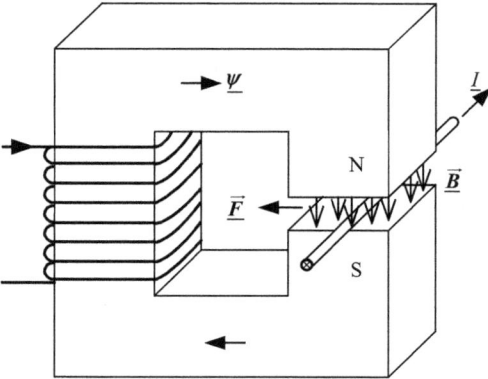

Abb. 11.5: Kraftwirkung auf einen stromdurchflossenen Leiter in einem homogenen Magnetfeld

11.4 Drehmoment einer stromdurchflossenen Leiterschleife im Magnetfeld

Eine rechteckförmige Leiterschleife, wie sie annähernd in elektrischen Maschinen auftritt, stellt eine Kombination von mehreren geraden Leitern dar. In einem homogenen Magnetfeld würden bei einer entsprechenden Ausrichtung der stromdurchflossenen Leiterschleife auf die Leiter, die parallel zum Magnetfeld stehen, keine und nur auf die senkrecht zum Magnetfeld stehenden Leiter Stromkräfte wirken (siehe Abbildung 11.6). Dabei wirken die Stromkräfte aufgrund der entgegengesetzten Stromflussrichtungen in ebenfalls entgegengesetzte Richtungen. Zusammen erzeugen sie ein Drehmoment, das auf die Leiterschleife einwirkt:

$$\underline{\vec{M}} = \vec{b}_1 \times \underline{\vec{F}}_1 + \vec{b}_2 \times \underline{\vec{F}}_2 = \vec{b}_1 \times \underline{I}\left(\vec{l}_1 \times \underline{\vec{B}}\right) + \vec{b}_2 \times \underline{I}\left(\vec{l}_2 \times \underline{\vec{B}}\right)$$

$$= \left(\vec{b}_1 - \vec{b}_2\right) \times \underline{I}\left(\vec{l}_1 \times \underline{\vec{B}}\right) \tag{11.20}$$

$$= \underline{I}\vec{b} \times \left(\vec{l}_1 \times \underline{\vec{B}}\right) = \underline{I}\vec{A} \times \underline{\vec{B}}$$

mit dem auf der Fläche senkrecht stehenden Flächenvektor $\vec{A}$, der sich aus dem Vektorprodukt der beiden Richtungsvektoren $\vec{b} = \vec{b}_1 - \vec{b}_2$ und $\vec{l}_1$ der beiden Seitenlängen der Leiterschleife entsprechend der Rechtsschraubenregel berechnet. Die Richtung von $\vec{l}_1$ ist durch die Zählpfeilrichtung des Stromes festgelegt.

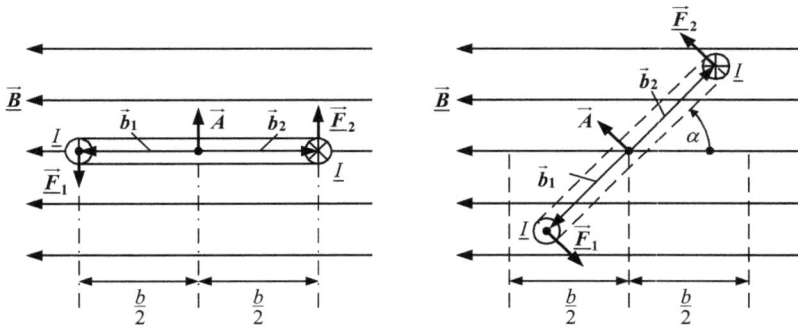

Abb. 11.6: Drehmoment einer stromdurchflossenen Leiterschleife in einem homogenen Magnetfeld

Man erkennt anhand von Gl. (11.20), dass das Drehmoment maximal wird, wenn der Flächenvektor $\vec{A}$ und die magnetische Flussdichte $\vec{B}$ senkrecht aufeinander stehen, und minimal wird, wenn beide parallel zueinander stehen (siehe Abbildung 11.6).

Bei einer beliebigen Winkelstellung der Leiterschleife in Abbildung 11.6 würden auch auf die bisher nicht betrachteten, parallel zu $\vec{b}$ liegenden Leiter der Leiterschleife Kräfte wirken, die sich aber in ihrer resultierenden Wirkung auf die Leiterschleife zu null addieren und damit kein resultierendes Drehmoment erzeugen.

12 Wärme, Wärmeübertragung und Wärmespeicherung

Die Verluste (Verlustleistungen) in elektrischen Betriebsmitteln führen zu einer Erwärmung des Betriebsmittels. Die Wärme muss abgeleitet werden, um eine beschleunigte Alterung, Schädigung oder Zerstörung des Betriebsmittels zu vermeiden. Wärme ist dabei die zwischen zwei thermodynamischen Systemen aufgrund eines Temperaturunterschieds $\Delta\vartheta$ übertragene Energie (Wärmeenergie). Bei der Wärmeübertragung wird die Wärmeenergie Q_{th} vom Ort höherer Temperatur zum Ort tieferer Temperatur transportiert. Der Wärmestrom P_{th} ist dabei die pro Zeiteinheit übertragene Wärmeenergie:

$$P_{th} = \frac{\mathrm{d}Q_{th}}{\mathrm{d}t} = \dot{Q}_{th} \tag{12.1}$$

Man unterscheidet drei Arten der Wärmeübertragung. Dies sind:
- Wärmeleitung (Konduktion),
- Konvektion und
- Wärmestrahlung.

12.1 Wärmeleitung

Wärmeleitung beschreibt den Wärmefluss innerhalb eines Körpers, in ruhenden Fluiden oder an Oberflächen, die sich direkt berühren. Es handelt sich im Gegensatz zur Konvektion um einen reinen Energiefluss. Die entscheidende, die Wärmeleitung beschreibende Materialeigenschaft ist die Wärmeleitfähigkeit λ, die für Metalle besonders hohe Werte erreicht und in W/(m · K) angegeben wird. Der Wärmestrom durch einen Körper mit der Wärmeleitfähigkeit λ, der Länge Δx und der durchströmten Querschnittsfläche A berechnet sich bei Anliegen eines Temperaturunterschieds $\Delta\vartheta$ aus:

$$P_{thL} = \lambda \frac{A}{\Delta x} \Delta\vartheta \tag{12.2}$$

12.2 Konvektion

Konvektion beschreibt den Wärmeübergang von einem festen Körper auf ein flüssiges oder gasförmiges Medium, wobei der Wärmeübergang durch die Bewegung des Mediums beeinflusst wird. Der Energietransport findet über den Materialtransport statt. Man unterscheidet freie und erzwungene Konvektion. Erstere wird z. B. durch Dichteunterschiede in Folge von Temperaturunterschieden oder durch Auftriebskräfte (allgemein durch thermodynamische Ungleichgewichte) und letztere durch Pumpen, Ventilatoren oder auch Wind verursacht. Der entscheidende, die Konvekti-

https://doi.org/10.1515/9783110548532-012

on beschreibende Parameter ist der Wärmeübergangskoeffizient α, der im Wesentlichen von der Strömungsgeschwindigkeit des Mediums und dessen Dichte beeinflusst wird und in $W/(m^2 \cdot K)$ angegeben wird. Der Wärmestrom berechnet sich aus dem Wärmeübergangskoeffizient α, der Fläche A zwischen den beiden Medien und dem Temperaturunterschied $\Delta\vartheta$:

$$P_{thK} = \alpha A \Delta\vartheta \tag{12.3}$$

12.3 Wärmestrahlung

Bei der Wärmestrahlung erfolgt die Wärmeübertragung zwischen zwei Körpern ohne ein Übertragungsmedium über elektromagnetische Wellen über die zueinander gewandten Oberflächen der beiden Körper. Dabei strahlt jeder der beiden Körper eine Wärmestrahlung ab, die von dem jeweils anderen Körper in Abhängigkeit von der Größe des jeweiligen Absorptionsgrads absorbiert wird. Die nicht absorbierte Wärmestrahlung wird reflektiert oder auch transmittiert (durchgelassen).

Mit der Stefan-Boltzmann-Konstanten $\sigma = 5{,}67 \cdot 10^{-8}\ W/(m^2 K^4)$, dem Emissionsgrad ε der abstrahlenden Fläche A und der absoluten Temperatur T ergibt sich der durch die Wärmestrahlung eines Körpers erzeugte Wärmestrom zu:

$$P_{thS} = \varepsilon \cdot \sigma \cdot A \cdot T^4 \tag{12.4}$$

Die Werte für den Emissionsgrad ε und den Absorptionsgrad α_r sind Materialeigenschaften und bewegen sich in einem Bereich zwischen 0 (perfekter Spiegel) und 1 (idealer schwarzer Körper). Bei technischen Anwendungen kann davon ausgegangen werden, dass die beiden Werte gleich groß sind ($\varepsilon \approx \alpha_r$). Die eingestrahlte Wärme wird vom Körper zum Teil mit dem Anteil α_r absorbiert, zum Teil mit dem Anteil ρ reflektiert und zum Teil mit dem Anteil τ transmittiert. Die Summe aus Absorbtionsgrad α_r, Reflexionsgrad ρ und Transmissionsgrad τ ist immer gleich eins, wobei der Transmissionsgrad τ aufgrund seiner geringen Größe in den meisten Fällen vernachlässigt werden kann:

$$\alpha_r + \rho + \tau = 1 \approx \alpha_r + \rho \approx \varepsilon + \rho \tag{12.5}$$

Der resultierende Wärmefluss P_{th12} zwischen zwei parallelen Flächen 1 und 2 mit den absoluten Temperaturen T_1 und T_2 ergibt sich aus der Differenz der von den beiden Oberflächen absorbierten Wärmestrahlungen. Die von der Fläche 1 ausgesandte Wärmestrahlung wird entsprechend dem Faktor $\alpha_{r2} \approx \varepsilon_2$ zum Teil von der Fläche 2 absorbiert und mit dem Faktor ρ_2 zum Teil von dieser reflektiert. Die reflektierte Strahlung wird von der ausstrahlenden Fläche 1 ebenfalls reflektiert und trifft erneut auf die Fläche 2, wo dann wieder ein Teil der Strahlung absorbiert und reflektiert wird. Analoge Überlegungen für die von der Fläche 2 ausgesandte Wärmestrahlung und von der Fläche 1 aufgenommenen Wärmestrahlung führen auf den resultierenden Wärmefluss zwischen den beiden Flächen:

$$P_{th12} = \varepsilon_1 \sigma A \cdot T_1^4 \left(\varepsilon_2 + \varepsilon_2 \sum_{k=1}^{\infty} (\rho_1 \rho_2)^k \right) - \varepsilon_2 \sigma A \cdot T_2^4 \left(\varepsilon_1 + \varepsilon_1 \sum_{k=1}^{\infty} (\rho_1 \rho_2)^k \right) \tag{12.6}$$

Die Summentherme können durch ihre Grenzwerte [1] ersetzt werden und man erhält:

$$P_{th12} = \varepsilon_1 \varepsilon_2 \sigma A \left(\frac{T_1^4}{1 - \rho_1 \rho_2} - \frac{T_2^4}{1 - \rho_1 \rho_2} \right)$$

$$\approx \frac{\varepsilon_1 \varepsilon_2}{1 - (1 - \varepsilon_1)(1 - \varepsilon_2)} \sigma A \left(T_1^4 - T_2^4 \right) = \frac{1}{\frac{1}{\varepsilon_1} + \frac{1}{\varepsilon_2} - 1} \sigma A \left(T_1^4 - T_2^4 \right) \tag{12.7}$$

Dieser Wärmefluss ist unabhängig von den Emmissions- und Absorptionsgraden immer von der Fläche mit der höheren Temperatur zur Fläche mit der niedrigeren Temperatur gerichtet. Für den Fall, dass der Körper 2 ein ideal schwarzer Körper ist, gilt $\varepsilon_2 = \alpha_{r2} = 1$ und damit $\rho_2 = 0$, d. h., dass der Körper 2 die eintreffende Wärmestrahlung vollständig absorbiert:

$$P_{th12} = \varepsilon_1 \cdot \sigma \cdot A \cdot \left(T_1^4 - T_2^4 \right) \tag{12.8}$$

12.4 Energieerhaltung: 1. Hauptsatz der Thermodynamik

Die Zufuhr bzw. der Entzug von Wärmeenergie Q_{thzu} bzw. Q_{thab} führen zu einer Temperaturänderung des betreffenden Körpers. Für die Berechnung des Temperaturverlaufs nutzt man den 1. Hauptsatz der Thermodynamik (Energieerhaltung). Die übertragene Wärmeenergie erhöht die im Körper gespeicherte Enthalpie. Die Wärmeenergie ist dabei proportional zur Temperaturänderung $\Delta\vartheta$, der Masse m des Körpers und der spezifischen Wärmekapazität c_p des Stoffes, aus dem der Körper besteht:

$$m \cdot c_p \cdot \Delta\dot{\vartheta} = C_{th} \cdot \Delta\dot{\vartheta} = C_{th} \frac{d\vartheta}{dt} = \dot{Q}_{thzu} - \dot{Q}_{thab} = P_{thzu} - P_{thab} = \Delta\dot{Q}_{th} = \Delta P_{th} \tag{12.9}$$

Bei einem adiabatischen thermodynamischen Vorgang tauscht der Körper keine Wärme mit seiner Umgebung aus, d. h. $P_{thab} = 0$. Bezogen auf die Verluste in einem elektrischen Betriebsmittel würde dies bedeuten, dass die in dem Betriebsmittel entstehende Verlustleistung vollständig in Form von Wärme in dem Körper des Betriebsmittels gespeichert wird.

In einem thermodynamischen Gleichgewicht ist die zugeführte (Verlust-)Leistung gleich der abgeführten Leistung. Das Betriebsmittel hat dann eine konstante Temperatur bzw. eine konstante Temperaturdifferenz gegenüber der Umgebungstemperatur. Es gilt $d\vartheta/dt = \dot{\vartheta} = 0$.

12.5 Wärmewiderstand

Bei der Wärmeleitung und Konvektion sind der Wärmestrom und die Temperaturdifferenz proportional zueinander. Der Proportionalitätsfaktor ist in Analogie zum Ohm'schen Gesetz der Elektrotechnik der Wärmewiderstand:

$$R_{th} = \frac{\Delta\vartheta}{P_{th}} \tag{12.10}$$

Für eine gute Wärmeableitung ist ein kleiner Wärmewiderstand erforderlich. Der Wärmewiderstand bei Wärmeleitung hängt von der Weglänge, die die Wärme durch den Körper nehmen muss, der durchströmten Fläche A und der Wärmeleitfähigkeit λ ab, die eine Materialeigenschaft darstellt. Es gilt (vgl. Gl. (12.2)):

$$R_{th} = \frac{\Delta x}{\lambda A} \tag{12.11}$$

Bei Konvektion berechnet sich der Wärmewiderstand aus der Fläche A, die in Verbindung mit dem flüssigen oder gasförmigen Medium steht, und dem Wärmeübergangskoeffizienten α (vgl. Gl. (12.3)):

$$R_{th} = \frac{1}{\alpha A} \tag{12.12}$$

Bei der Wärmestrahlung lässt sich kein linearer Wärmewiderstand angeben, da die abgegebene Wärmeleistung neben der Abhängigkeit von der abstrahlenden Fläche auch jeweils von der vierten Potenz der Temperatur der abstrahlenden Fläche und der der Umgebung abhängig ist.

12.6 Analogie zwischen thermischen und elektrischen Größen

Ähnlich wie in der Elektrotechnik können in der Wärmelehre Wärmestromkreise verwendet werden, in denen ausgehend von Wärmestromquellen über Wärmewiderstände und Wärmekapazitäten Wärmeströme zu den Wärmesenken auf Umgebungstemperatur fließen. Es bestehen die in Tabelle 12.1 angegebenen Analogien zwischen elektrischen Stromkreisen und Wärmestromkreisen. Entsprechend können auch die Berechnungsverfahren für elektrische Stromkreise wie z. B. die Kirchhoff'schen Gesetze (siehe Kapitel 8) auf die Wärmestromkreise übertragen und angewendet werden.

Tab. 12.1: Analogie zwischen thermischen und elektrischen Größen

thermische Größen	elektrische Größen
Wärmemenge Q in J = Ws	Ladung Q in C
Wärmestrom P in W	Strom I in A
Temperaturdifferenz $\Delta\vartheta$ in K	Spannung [1] U in V
Wärmekapazität C_{th} in J/K	Kapazität C in F
Wärmewiderstand R_{th} in K/W	Widerstand R in Ω
Wärmeleitfähigkeit λ in W/(m · K)	elektrische Leitfähigkeit κ in S/m

[1] Potentialdifferenz $\Delta\varphi$ in V

13 Energiewandlungskette und Elektroenergie

13.1 Energieumwandlungskette

Naturenergieträger werden über verschiedene Energieumwandlungen in für die Endverbraucher nutzbare Energie (Nutzenergie, NE) umgewandelt (siehe Abbildung 13.1). In dieser Energieumwandlungskette entstehen in jeder Wandlungsstufe Energieverluste ΔW. Auch die Erzeugung von elektrischer Energie, die eine Form eines Endenergieträgers (EET) darstellt, in den Kraftwerken ist Teil dieser Energieumwandlungskette.

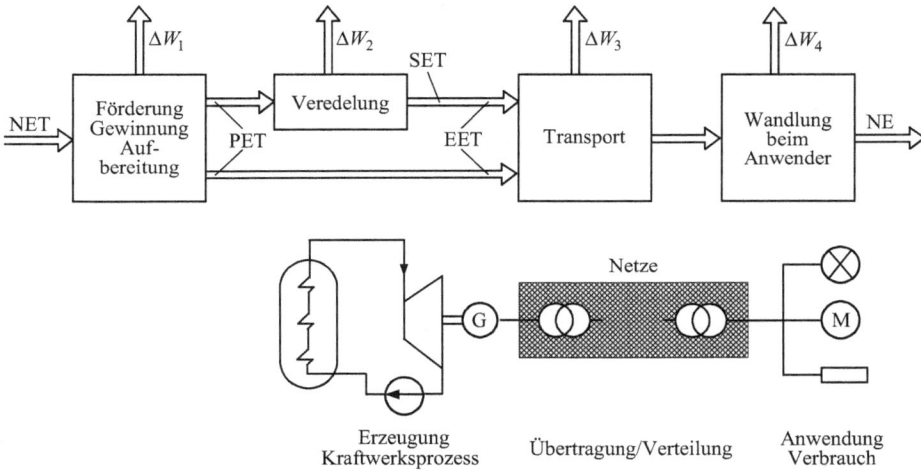

Abb. 13.1: Energieumwandlungskette von der Erzeugung bis zum Verbrauch (Naturenergieträger NET (fossile, nukleare, regenerative), Primärenergieträger PET (nicht regenerative wie Kohle, Öl, Gas, Kernbrennstoffe und regenerative wie Wasser, Wind, Sonne), Sekundärenergieträger SET (Treib- und Brennstoffe, Wasserdampf (Fernwärme), elektromagnetisches Feld (Strom und Spannung)), Endenergieträger EET (entsprechen SET und einem Teil der PET), Nutzenergie NE (Wärme, Kälte, mechanische Energie, Licht))

https://doi.org/10.1515/9783110548532-013

13.2 Sankey-Diagramm der Energiewandlung

Ein Sankey-Diagramm (siehe Abbildung 13.2 und Abbildung 13.3) stellt graphisch Mengenflüsse durch Pfeile dar, deren Dicke mengenproportional ist. Sie sind ein Hilfsmittel zur Visualisierung von Energie- und auch Materialflüssen und ermöglichen die Veranschaulichung von Ineffizienzen und Einsparpotentialen im Umgang mit Ressourcen.

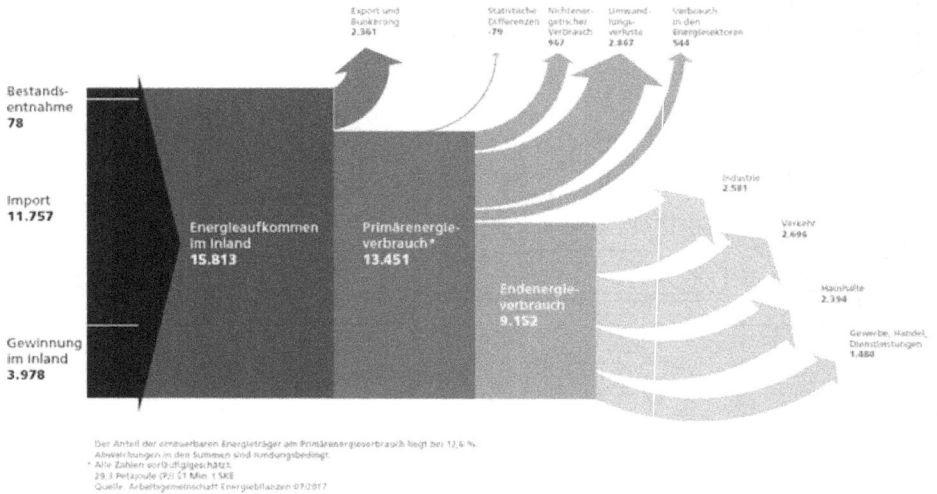

Abb. 13.2: Sankey-Diagramm für den Energiefluss in der Bundesrepublik Deutschland in 2016 (Angaben in PJ), Quelle: AG Energiebilanzen e. V.

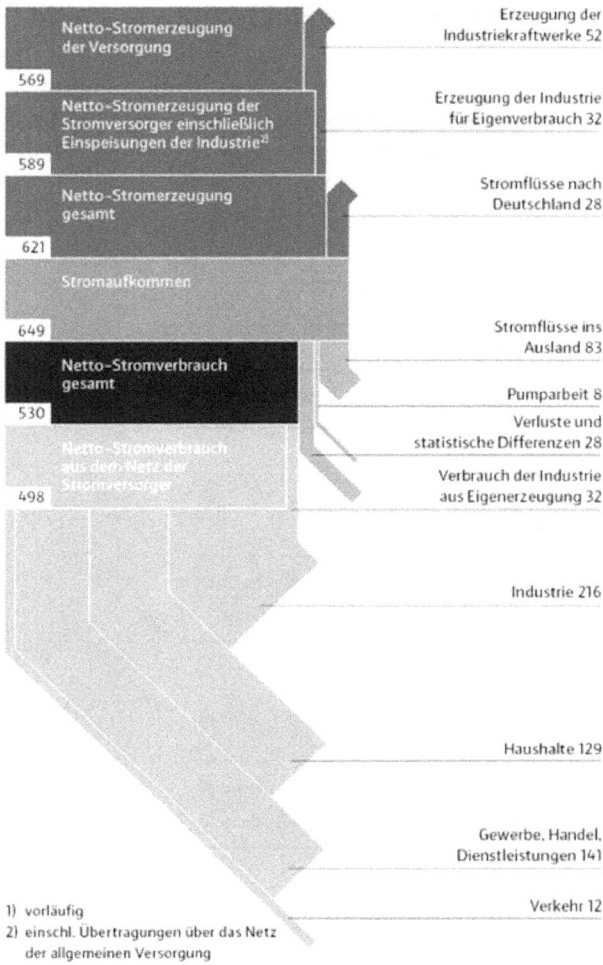

Abb. 13.3: Sankey-Diagramm für den Stromfluss in der Bundesrepublik Deutschland in 2017 (Angaben in Mrd. kWh), Quelle: BDEW

13.3 Bereitstellung der Elektroenergie und Elektrizitätsflussbild

Elektrische Energie (Elektroenergie) kann ausgehend von unterschiedlichen Primärenergieträgern auf verschiedenen Wegen erzeugt werden (siehe Abbildung 13.4). Elektrische Energie kann z. B. direkt aus einem Primärenergieträger (z. B. Photovoltaik-

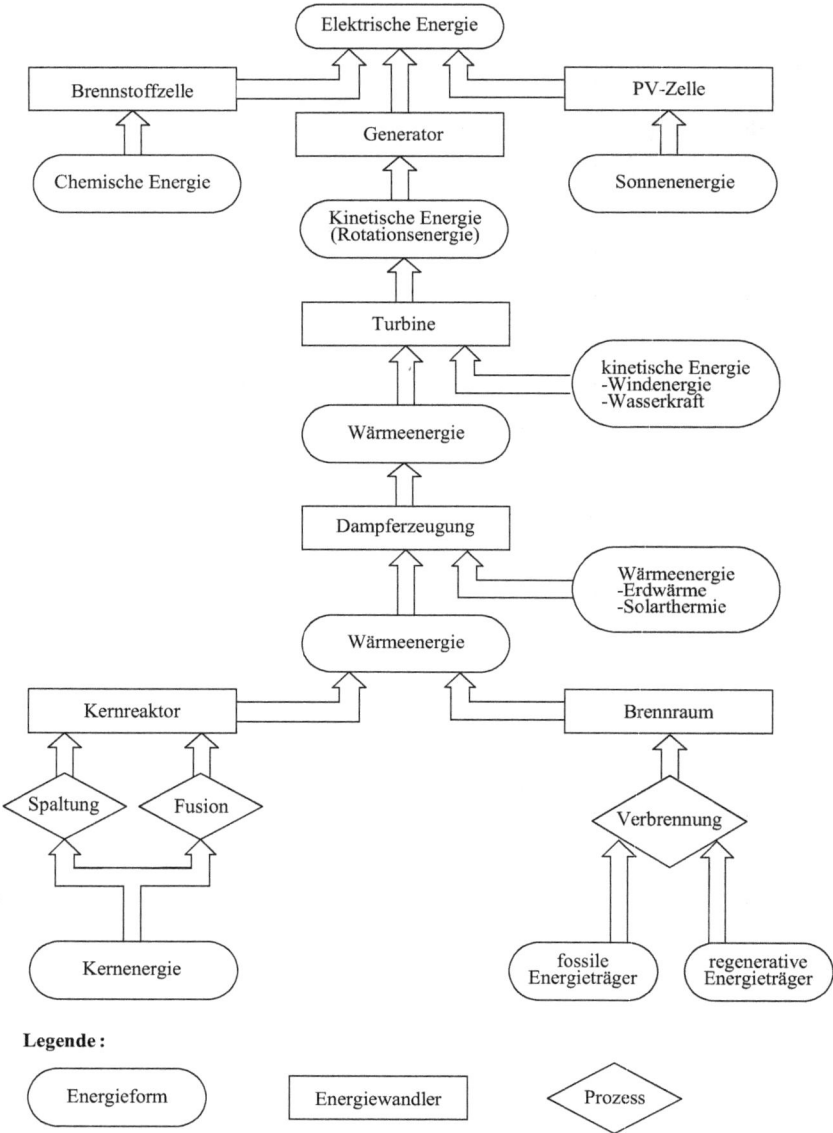

Abb. 13.4: Wege der Erzeugung elektrischer Energie, ausgehend von verschiedenen Primärenergieträgern

zelle) oder auch über mehrere Energieumwandlungen aus einem Primärenergieträger gewonnen werden. Hierzu sind beispielhaft die Umwandlungsprozesse in einem Kohlekraftwerk zu nennen, wo zunächst die chemische Energie des Primärenergieträgers Kohle durch Verbrennung in Wärme umgesetzt und auf Wasserdampf übertragen wird. Anschließend erfolgt durch die Turbinen eine Umwandlung der Wärme des Wasserdampfs in mechanische Energie, womit Generatoren für die Umwandlung der mechanischen Energie in elektrische Energie angetrieben werden.

13.4 Grundbegriffe der Energiewirtschaft

Energie W und Leistung P sind die wichtigsten Größen in der Energiewirtschaft. Sie sind wie folgt miteinander verknüpft:

$$P(t) = \frac{\mathrm{d}\,W(t)}{\mathrm{d}t} \quad \text{bzw.} \quad \Delta W = W(t_1) - W(t_0) = \int_{t_0}^{t_1} P(t)\,\mathrm{d}t \tag{13.1}$$

Für die Angabe der Energie und der Leistung werden in der Energiewirtschaft u. a. die in Tabelle 13.1 angegebenen Einheiten verwendet.

Tab. 13.1: Energie und Leistung und ihre Einheiten

Größe	Einheit
Energie	1 Nm = 1 Ws = 1 J
	1 kcal = 4,1868 kJ
	1 kWh = 3600 kJ = 860 kcal
	1 kg SKE = 7000 kcal = 29,31 MJ = 8,141 kWh [1]
	1 kg RÖE = 10000 kcal = 41,87 MJ = 11,63 kWh [2]
Leistung	1 kW = 1,3586 PS
	1 t SKE/a = 0,93 kW (Dauerleistung Mensch: 80 ... 160 W)

[1] SKE = Steinkohleeinheit
[2] RÖE = Rohöleinheit

Weitere wichtige in der Energiewirtschaft verwendete Grundbegriffe und Kenngrößen sind:

Wirkungsgrad

$$\eta = \frac{\text{abgegebene Leistung}}{\text{zugeführte Leistung}} = \frac{P_{\mathrm{ab}}}{P_{\mathrm{zu}}} = \frac{P_{\mathrm{zu}} - P_{\mathrm{Verluste}}}{P_{\mathrm{zu}}} \tag{13.2}$$

Nutzungsgrad (energetischer Wirkungsgrad)

$$\eta = \frac{\text{geleistete Arbeit}}{\text{zugeführte Arbeit}} = \frac{A}{W_{\mathrm{zu}}} \tag{13.3}$$

Energetische Amortisationszeit

$$\tau_E = \frac{\text{kummulierter Energieeinsatz für die Herstellung der Anlage}}{\text{Jahresnettoerzeugung}}$$

$$= \frac{\sum W_i}{\int_0^{1\,a} P_{el}\,dt} \tag{13.4}$$

Erntefaktor

$$f_E = \frac{\text{erzeugte elektrische Energie in der Lebensdauer } T_N}{\text{kummulierter Energieeinsatz + energetische Aufwendungen}}$$

$$= \frac{\int_0^{T_N} P_{el}\,dt}{\sum W_i + \varepsilon T_N} \tag{13.5}$$

Das ε in Gl. (13.5) bezeichnet die energetischen Aufwendungen für den Betrieb pro Jahr. Die Tabelle 13.2 gibt eine Übersicht von Richtwerten für wichtige Kenngrößen von verschiedenen Arten von elektrischen Energieerzeugungsanlagen.

Tab. 13.2: Beispiele für wichtige Kenngrößen von Erzeugungsanlagenarten nach [7] (S_r Bemessungsscheinleistung, T_n Ausnutzungsstundendauer, siehe Tabelle 14.1)

Erzeugungsanlage	τ_E in Monaten	f_E
Kernkraftwerk, $S_r = 1340\,MW$, $T_n = 8000\,h$	2	75
Steinkohlekraftwerk, $S_r = 509\,MW$, $T_n = 7500\,h$	2	29
Braunkohlekraftwerk, $S_r = 929\,MW$, $T_n = 7500\,h$	2	31
GuD-Gaskraftwerk, $S_r = 820\,MW$, $T_n = 7500\,h$	0,3	28
Laufwasserkraftwerk, $S_r = 90\,MW$, $T_n = 3000\,h$	> 24	50
onshore Windenergieanlage, $S_r = 1,5\,MW$, $T_n = 2000\,h$	> 12	16
Photovoltaikanlage, $P_r = 7\,kWp$, $T_n = 1000\,h$	> 72	2–4

14 Verläufe und Kenngrößen für Erzeugung und Verbrauch

14.1 (Leistungs-)Ganglinien und (Leistungs-)Dauerlinien

Erzeugungsanlagen und Verbraucherlasten zeigen ein unterschiedliches Einspeise-bzw. Abnahmeverhalten und unterliegen tages-, wochen- und jahreszeitlichen Schwankungen. Ihr Verhalten wird entweder durch sogenannte Tagesbelastungskurven oder auch (Leistungs-)Ganglinien, die die Leistung über der Zeit angeben, oder durch Leistungsdauerlinien (geordnete Ganglinie) beschrieben, die angeben, wie lange eine bestimmte Wirkleistung in einer Belastungsperiode abgenommen bzw. eingespeist wird. Die Verläufe des Lastbedarfs in einem Versorgungsgebiet haben beispielhaft die in Abbildung 14.1 dargestellten typischen Verläufe. Die Verläufe werden üblicherweise für eine Woche im Winter, Sommer und in den beiden Übergangszeiten (Frühling, Herbst) angegeben.

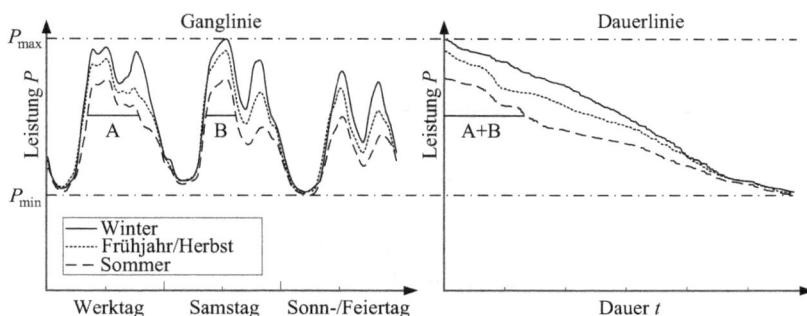

Abb. 14.1: Konstruktion der Leistungsdauerlinie aus der Leistungsganglinie

Die Leistungsdauerlinie kann aus der Ganglinie konstruiert werden, indem die Zeiträume, in denen eine bestimmte Leistung verbraucht oder eingespeist wird, aufaddiert und auf der Zeitachse mit ihrer Gesamtdauer dargestellt werden. Die Ganglinien und Dauerlinien werden für eine Nennzeit $T_N = 24\,h$ als Tagesganglinie oder Tagesdauerlinie oder insbesondere für Wirtschaftlichkeitsanalysen als Jahresganglinie oder Jahresdauerlinie mit einer Nennzeit von $T_N = 1\,a = 8760\,h$ angegeben.

https://doi.org/10.1515/9783110548532-014

14.2 Kenngrößen zur Charakterisierung der Ganglinien und Dauerlinien

Für die Charakterisierung der Ganglinien und Dauerlinien von Erzeugungsanlagen und Verbrauchern werden die in Tabelle 14.1 angegebenen Kenngrößen verwendet. Dabei werden die folgenden Begriffsdefinitionen verwendet:

– Engpassleistung P_E:
  P_E ist die maximale Dauerleistung, die ein Kraftwerk unter Normalbedingungen abgeben kann. Sie wird durch den schwächsten Anlagenteil, den sogenannten Engpass, begrenzt.
  Die Brutto-Engpassleistung ist die insgesamt erbrachte Leistung, von der nach Abzug des für den Betrieb des Kraftwerks nötigen Eigenbedarfs die Netto-Engpassleistung zur Verfügung steht.
– maximale Leistung P_{max}:
  P_{max} ist die im Zeitraum T_N auftretende maximale Leistung.
– minimale Leistung P_{min}:
  P_{min} ist die im Zeitraum T_N auftretende minimale Leistung.

14.3 Belastungsgrad und Benutzungsstundendauer

Der Belastungsgrad m ist ein dimensionsloser, auf die Maximalleistung P_{max} bezogener arithmetischer Mittelwert P_m der Belastung im Betrachtungszeitraum T_N (siehe Tabelle 14.1). Aus dem Belastungsgrad lässt sich die Benutzungsstundendauer T_m berechnen, die die fiktive Anzahl von Stunden im Betrachtungszeitraum angibt, in denen die Maximalleistung P_{max} bezogen wird, während in den restlichen Stunden im Betrachtungszeitraum keine Leistung bezogen wird.

$$m = \frac{T_m}{T_N} = \frac{\int_0^{T_N} P(t)\,dt}{P_{max}\,T_N} = \frac{\int_0^{T_N} P(t)/P_{max}\,dt}{T_N} = \frac{W}{P_{max}\,T_N} = \frac{P_m}{P_{max}} \tag{14.1}$$

Der Belastungsgrad wird typischerweise als Tages- ($T_N = 24\,$h) oder auch als Jahresbelastungsgrad ($T_N = 8760\,$h) angegeben. In der Vergangenheit wurde, wenn konkrete Daten nicht zur Verfügung standen, häufig mit der sogenannten EVU-Last, d. h. mit einem Tagesbelastungsgrad von $m = 0,7$ gerechnet.

Tab. 14.1: Kenngrößen für die Charakterisierung von Ganglinien und Dauerlinien

Erzeugungsanlagen	Verbraucher
Ganglinie:	Ganglinie:

Arbeit W während der Nennzeit T_N:

$$W = \int_0^{T_N} P \, dt$$

mittlere Leistung P_m während der Nennzeit T_N:

$$P_m = \frac{1}{T_N} \int_0^{T_N} P \, dt$$

Leistungsverhältnis (Ungleichförmigkeitsgrad) m_0:

$$m_0 = \frac{P_{min}}{P_{max}}$$

Ausnutzungs(stunden)dauer T_n:	Benutzungs(stunden)dauer T_m:
$$T_n = \frac{W}{P_E}$$	$$T_m = \frac{W}{P_{max}}$$
Ausnutzungsgrad n:	Belastungsgrad (Benutzungsgrad) m:
$$n = \frac{P_m}{P_E} = \frac{W}{P_E T_N} = \frac{T_n}{T_N}$$	$$m = \frac{P_m}{P_{max}} = \frac{W}{P_{max} T_N} = \frac{T_m}{T_N}$$

Reservefaktor r:

$$r = \frac{P_E}{P_{max}} = \frac{T_m}{T_n} = \frac{m}{n} > 1$$

tatsächlicher Reservefaktor r_v:

$$r_v = \frac{P_{vE}}{P_{max}} < r$$

P_{vE} verfügbare Leistung $= P_E$ – Leistungsdefizit durch Reparatur und Instandhaltung

14.4 Ausnutzungsgrad und Ausnutzungsstundendauer

Für Erzeugungsanlagen lässt sich analog zum Belastungsgrad und zur Benutzungsstundendauer eine Ausnutzungsstundendauer T_n und ein Ausnutzungsgrad n definieren (siehe Tabelle 14.1).

Beispiele für die Ausnutzungsstundendauer T_n von verschiedenen Erzeugungsanlagen aus dem Jahr 2008 sind in Tabelle 14.2 [8] zusammengefasst. Diese beispielhaften Angaben weichen zum Teil von den Annahmen in Tabelle 13.2 ab. Dies kann u. a. durch unterschiedliche Konstellationen am Strommarkt begründet sein.

Tab. 14.2: Beispiele für die Ausnutzungsstundendauer T_n für verschiedene Erzeugungsanlagen aus dem Jahr 2008 [8]

Erzeugungsanlage	Ausnutzungsstundendauer T_n in h
Geothermie	8300
Kernenergie	7700
Braunkohle	6650
Biomasse	6000
Steinkohle	3550
Wasserkraftwerk	4100
Erdgas	3150
Mineralöl	1650
onshore Wind	1750
offshore Wind	4400
Photovoltaik (Hamburg)	840
Photovoltaik (München)	1010
Photovoltaik (Madrid)	1310
Pumpspeicher	970

14.5 Verlustarbeit und Arbeitsverlustfaktor

Der Arbeitsverlustfaktor ϑ_W beschreibt die benötigte Verlustarbeit W_V im Nennzeitraum T_N im Verhältnis zur Verlustarbeit bei Maximalbelastung ($P_{Vmax} T_N$) im selben Zeitraum. Alternativ kann der Arbeitsverlustfaktor auch als Quotient der mittleren Verlustleistung P_{Vm} (siehe Gl. (14.3)) und maximaler Verlustleistung P_{Vmax} interpretiert werden:

$$\vartheta_W = \frac{W_V}{P_{Vmax} T_N} = \frac{P_{Vm}}{P_{Vmax}} = \frac{\int_0^{T_N} P_V(t)\, dt}{P_{Vmax} T_N}$$

$$\overset{U \approx konst.}{=} \frac{3R \int_0^{T_N} I^2(t)\, dt}{3R I_{max}^2 T_N} \overset{I^2 \sim S^2}{=} \frac{\int_0^{T_N} S^2(t)\, dt}{S_{max}^2 T_N} = \frac{\int_0^{T_N} (S(t)/S_{max})^2\, dt}{T_N} \qquad (14.2)$$

Sind die Verlustarbeit bei Maximalbelastung sowie der Verlustfaktor bekannt, so lässt sich die tatsächliche Verlustarbeit wie folgt berechnen:

$$W_V = \vartheta_W \cdot P_{Vmax} \cdot T_N = \frac{1}{T_N} \int_0^{T_N} P_V(t)\,dt \cdot T_N = P_{Vm} \cdot T_N = P_{Vmax} \cdot T_V$$

$$\Rightarrow \quad \vartheta_W = \frac{T_V}{T_N} = \frac{P_{Vm}}{P_{Vmax}} \tag{14.3}$$

Die Verluststundendauer T_V ist die Zeit, die multipliziert mit der maximalen Verlustleistung P_{Vmax} die gleiche Verlustarbeit W_V wie die integrale Bestimmung über den Nennzeitraum T_N ergibt.

Die Abhängigkeit des Arbeitsverlustfaktors von der Scheinleistung für $U \approx$ konst. ermöglicht dessen Ermittlung auf der Basis von Dauerlinien. Insgesamt liegt die Schwierigkeit dabei vor allem in der Bestimmung des Arbeitsverlustfaktors sowie der Maximalbelastung, da beide Werte stark von den angeschlossenen Verbraucherlasten abhängen und umfangreiche Messungen erfordern, um hohe Genauigkeiten zu erreichen. Fehler resultieren vor allem aus der Mittelung von Werten über verschiedene Betriebsmittel oder Spannungsebenen.

14.6 Gleichzeitigkeitsfaktor

Gleichzeitigkeitsfaktoren g werden typischerweise im Rahmen der Netzplanung, z. B. für die Abschätzung der elektrischen Anschlussleistungen von Wohngebieten, Gebäuden und elektrischen Anlagen, verwendet. Die elektrischen Anschlussleistungen entsprechen dabei mindestens den erwarteten Jahreshöchstleistungen. Für die dadurch verursachten Netzbelastungen müssen z. B. die von den Ortsnetzstationen ausgehenden Kabel ausgelegt werden. Gleichzeitigkeitsfaktoren sollen berücksichtigen, dass die Anschlussleistungen nur in Ausnahmefällen der Summe der installierten Leistungen oder Jahreshöchstleistungen der einzelnen Gruppen von elektrischen Verbrauchern und Erzeugungsanlagen entsprechen ($g \leq 1$), da diese nicht immer gleichzeitig eingeschaltet sind bzw. gleichzeitig betrieben werden. Die Jahreshöchstleistung P_{max} eines Netzes oder Netzgebiets setzt sich somit nicht aus den Jahreshöchstleistungen der einzelnen Verbrauchergruppe und Gruppen von Erzeugungsanlagen zusammen, sondern aus deren Jahreshöchstleistungsanteilen $P_{maxLA,i}$, die zum Zeitpunkt der Jahreshöchstleistung P_{max} des Netzes auftreten:

$$P_{max} = \sum_{i=1}^{m} P_{maxLA,i} \tag{14.4}$$

Diese Jahreshöchstleistungsanteile (Spitzenleistungsanteile) berechnen sich aus dem Gleichzeitigkeitsfaktor g_i und der installierten Leistung bzw. der Jahreshöchstleistung $P_{max,i}$ der Verbrauchergruppe bzw. Gruppe von Erzeugungsanlagen. Die Gleichzeitigkeitsfaktoren sind dabei abhängig von der Anzahl der Verbraucher bzw. Erzeugungsanlagen einer Gruppe und nehmen mit zunehmender Anzahl ab. Dabei werden z. B. in einer Verbrauchergruppe Verbraucher mit einem annähernd gleichen Verbraucherverhalten und annähernd gleichen Jahreshöchstleistungen zusammengefasst:

$$P_{\text{maxLA},i}(n_i) = g_i(n_i)P_{\text{max},i} \tag{14.5}$$

Die Jahreshöchstleistungen ergeben sich beispielhaft für eine Verbrauchergruppe aus der durchschnittlichen Jahreshöchstleistung $P_{\text{S},i}$ der einzelnen Verbraucher der Verbrauchergruppe und der Anzahl n_i der Verbraucher:

$$P_{\text{max},i} = n_i \cdot P_{\text{S},i} \tag{14.6}$$

Speziell für die Abschätzung der Jahreshöchstleistungen von Wohngebieten mit einer größeren Anzahl n_{WE} an Wohneinheiten (WE), deren einzelne Spitzenleistungen zu unterschiedlichen Zeitpunkten auftreten und deren Spitzenlasten im Wesentlichen von der Geräteausstattung in den Wohneinheiten abhängig ist, können Ausgleichsfunktionen für die Berechnung von Gleichzeitigkeitsfaktoren für eine beliebige Wohnungsanzahl n_{WE} verwendet werden [9]:

$$g(n_{\text{WE}}) = g_\infty + (1 - g_\infty) \cdot n_{\text{WE}}^{-3/4} \tag{14.7}$$

Um die unterschiedlichen Wohnungsausstattungen grob nachbilden zu können, sind u. a. sogenannte Elektrifizierungsgrade (EG) entsprechend Tabelle 14.3 eingeführt worden, die eine einzelne Gruppe von Wohneinheiten mit ähnlicher elektrischer Ausstattung charakterisieren und für die eine durchschnittliche Spitzenlast $P_{\text{S,WE}}$ angegeben werden kann.

Tab. 14.3: Belastungsannahmen und Gleichzeitigkeitsfaktoren nach [9] (WE = Wohneinheit)

Wohnungsausstattung	Spitzenleistung $P_{\text{S,WE}}$	Spitzenleistungsanteil $P_{\text{maxLA,WE}}$	Konvergenzwert g_∞
EG 1: schwach elektrifiziert	5 kW	$0{,}7 \ldots 0{,}9 \, \frac{\text{kW}}{\text{WE}}$	$0{,}15 \ldots 0{,}20$
EG 2: teilelektrifiziert (Beleuchtung und Kochen)	8 kW	$1{,}0 \ldots 1{,}2 \, \frac{\text{kW}}{\text{WE}}$	$0{,}12 \ldots 0{,}15$
EG 3: vollelektrifiziert (ohne Elektroheizung)	30 kW	$1{,}8 \ldots 2{,}0 \, \frac{\text{kW}}{\text{WE}}$	$0{,}06 \ldots 0{,}07$
allelektrisch versorgt	$15 \ldots 18$ kW	$10 \ldots 12 \, \frac{\text{kW}}{\text{WE}}$	$\sim 0{,}7$

Mit Hilfe der Ausgleichsfunktion kann nun für eine bestimmte Anzahl n_{WE} von Wohneinheiten der Gleichzeitigkeitsgrad und damit wiederum der Spitzenleistungsanteil $P_{maxLA,WE}$ der Wohnungsgruppe angegeben werden (siehe Abbildung 14.2). Der Konvergenzwert g_∞ in Gl. (14.6) ergibt sich für den Grenzübergang $n_{WE} \to \infty$ und entspricht formal dem Quotienten aus Spitzenleistungsanteil und Spitzenleistung. Er ist abhängig von der betrachteten Wohnungsausstattung und kann ebenso wie der Exponent (in Gl. (14.7): $-3/4$) zur Anpassung der Ausgleichsfunktion variiert werden (siehe Tabelle 14.3).

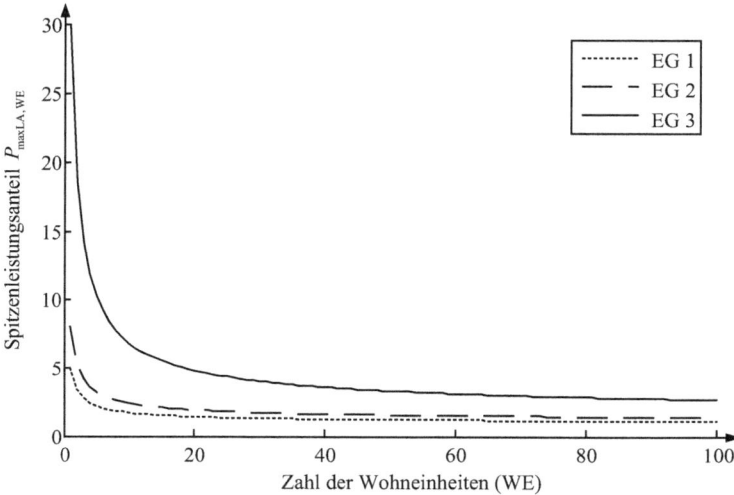

Abb. 14.2: Spitzenleistungsanteil $P_{maxLA,WE}$ in Abhängigkeit von der Anzahl n_{WE} der Wohneinheiten für die Belastungsannahmen und Gleichzeitigkeitsfaktoren in Tabelle 14.3

14.7 Netzanschlussebenen

Je nach Höhe der installierten Leistung werden die Anschlussnehmer bzw. Gruppen von Anschlussnehmern an unterschiedliche Spannungsebenen angeschlossen. Man unterscheidet typischerweise die Anschlussnehmergruppen in Tabelle 14.4. Die angegebenen Leistungswerte stellen nur Richtwerte dar. Sie werden von den Netzbetreibern individuell festgelegt.

Tab. 14.4: Richtwerte für die Anschlussleistungen für die Aufteilung von Anschlussnehmern auf die Netzebenen

Anschluss an	Anschlussleistung
0,4-kV-Netz	$\leq$ 200 kW (bei cos φ = 0,9 ~ 220 kVA)
0,4-kV-Sammelschiene	bis 630 kVA
MS-Netz	200 kVA bis 12 MVA
MS-Sammelschiene	3 MVA bis 20 MVA
110-kV-Netz	30 MVA bis 100 MVA
110-kV-Sammelschiene	30 MVA bis 100 MVA
220-kV-Netz	ab 100 MVA
220-kV-Sammelschiene	ab 100 MVA
380-kV-Netz	ab 100 MVA
380-kV-Sammelschiene	ab 100 MVA

15 Aufbau von Elektroenergiesystemen

15.1 Wechsel-, Drehstrom- und Gleichstromsysteme

Für die Übertragung und Verteilung elektrischer Energie werden überwiegend Drehstromnetze verwendet. Ausnahmen bilden bislang Einphasennetze (Wechselstromnetze), die z. B. bei der Deutschen Bahn eingesetzt werden, oder auch Gleichstromnetze, die aber in den heutigen Netzen der öffentlichen Stromversorgung keine Bedeutung haben. Unter anderem fahren noch einige Straßenbahnen mit Gleichstrom (siehe Tabelle 15.1).

Tab. 15.1: Stromsysteme

System	Anwendung
Drehstromsystem	öffentliche Versorgung, Industrie
Gleichstromsystem	Fernübertragung (HGÜ), Seekabelverbindungen, Straßenbahnen
Wechselstromsystem	Bahnstromversorgung

Demgegenüber werden Gleichstromverbindungen seit Jahrzehnten als Punkt-zu-Punkt-Verbindungen in Form der Hochspannungs-Gleichstrom-Übertragung (HGÜ) zum Transport der elektrischen Energie über große Entfernungen oder als Seekabelverbindung oder als HGÜ-Kurzkupplung z. B. zur Verknüpfung von Drehstromsystemen mit unterschiedlichen Frequenzen und neuerdings auch zur Anbindung von weit vor der Küste liegenden Offshore-Windparks eingesetzt, bei der eine Energieübertragung mit Drehstromkabeln u. a. aufgrund von zu großen Ladeströmen (siehe Band 2, Abschnitt 6.7.5) an ihre Grenzen kommt.

Drehstromnetze werden in Europa und in den meisten außereuropäischen Ländern mit einer Frequenz von 50 Hz betrieben. In den USA und in Teilen von Japan beträgt die Betriebsfrequenz 60 Hz (siehe Tabelle 15.2). Die Wechselstromnetze der Bahnstromversorgung in Deutschland, Österreich, Schweiz, Norwegen und Schweden werden mit einer Frequenz von 16,7 Hz (früher 16 2/3 Hz) geführt.

Tab. 15.2: Frequenzen in Wechsel- und Drehstromsystemen

Frequenz	Einsatzgebiet
50 Hz	Europa
60 Hz	Nordamerika und teilweise Südamerika, in Teilen von Japan
16,7 Hz	Bahnstromversorgung in Deutschland, Österreich, Schweiz, u. a.

https://doi.org/10.1515/9783110548532-015

15.2 Aufbau des Drehstromsystems

Das Elektroenergiesystem in Deutschland (siehe Abbildung 15.1) umfasst typischerweise vier Spannungsebenen, die unterschiedliche Aufgaben übernehmen und unterschiedliche Netznennspannungen aufweisen. Alle Netznennspannungen werden als verkettete Werte, d. h. als Leiter-Leiter-Spannungen bzw. Außenleiterspannungen (vgl. Abschnitt 9.2), angegeben (siehe Tabelle 15.3).

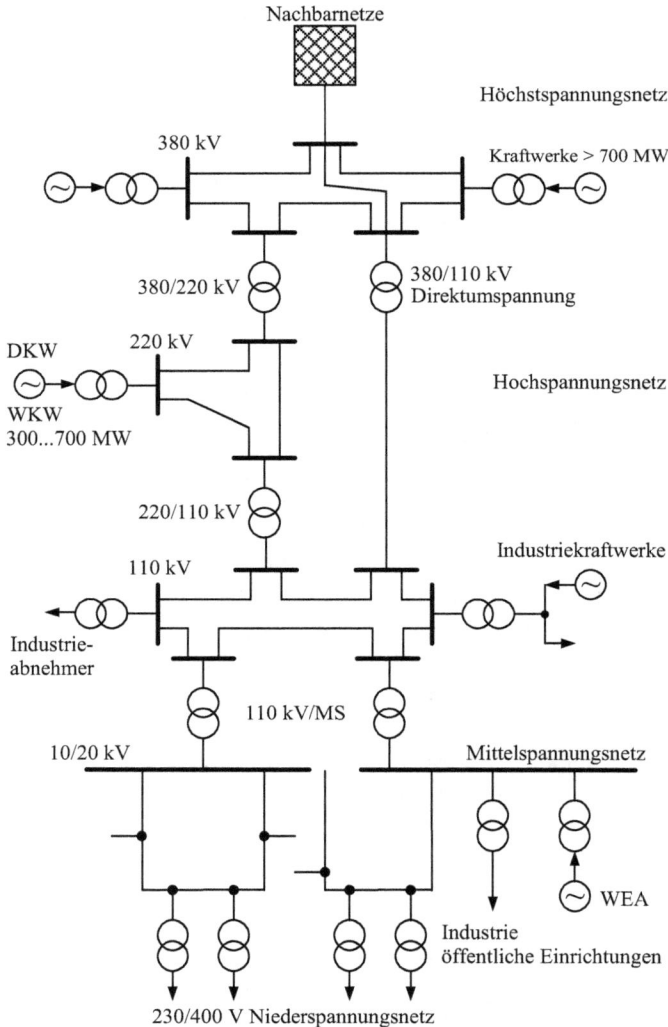

Abb. 15.1: Aufbau von Elektroenergiesystemen (WEA Windenergieanlage, DKW Dampfkraftwerk, WKW Wasserkraftwerk)

Tab. 15.3: Spannungsebenen, Netznennspannungen nach [10] (Auswahl, unterstrichene Spannungswerte sind Vorzugsspannungen) und Aufgaben der Spannungsebenen

Spannungsebene		Netznennspannungen	Aufgabe
Niederspannung (NS) $U_n \leq 1000$ V		230/400 [1] 500 690 V	Verteilungsnetz
Hochspannung $U_n > 1$ kV	Mittelspannung (MS)	1..3 6 10 20 30 35 kV	
	Hochspannung [2] (HS)	60 110 150 kV	
	Höchstspannung (HöS)	220 380 500 kV [3]	Übertragungsnetz

[1] Mit der Kennzeichnung 230/400 V wird in Abweichung von der sonst üblichen Angabe der Netznennspannung als Außenleiterspannung mit dem ersten Wert die Strangspannung und erst mit dem zweiten Wert die Außenleiterspannung als Netznennspannung angegeben.

[2] Obwohl der Begriff Hochspannung entsprechend der Norm [10] alle Spannungen > 1 kV kennzeichnet, wird zur besseren Differenzierung der elektrischen Netze dieser Begriff ebenfalls für Netze im Nennspannungsbereich zwischen 60 kV und 150 kV verwendet.

[3] Die Netznennspannungen > 230 kV sind nicht genormt. In Deutschland wird als höchste genormte Netznennspannung der Wert 220 kV bevorzugt.

Die in Tabelle 15.3 unterstrichenen Netznennspannungen sind die in Deutschland typischerweise in den verschiedenen Spannungsebenen eingesetzten Netznennspannungen. Zu diesen Netznennspannungen U_n gehören auch dauernd maximal zulässige Spannungswerte U_m (siehe Tabelle 15.4), die in manchen Fällen für die Kennzeichnung von Betriebsmitteln wie Schaltanlagen oder Kabel genutzt werden.

Tab. 15.4: Netznennspannungen U_n und dauernd maximal zulässige Spannungswerte U_m

U_n in kV	380	110	20	10	0,4
U_m in kV	420	123	24	12	–

15.3 Übertragungsnetz

Mit dem Begriff Höchstspannungsnetz werden in Deutschland und innerhalb des kontinentaleuropäischen Verbundnetzes der ENTSO-E (Verband Europäischer Übertragungsnetzbetreiber, European Network of Transmission System Operators for Electricity) die Netze der 380-kV- und 220-kV-Spannungsebenen bezeichnet. Diese Netzebenen übernehmen in Europa die sogenannte Übertragungsaufgabe, d. h. die großräumige und auch grenzüberschreitende Übertragung von großen Energiemengen. Die Netze werden deshalb auch als Übertragungsnetze und deren Betreiber als Übertragungsnetzbetreiber (ÜNB, engl. transmission system operator, kurz TSO) bezeichnet. Die großen Kraftwerke (typischerweise > 700 MW) und große On- und Offshore-Windparks speisen in diese Übertragungsnetze ein. Ebenso sind große Verbraucher (Aluminiumwerke, etc.) an diese Netze direkt angebunden. Für die Ermöglichung der grenzüberschreitenden Energieübertragung sind die Übertragungsnetze der ÜNB europaweit über Drehstromleitungen synchron zu sogenannten Verbundsystemen oder Verbundnetzen miteinander zusammengeschaltet (siehe Abbildung 15.2). Darüber hinaus sind die Verbundsysteme über Gleichstromleitungen, z. B. HGÜ-Seekabelverbindungen, asynchron miteinander verbunden (siehe Abbildung 15.2).

Abb. 15.2: Europäisches Verbundsystem der ENTSO-E, Quelle: ENTSO-E

Die ÜNB in Europa sind in der ENTSO-E zusammengeschlossen und sind gemeinsam für den sicheren Betrieb der europäischen Verbundsysteme und die Ermöglichung des europäischen Stromhandels verantwortlich, wobei jeder ÜNB für die Planung, den Betrieb und die Führung seines eigenen Übertragungsnetzes verantwortlich ist. Die ÜNB besitzen dafür die sogenannte Systemverantwortung und haben damit u. a. die Verantwortung für die Frequenz- (siehe Band 3, Kapitel 6) und die Spannungsregelung (siehe Abschnitt 16.5) in ihrer eigenen Regelzone. Für ihre Zusammenarbeit und Wahrnehmung ihrer Systemverantwortung haben die ÜNB gemeinsame Regeln und Richtlinien (z. B. [11]) definiert.

Innerhalb der ENTSO-E findet eine abgestimmte Netzausbauplanung statt, die insbesondere die elektrischen Verbindungen zwischen den ÜNB stärken soll. Neben dem kontinentaleuropäischen Verbundnetz der ENTSO-E (Regional Group Continental Europe, früher das Verbundnetz der Union for the Co-ordination of Transmission of Electricity (UCTE), deutsch: Union für die Koordinierung des Transports von Elektrizität) gibt es in Europa noch die Verbundnetze der sogenannten Regional Groups Nordic, Baltic, Great Britain und Ireland-Northern Ireland sowie die Inselnetze von Island und Zypern (siehe Abbildung 15.3).

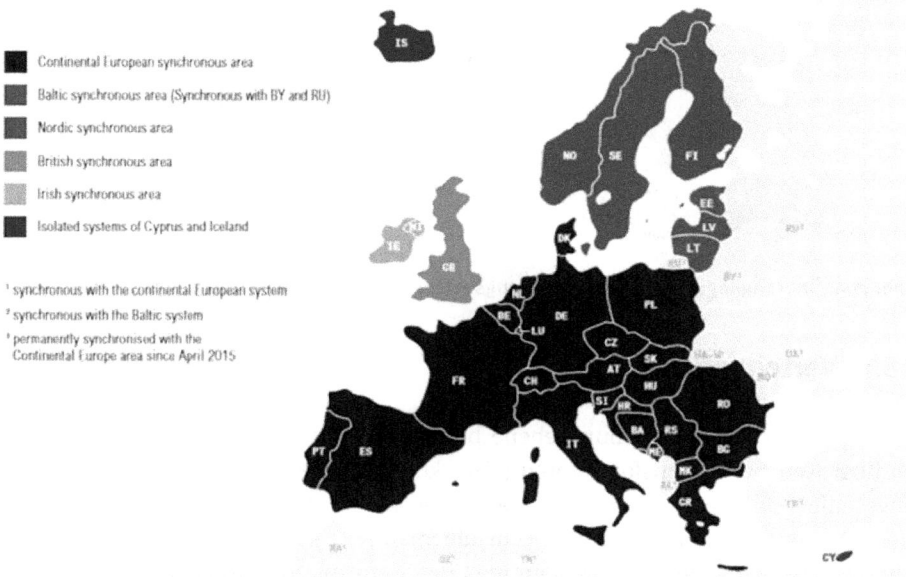

Abb. 15.3: Synchrone Verbundsysteme des European Network of Transmission System Operators for Electricity (ENTSO-E), Quelle: ENTSO-E

In Deutschland gibt es vier ÜNB (siehe Abbildung 15.4), die zum sogenannten Netzregelverbund (früher Regelblock) Deutschland zusammengeschlossen sind und gemeinsam das deutsche Verbundsystem bilden. Innerhalb des Regelblocks übernimmt der Regelblockführer (Amprion GmbH) die Koordination der deutschen Verbundnetze und der Leistungsflüsse sowie die Überprüfung der Systembilanzierung.

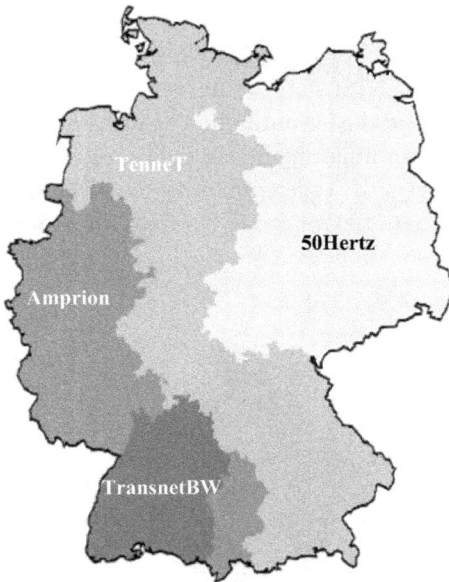

Abb. 15.4: Übertragungsnetze und Übertragungsnetzbetreiber in Deutschland

15.4 Verteilungsnetz

Unterhalb der Höchstspannungsebene befinden sich zahlreiche, regional begrenzte, über Netzkuppeltransformatoren („Netzkuppler", siehe Band 2, Abschnitt 5.4.3) angeschlossene Hochspannungsnetze. Grundsätzlich bezeichnet zwar der Begriff Hochspannung entsprechend der Norm alle Spannungen > 1 kV. Für die elektrischen Energieversorgungsnetze wird allerdings der Nennspannungsbereich zwischen 60 und 150 kV als Hochspannung bezeichnet, um damit eine weitere Differenzierung zu den anderen Spannungsebenen zu ermöglichen. In Deutschland haben die Hochspannungsnetze typischerweise eine Netznennspannung von 110 kV. In manchen Gebieten existieren aber auch noch 60-kV-Netze, die langsam zurückgebaut bzw. auf eine Spannung von 110 kV umgestellt werden. Das 110-kV-Netz ist für die regionale Übertragung und Verteilung der elektrischen Energie verantwortlich. Hier sind kleinere Kraftwerke, Windparks, große Photovoltaikparks (PV-Parks) sowie große Industrieverbraucher angschlossen.

Die über Verteilnetztransformatoren (siehe Band 2, Abschnitt 5.4.4) an die 110-kV-Ebene angeschlossene MS-Ebene umfasst typischerweise die Spanungsebenen 10 und 20 kV, wobei in ländlichen Gebieten mit geringer Lastdichte eine Netznennspannung von 20 kV und in städtischen Gebieten mit höheren Lastdichten aufgrund der dichteren Lage der Netzstationen eine Netznennspannung von 10 kV gewählt wird. Es handelt sich hierbei um kleine, regional begrenzte Netze. Die MS-Ebene übernimmt klassisch eine reine Energieverteilungsaufgabe. Hier sind aber auch Industrieunternehmen, öffentliche Einrichtungen, dezentrale Energieerzeugungsanlagen, insbesondere Windenergieanlagen (WEA), etc. angeschlossen.

Die Niederspannungsebene umfasst typischerweise die 400-V-Ebene. In der Industrie (z. B. 500 V) und in WEA (z. B. 690 V) werden aufgrund höherer Anschlussleistungen auch andere Niederspannungen verwendet. In dieser Spannungsebene ist der weitaus größte Teil der Verbraucher angeschlossen. Auch dieses Netz hat klassisch eine reine Verteilungsaufgabe. Es werden die Haushalte, Landwirtschaft, Gewerbe-, Handel- und Dienstleistungsbetriebe versorgt und z. B. die Einspeisungen aus PV-Anlagen in dieser Netzebene aufgenommen. Es handelt sich in der Regel um sehr kleine regionale Netze, die über Ortsnetztransformatoren (siehe Band 2, Abschnitt 5.4.5) mit der MS-Ebene verbunden sind. Um den Anschluss von einphasigen Verbrauchern und Erzeugungsanlagen zu ermöglichen, sind im Gegensatz zu den Netzen in den anderen Spannungsebenen NS-Netze nicht als Dreileitersysteme, sondern als Vierleitersysteme (siehe Kapitel 9) ausgeführt.

Typische Wertebereiche für die Bemessungs(schein)leistungen der genannten und in Abbildung 15.1 dargestellen Transformatoren sind in Tabelle 15.5 angegeben.

Tab. 15.5: Typische Wertebereiche für die Bemessungsscheinleistungen der Transformatoren für die Umspannungen zwischen den Netzebenen

Umspannung	Transformatorbemessungsscheinleistung S_{rT}
HöS/HöS (380 kV/220 kV)	400–600 MVA
HöS/HS	100–400 MVA
HS/MS	15–63 MVA (für Wind-UW bis zu 80 MVA)
MS/NS	160–1000 kVA (in Sonderfällen bis zu 2,5 MVA)

Für die Beschreibung der klassischen Aufgaben der genannten vier Spannungsebenen werden auch die Begriffe Übertragungsnetz für die Netze der HöS-Ebene und Verteilungsnetz (auch Verteilnetz) für die Netze der HS-, MS- und NS-Ebene verwendet. In Deutschland gibt es ca. 860 Verteilnetzbetreiber (VNB, siehe Abbildung 15.5 oben), deren Netze dem deutschen HöS-Netz (siehe Abbildung 15.5 unten) unterlagert sind.

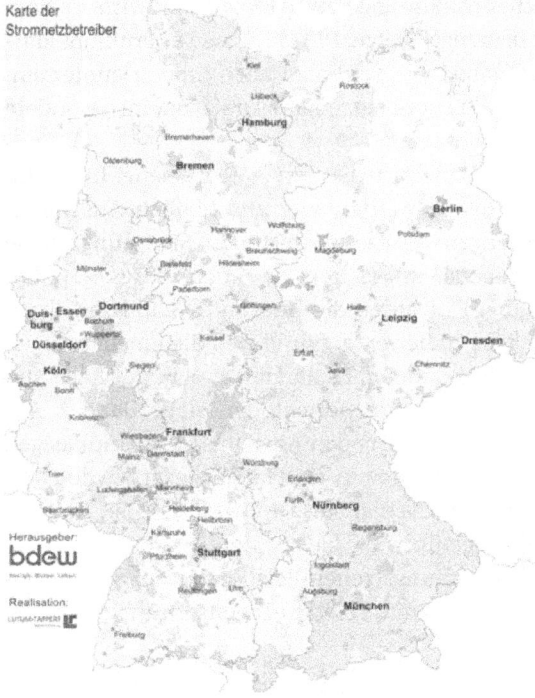

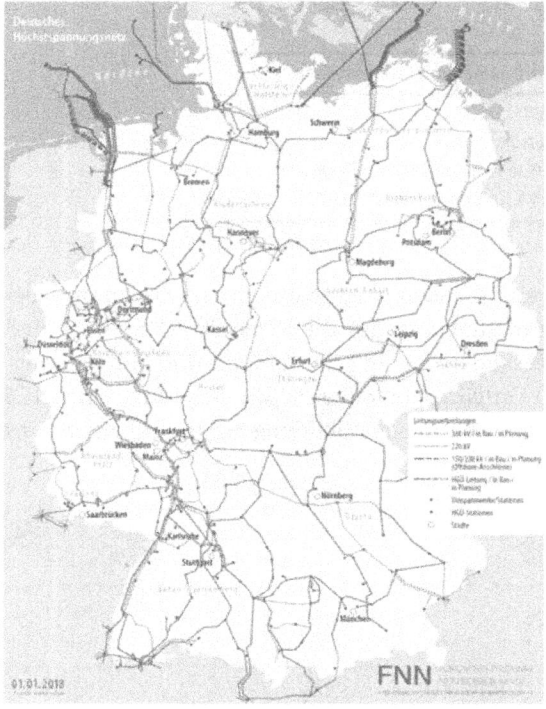

Abb. 15.5: Verteilungsnetze in Deutschland (oben), Quelle: BDEW und Lutum+Tappert DV-Beratung GmbH; Deutsches Übertragungsnetz (unten), Quelle: FNN Forum Netztechnik/Netzbetrieb im VDE

Des Weiteren wird das Stromversorgungsnetz mit seinen verschiedenen Spannungs-
ebenen und Umspannungen insbesondere im Rahmen der Regulierung in insgesamt
sieben Netzebenen eingeteilt. Diese Netzebenen (NE) bestimmen u. a. für die An-
schlussnehmer das jeweilige Netznutzungsentgelt:
- NE 1: Höchstspannungsnetz mit 380/220 kV mit 380/220-kV-Umspannung
- NE 2: Umspannung zwischen Höchst- und Hochspannungsebene
- NE 3: Hochspannungsnetz
- NE 4: Umspannung zwischen Hoch- und Mittelspannung
- NE 5: Mittelspannungsnetz
- NE 6: Umspannung zwischen Mittel- und Niederspannung
- NE 7: Niederspannungsnetz

16 Gestaltung und Planung von Netzen

Elektrische Netze bestehen aus Drehstrom-Leitungen (Freileitungen, Kabel, gasisolierte Leitungen), Hochspannungs-Gleichstrom-Übertragungsleitungen (HGÜ), Schaltwerken, Schaltstationen und Transformatoren in den Umspannwerken, Umspannstationen und Netzstationen sowie Kompensationsanlagen. Den HöS-, HS-, MS- und NS-Netzen können typische Netzstrukturen (Topologien) zugeordnet werden, die entsprechend den jeweiligen Anforderungen an die Versorgungsaufgabe[1] historisch gewachsen sind.

Bei der Gestaltung und Planung der Netze und der Auslegung ihrer Betriebsmittel sind verschiedene Aspekte der jeweiligen Versorgungsaufgabe maßgebend. Dies sind u. a. die Art der Verbraucher oder Verbrauchergruppen, Last- und ggf. Einspeisedichte, Gleichzeitigkeitsfaktoren und Spitzenlastausgleich durch Verbraucherverbünde, Anschlussleistungen und örtliche Verteilung der Anschlussnehmer (Verbraucher, Erzeugungsanlagen, Speicher), Blindleistungsbedarf des Netzes und der Verbraucher, Anforderungen an die Spannungshaltung, Anforderungen an die Versorgungszuverlässigkeit, Anforderungen an einen möglichst selektiven Netzschutz und an die Wirtschaftlichkeit sowie Anforderungen an die Anpassungsfähigkeit bei zukünftigen Veränderungen der Versorgungsaufgabe. Darüber hinaus ist bei der Gestaltung der Netze zu beachten, dass durch Einzelverbraucher mit großen Anschlussleistungen (z. B. Lichtbogenöfen) verursachte stoßartige Lastspitzen keine unzulässig hohen Spannungsabfälle verursachen, die die Spannungsqualität negativ beeinflussen. In diesen Fällen ist zu prüfen, ob eine Energieversorgung aus der jeweils überlagerten Spannungsebene, mit der dort vorhandenen höheren Kurzschlussleistung (siehe Band 3, Abschnitt 2.8) nicht vorteilhafter ist.

Die Verteilung der Energie erfolgt von den Netzknoten der HöS-Ebene über die Leitungen der HS-, MS- und NS-Netze. Die Leitungen der MS- und NS-Ebene sind entweder einseitig oder zweiseitig gespeist. Sie besitzen in der Regel mehrere Abzweigstellen zur Anbindung der Anschlussnehmer und Anschlussnehmergruppen (siehe Abbildung 16.1a und b).

Leitungen im Übertragungsnetz („Fernleitungen") sollen große Leistungen über große Entfernungen zwischen zwei Netzknoten in beide Richtungen transportieren. Aufgrund der in diesen Spannungsebenen hohen Kosten werden sie in der HöS-Ebene als Hochspannungsdrehstrom- oder Hochspannungsgleichstromleitung ohne Abzweige in an der Trasse liegende Versorgungsgebiete ausgeführt (siehe Abbildung 16.1c und d).

---

[1] Der Begriff Versorgungsaufgabe kennzeichnet noch die klassische Betrachtungsweise der Versorgung der Endkunden. Mit der Energiewende wandelt sich die Aufgabe in vielen Netzgebieten von einer Versorgungs- zu einer zeitweisen „Entsorgungsaufgabe", bei der die lokal durch dezentrale Erzeugungsanlagen eingespeisten überschüssigen Leistungen in die überlagerten Netzebenen abgegeben werden („Rückspeisung").

https://doi.org/10.1515/9783110548532-016

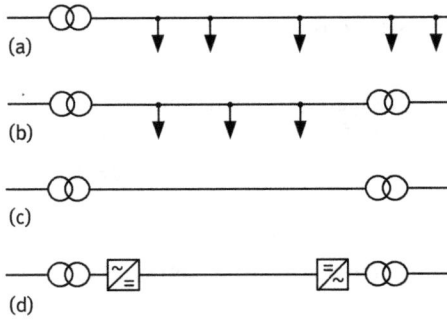

Abb. 16.1: Leitungsformen: a) einseitig gespeiste Leitung im Verteilungsnetz, b) zweiseitig gespeiste Leitung im Verteilungsnetz, c) Drehstromleitung im Übertragungsnetz, d) Hochspannungs-Gleichstrom-Übertragung (HGÜ) im Übertragungsnetz

Grundsätzlich unterscheidet man zwischen vermaschten und unvermaschten Netzformen. Vermaschte Netzformen werden in den HöS-, HS-, MS- und NS-Netzen eingesetzt. Unvermaschte Netzformen werden ausschließlich in den Verteilungsnetzen verwendet. Man unterscheidet verschiedene Ausführungsformen, wobei das Strahlennetz und das Ringnetz die wesentlichen Basistopologien in den MS- und NS-Netzen und die Maschennetze die für das Verbundnetz der Übertragungsnetzebene und die 110-kV-Verteilnetze sind.

16.1 HöS- und HS-Netzformen

In den HöS- und HS-Netzen werden vermaschte Netzformen oder sogenannte Maschennetze (siehe Abbildung 16.2) eingesetzt. Sie verfügen in der Regel über mehrere Einspeisungen und übertragen bzw. verteilen die elektrische Energie über mehrere Verbindungsleitungen zu den Netzknoten bzw. die Anschlussnehmer.

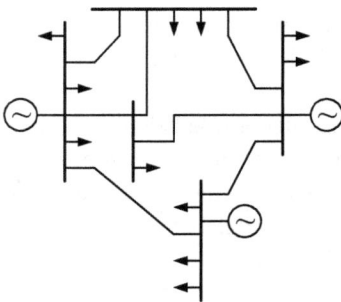

Abb. 16.2: Beispiel für vermaschte Netzformen (Maschennetz)

Als Sonderform des Maschennetzes finden sich auch Ringnetzstrukturen in der HS-Ebene (siehe Abbildung 16.3), die grundsätzlich auch als offene Ringe zu betreiben sind, wodurch dann geringere Anforderungen an die Schutztechnik gestellt werden können (vgl. Abschnitt 16.2.2).

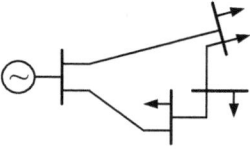

Abb. 16.3: Geschlossenes Ringnetz (auch geöffnet betreibbar)

Maschennetze erfordern im Vergleich zu unvermaschten Netzstrukturen einen weitaus komplexeren Netzschutz, der neben der Fehlererkennung auch den Fehlerort im Netz bestimmen kann, um damit ein fehlerbehaftetes Betriebsmittel möglichst selektiv mit entsprechenden Ausstattungen an Leistungsschaltern aus dem Netz heraustrennen zu können, während alle nicht vom Fehler betroffenen Netzbetriebsmittel prinzipiell im Betrieb bleiben sollen.

Für Maschennetze wird mindestens eine einfache Ausfallsicherheit berücksichtigt, die durch das $(n-1)$-Kriterium (siehe Abschnitt 16.6) abgebildet wird. Vereinfacht ausgedrückt bedeutet dieses Kriterium, dass es bei Ausfall eines Betriebsmittels zu keinen Versorgungsunterbrechungen der Anschlussnehmer kommen darf, wodurch eine Redundanz im System vorhanden sein muss, wie z. B. ein paralleler Stromkreis oder eine alternative Anbindung in einer Netzmasche.

HöS/HS-Umspannwerke verfügen in der Regel über mehrere Sammelschienen mit Längstrennungen und Querkupplungen (siehe Abschnitt 18.4.1), so dass in einem vermaschten Netz vielfältige Schaltmöglichkeiten bestehen. Windparks werden häufig durch eine Einschleifung (vgl. Abschnitt 18.5.2.1) oder einen Stich (vgl. Abschnitt 18.5.2.2) an die die Umspannwerke verbindenden Leitungen angebunden. Die Transformatorleistungen der Netzkuppeltransformatoren in den Umspannwerken liegen im Bereich zwischen 100 und 400 MVA (vgl. Tabelle 15.5).

Die HS-Netze sind aus Gründen der $(n-1)$-Sicherheit über mindestens zwei Transformatoren in den Umspannwerken (UW) mit den HöS-Netzen verbunden. Größere Verbraucher oder auch Erzeugungsanlagen, wie z. B. Windparks, werden direkt an die HS-Sammelschienen in den UW oder über eigene Transformatoren direkt an die HöS-Sammelschienen angebunden.

Die HS-Netze schließen über Umspannstationen die MS-Netze in der Regel über ebenfalls zwei parallele Transformatoren mit Bemessungsleistungen im Bereich von typischerweise 15 bis 63 MVA (vgl. Tabelle 15.5) an. Entlang einer Masche oder eines Ringes im HS-Netz werden in der Regel zwischen 5 bis 15 HS/MS-Umspannstationen angebunden. In Schaltstationen werden über HS-Schaltanlagen in der HS-Ebene Schaltungen durchgeführt.

16.2 MS-Netzformen

Mittelspannungsnetze schließen die Niederspannungsnetze über Netzstationen (Ortsnetzstationen) oder größere Netzkunden direkt an die Mittelspannungsebene an. Sie werden mit einem abgewandelten $(n-1)$-Planungsprinzip ausgelegt. Dabei wird im

Gegensatz zum klassischen $(n - 1)$-Planungsprinzip nach dem Eintreten eines Fehlers eine gewisse Zeit eines Versorgungsausfalls von bis zu einer Stunde aufgrund der vergleichsweise geringen Ausfallleistung in Kauf genommen. In diesem Zeitraum erfolgen die Freischaltung der Fehlerstelle, die Fehlerortung und die Umschaltungsmaßnahmen für eine Wiederversorgung. Damit reicht es aus, die Stationsabgänge mit einem Leistungsschalter und nur mit einem einfachen unabhängigen Maximalstromzeitschutz (UMZ-Schutz, siehe z. B. [12]) auszurüsten. Hierbei handelt es sich um einen Überstromschutz, der beim Überschreiten eines eingestellten Strombetrages und nach Ablauf einer festen Verzögerungszeit dem Leistungsschalter in dem betroffenen Stationsabgang das Auslösesignal sendet.

Es wird zwischen eigensicheren und nicht eigensicheren MS-Bereichen unterschieden. Bei eigensicheren MS-Bereichen wird eine Reserve aus der speisenden MS-Station in der Regel über einen zweiten parallelen Transformator gestellt oder es sind Umschaltungen z. B. über Reservekabel innerhalb des MS-Bereichs möglich. Bei nicht eigensicheren MS-Bereichen erfolgt eine Reservehaltung über einen Nachbar-MS-Bereich (siehe Strangnetz in Abschnitt 16.2.5).

Man unterscheidet verschiedene MS-Netzformen. Im Folgenden werden das Strahlennetz, das Ringnetz, das Netz mit Gegenstation, das Stützpunktnetz und das Strangnetz sowie das Maschennetz vorgestellt.

16.2.1 MS-Strahlennetz

In einem MS-Strahlennetz werden die an die Abzweige der Umspannstation angeschlossenen Leitungen („Stränge") nur einseitig gespeist (siehe Abbildung 16.4). Sie verzweigen sich in der Regel strahlenförmig ausgehend von der MS-Sammelschiene in der HS/MS-Umspannstation, die in der Regel zur Gewährleistung der Eigensicherheit mit zwei Transformatoren ausgestattet ist, und es werden typischerweise je Strang ca. fünf bis zu dreißig Ortsnetzstationen versorgt. Es reicht für diese einfache Topologie

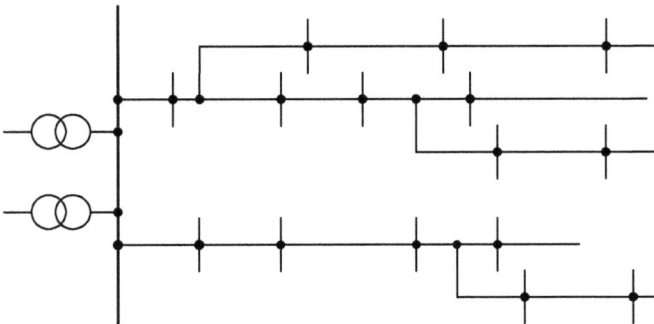

Abb. 16.4: MS-Strahlennetz (Topologie ohne Darstellung von Leistungsschaltern, Trennern, etc.)

aus, jeden Abgang mit einem UMZ-Schutz auszustatten, der bei Auslösung den Leistungsschalter im Abgang an der MS-Sammelschiene auslöst und dann den gesamten Leitungsstrang abschaltet.

Die Abgänge von diesen Leitungssträngen zu den MS/NS-Abgängen der Ortsnetzstationen können z. B. als Stich oder Einschleifung ausgeführt werden (siehe Abschnitt 18.5.2), wobei bei einer Stichanbindung nur eine Anschlussklemme beschaltet werden würde. Daneben werden auch größere Verbraucher oder Erzeugungsanlagen direkt an die MS-Sammelschiene angebunden.

Üblicherweise werden Leitungen mit einheitlichen Querschnitten verlegt, wobei die Topologie so gewählt wird, dass sie später bei einer Veränderung der Verteilungsaufgabe, wie z. B. einer Steigerung der Anschlussleistungen, zu einem Ring- oder Maschennetz ausgebaut werden kann. Alternativ kann auch der Querschnitt mit steigender Entfernung vom Einspeiseknoten aus Wirtschaftlichkeitsgründen abgestuft werden.

Die Vorteile von Strahlennetzen sind die übersichtliche Leitungsführung, der einfache Leitungsschutz und eine einfache Blindleistungskompensation, falls dies erforderlich werden sollte. Als Nachteile sind die vergleichsweise schlechte Spannungshaltung und die nicht selektive Abschaltung von gestörten Betriebsmitteln bzw. die Abschaltung von größeren Netzteilen im Störungsfall, insbesondere beim Ausfall der speisenden Station, zu nennen. Letzteres verursacht eine geringe Versorgungszuverlässigkeit der Netzanschlussnehmer. Damit können auch die an den Ortsnetzstationen angeschlossenen Verbraucher erst nach der Reparatur des fehlerbehafteten Leitungsstrangs wiederversorgt werden. Bei absehbar länger andauernden Ausfällen kommen dann für diese Zeiträume typischerweise Notstromaggregate zum Einsatz.

16.2.2 MS-Ringnetz

In MS-Ringnetzen (siehe Abbildung 16.5) werden die Leitungen ausgehend von der speisenden Umspannstation in Ringen gelegt, d. h. Anfangs- und Endpunkt der Leitungen liegen in derselben Umspannstation. Ringnetze sind die am häufigsten auftretende MS-Netzform.

Die Leitungen werden üblicherweise so bemessen, dass sie auch eine einseitige Speisung des gesamten Ringes ermöglichen können.

Die Ringe können sowohl geschlossen als auch über eine Trennstelle offen und damit wie Strahlennetze betrieben („gefahren") werden, wobei im letzteren Fall wie im Strahlennetz der Schutz wesentlich vereinfacht werden kann und in der Regel aus einem UMZ-Schutz mit einem Leistungsschalter in jedem MS-Abgang der Umspannstation besteht. Damit kann bei einer Störung der fehlerhafte Leitungsabschnitt getrennt (freigeschaltet), der betroffene Leitungsabschnitt durch Öffnen der entsprechenden Trennstellen herausgetrennt, die vorher vorhandene Trennstelle geschlossen und damit die fehlerfreien Leitungsabschnitte nach Schließen der Leistungsschalter von den

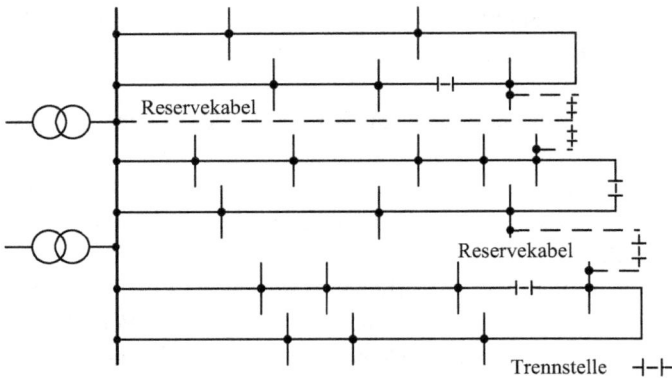

Abb. 16.5: MS-Ringnetz mit eingezeichneten Trennstellen und zwei alternativen optionalen Ergänzungsmöglichkeiten mit Reservekabeln zur Erhöhung der Eigensicherheit (Topologie ohne Darstellung von Leistungsschaltern, Trennern, etc.)

beiden Ringenden aus wiederversorgt werden. Die Trennstellen befinden sich dabei in den Ortsnetzstationen. In der Regel wird versucht, die Trennstelle im fehlerfreien Zustand in die elektrische Mitte des Ringes zu legen, um u. a. eine gleichmäßige Auslastung der Halbringe zu erreichen und auch um die Leitungsverluste gering zu halten. Bei einer geschlossenen Fahrweise der Ringe ergeben sich geringere Verluste, es ist allerdings ein zusätzlicher Leistungsschalter und ein zusätzlicher UMZ-Schutz in mindestens einer Ortsnetzstationen zur Fehlerabschaltung im Störfall erforderlich. Diese Betriebsweise hat sich aus diesem Grund nicht durchgesetzt.

Die Vorteile der Ringnetze gegenüber den Strahlennetzen sind eine höhere Versorgungszuverlässigkeit (höhere Eigensicherheit), eine verbesserte Spannungshaltung und die Möglichkeit der selektiven Abschaltung von fehlerbehafteten Leitungsabschnitten und, dies gilt auch für Strahlennetze, eine hohe Übersichtlichkeit. Generelle Nachteile der Ringnetztopologie sind die erhöhten Anforderungen an den Netzschutz und ggf. auch an die Blindleistungskompensation sowie die räumliche Begrenzung des Netzgebiets aufgrund der Speisung über nur eine Umspannstation. Ringnetztopologien finden sich auch in Industrienetzen sowie in 110-kV-Netzen, insbesondere in denen von Großstädten.

In manchen Ringnetzen finden sich auch offen betriebene Querverbindungen zwischen den Netzringen (siehe Reservekabelverbindung zwischen den beiden unteren Ringen in Abbildung 16.5). Man erhofft sich dadurch mehr Umschaltmöglichkeiten und auch eine höhere Belastbarkeit der Leitungen im Störfall. Allerdings sind in einem solchen Netz im Reservefall die Auswirkungen der Verlegung einer Trennstelle auf die sich dann einstellende Stromverteilung nicht mehr einfach vorab abzuschätzen.

Ebenso kann optional eine Reservekabelverbindung zwischen der speisenden Umspannstation und einer Ortsnetzstationen vorgesehen werden (siehe Reservekabelverbindung zwischen der Umspannstation und den beiden oberen Ringen in Abbildung 16.5). Diese ermöglicht im Normalbetrieb eine höhere Auslastung der Kabel bis zu deren thermisch maximal zulässigen Strömen. Im Fehlerfall würde das Reservekabel für eine Versorgung genutzt werden können. Das Reservekabel wird auch im Normalbetrieb unter Spannung gehalten, um jederzeit einen möglichen Fehler im Kabel erkennen zu können.

16.2.3 Netze mit Gegenstation

Der Grundgedanke bei der Entwicklung von Netzstrukturen mit Gegenstation (siehe Abbildung 16.6) war, dass durch die Zusammenführung von mehreren Netzsträngen oder Halbringen in einer Gegenstation die gegenseitige Reservestellung verbessert wird, obwohl aus schutztechnischen Gründen tatsächlich immer nur eine Leitung für die Reservestellung herangezogen werden kann. Ansonsten wäre die Gegenstation mit Leistungsschaltern und z. B. UMZ mit Richtungsanzeige auszurüsten. Ein Nachteil dieser Netztopologie ist, dass man in der Wahl der Trennstellen nicht mehr frei ist, denn diese müssen in der Gegenstation liegen.

Grundsätzlich ist auch in dieser Topologie optional eine Reservekabelverbindung möglich. Diese ermöglicht wie für die Ringnetze im Normalbetrieb eine höhere Auslastung der Kabel bis zu deren thermisch maximal zulässigen Strömen.

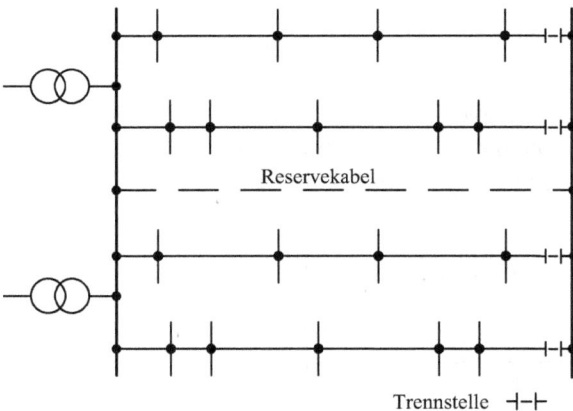

Abb. 16.6: Netz mit Gegenstation (Topologie ohne Darstellung von Leistungsschaltern, Trennern, etc.)

16.2.4 Stützpunktnetze

Stützpunktnetze stellen für die Versorgung von abgelegenen Lastschwerpunkten eine wirtschaftliche Ergänzungsmöglichkeit dar. Als Stützpunkt wird eine vorgeschobene Sammelschiene bezeichnet (siehe die beiden unteren Abzweige in Abbildung 16.7), die durch die speisende Umspannstation über eine Doppelleitung, in der Regel zwei Kabel, versorgt wird. Von dort aus wird die Versorgung des Lastschwerpunkts über normale Ringnetze durchgeführt.

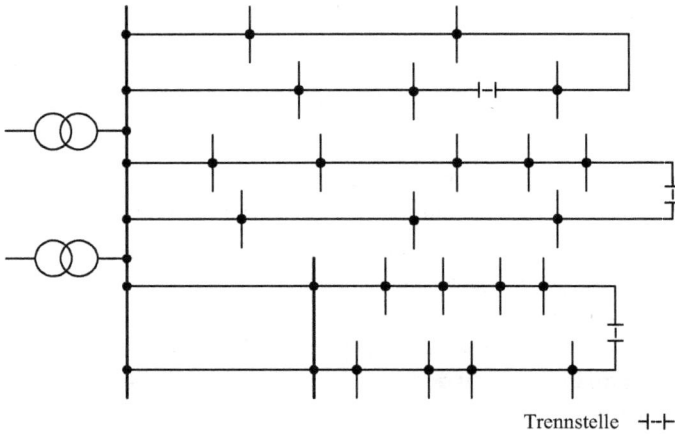

Abb. 16.7: Ringnetz mit Stützpunktnetz (unteres Ringnetz, Topologie ohne Darstellung von Leistungsschaltern, Trennern, etc.)

16.2.5 Strangnetz

Das Strangnetz in Abbildung 16.8 ermöglicht einen besonders einfachen Aufbau der Umspannstationen. Dabei geben sich die Umspannstationen gegenseitig eine Reserve, und es kann ein Transformator in jeder Umspannstation eingespart werden. Aller-

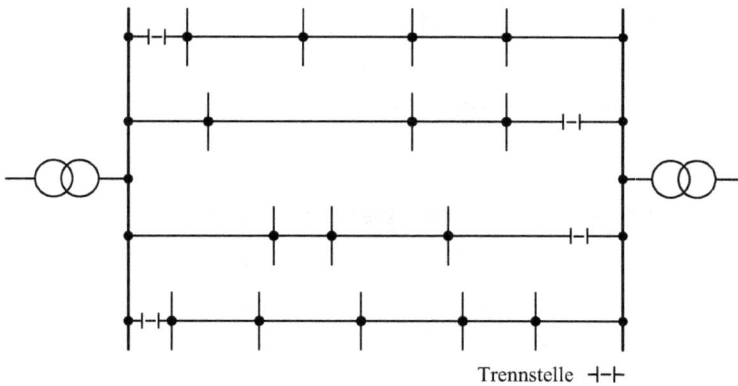

Abb. 16.8: Strangnetz (Topologie ohne Darstellung von Leistungsschaltern, Trennern, etc.)

dings sind, wenn mehrere Umspannstationen über Stränge miteinander verbunden werden sollen, Doppelsammelschienen in den Umspannstationen, ggf. mit Längstrennungen, vorzusehen, um bei Umschaltmaßnahmen im Fehlerfall ausreichend Schaltungsalternativen zur Verfügung zu haben.

Strangnetze können mit einseitigen Trennstellen oder alternativ mit Trennstellen in der elektrischen Mitte des Strangs mit im Vergleich geringeren Verlusten betrieben werden. Es sind damit einfache UMZ-Schutzgeräte und Leistungsschalter in den Abgängen ausreichend.

16.2.6 MS-Maschennetze

Im Prinzip können auch Mittelspannungsnetze als vermaschte Netze mit mehreren Einspeisungen ausgeführt werden. Hier sind aber im Hinblick auf die Kurzschlussströme der Vermaschungsgrad und die Anzahl der Einspeisungen zu begrenzen. Des Weiteren sind dann höhere Anforderungen an den Netzschutz und den Einsatz von Leistungsschaltern zur selektiven Abschaltung von fehlerbetroffenen Betriebsmitteln zu stellen. Aus diesen Gründen und um einen übersichtlichen Netzbetrieb zu ermöglichen, hat sich diese Netzform in der MS-Ebene nicht durchgesetzt.

16.3 NS-Netzformen

Niederspannungsnetze werden über Netzstationen (Ortsnetzstationen) aus dem überlagerten Mittelspannungsnetz angebunden. Die Bemessungsleistungen der Ortsnetztransformatoren liegen im Bereich von 160 kVA bis zu 1000 kVA, in Sonderfällen auch bis zu 2,5 MVA (siehe Tabelle 15.5). Die Struktur und Ausdehnung dieser Netze ist entscheidend von der Lastdichte und den geographischen Verhältnissen abhängig, da die Leitungen in der Regel einseitig oder zweiseitig den Straßenverläufen folgen, womit auch ein Hausanschluss einfach durchzuführen ist. Dabei werden heute nahezu ausschließlich Kabel, insbesondere bei höheren Lastdichten, gelegt, die selbst in ländlichen Gebieten Freileitungen mehr und mehr verdrängen. Die Hausanschlüsse werden über von den Netzstationen ausgehende Leitungen angebunden, während Einzellasten wie z. B. Einkaufszentren, Straßenbeleuchtungen direkt an die Netzstationen angeschlossen werden. Man unterscheidet zwischen den folgenden NS-Netzformen: Strahlen-, Ring- und Maschennetze.

Kabelverzweigungen werden in Strahlen- und Ringnetzen an sogenannten Kabelverteilerschränken (KVS) oder auch in Form einer einfachen Erdmuffe ausgeführt. In einem Strang eines Strahlen- oder offen betriebenen Ringnetzes findet man typischerweise bis zu 25 Einfamilienhäuser oder bis zu etwa 85 Wohneinheiten. Die Hausanschlüsse werden über Erdmuffen oder Hausanschlusssäulen ausgeführt.

16.3.1 NS-Strahlennetze

In NS-Netzen mit niedrigen Lastdichten, wie z. B. in ländlichen Gebieten, werden in der Regel Strahlennetze eingesetzt (siehe Abbildung 16.9 mit den bereits in Abschnitt 16.2.1 genannten grundsätzlichen Vor- und Nachteilen (Übersichtlichkeit, geringe Investitionen, einfache Betriebsführung, einfache Planung, einfache und schnelle Feh-

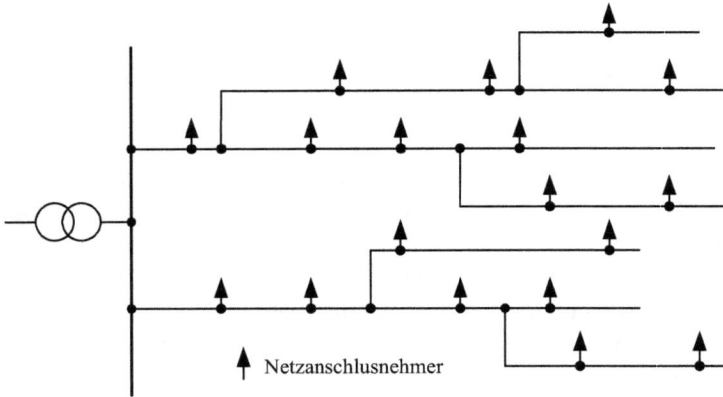

Abb. 16.9: NS-Strahlennetz (Topologie ohne Darstellung von Trennschaltern, Sicherungen, etc.)

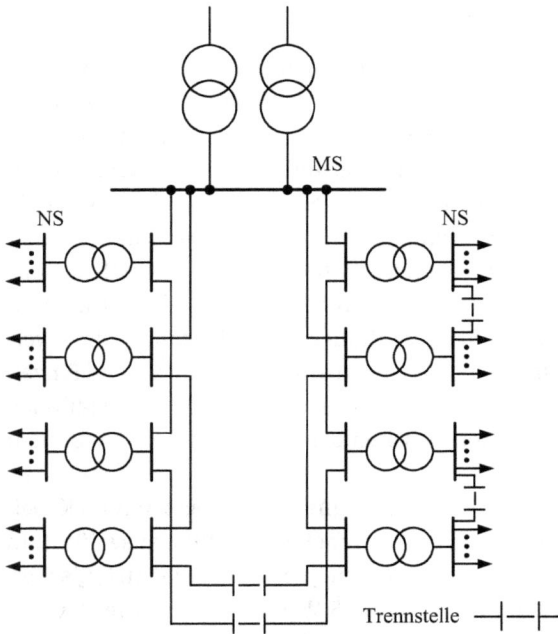

Abb. 16.10: Reservekabelnetz (Topologie ohne Darstellung von Trennschaltern, Sicherungen, etc.)

lerortung, Versorgungsausfall bis zur Fehlerbehebung). Des Weiteren finden Strahlennetze in den Hausinstallationen, in Industriegebieten mit vielen Einzelverbrauchern gleicher Größe, in ländlichen Netzgebieten und Siedlungsgebieten mit kurzen Zuleitungen zu den speisenden Ortsnetzstationen Anwendung. Auch größere Lasten werden im Strang direkt an die Netzstation angeschlossen.

Um die fehlende Eigensicherheit zu kompensieren und um die strukturellen Nachteile von Strahlennetzen bei Ausfall von Leitungen oder bei Ausfall der speisenden Netzstation abzufangen, kann die fehlende Reservefunktion durch Reserveleitungen zu benachbarten NS-Netzen bereitgestellt werden. Diese Reservekabel werden im Normalbetrieb mit einer Trennstelle offen betrieben und erst bei Ausfall des Ortsnetztransformators in einer Station zugeschaltet. Es handelt sich dann um Reservekabelnetze (siehe Netzstationen auf der rechten Seite in Abbildung 16.10).

16.3.2 NS-Ringnetze

Bei höheren Lastdichten werden bei geeigneter Straßentopologie Ringleitungen verwendet, die offen betrieben werden (siehe Abbildung 16.11). In jedem der Halbringe sind mehrere Trennstellen vorhanden, die häufig als Kabelverteilerschränke ausgeführt werden und mit deren Hilfe fehlerbehaftete Leitungsabschnitte frei geschaltet werden können. Im Fehlerfall können dann mit Schließen der Halbringe alle Verbraucher mit Ausnahme der Verbraucher, die vom fehlerbehafteten Leitungsabschnitt versorgt werden, wieder versorgt werden. Mit einer zunehmenden Verzweigung der Ringe erhöht sich die sogenannte Eigensicherheit, die für Ringnetze generell schon höher als die von Strahlennetzen ist.

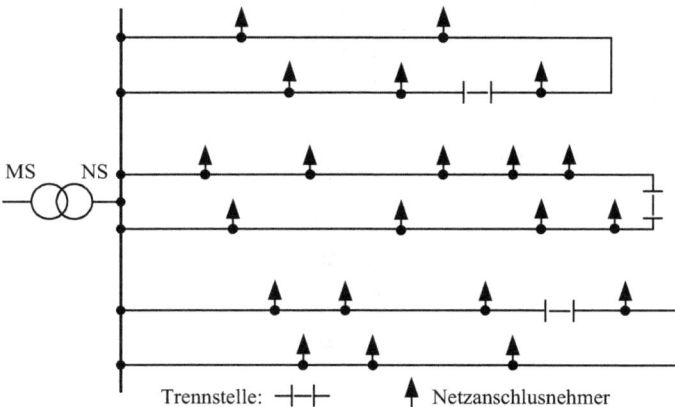

Abb. 16.11: NS-Ringnetz (Topologie ohne Darstellung von Trennschaltern, Sicherungen, etc.)

16.3.3 NS-Maschennetze

Mit steigender Lastdichte kann auch der Vermaschungsgrad erhöht werden, man spricht dann von vermaschten Netzen, die ausgedehnte Niederspannungsnetze, insbesondere in städtischen Bereichen, bilden. Diese können einsträngig (siehe Abbildung 16.12) oder mehrsträngig (siehe Abbildung 16.13) gespeist ausgeführt sein und zeichnen sich auch bei hohen Lastdichten durch eine hohe Spannungskonstanz, eine hohe Versorgungszuverlässigkeit und damit eine hohe Eigensicherheit und geringe Verluste aus. Sie erfordern aber auch erhebliche Aufwendungen für den Netzschutz und die hohen Kurzschlussströme. Sie sind auch schwierig zu handhaben, u. a. bei der Fehlersuche oder der Inbetriebnahme des Netzes z. B. nach einem Totalausfall.

Maschennetze können auch nach der Öffnung von möglichen Trennstellen in Kabelverteilerschränken (KVS, siehe Abschnitt 18.3.3) bei einfacher Anbindung an das MS-Netz in Inselnetze oder bei mehrfacher Anbindung als vermaschte Inselnetze bzw. stationsweise vermaschte NS-Netze (siehe Abbildung 16.14) betrieben werden. Damit können die Aufwendungen für den Netzschutz reduziert, aber die Vorteile einer guten Spannungskonstanz und hohen Versorgungszuverlässigkeit weitgehend aufrechterhalten werden.

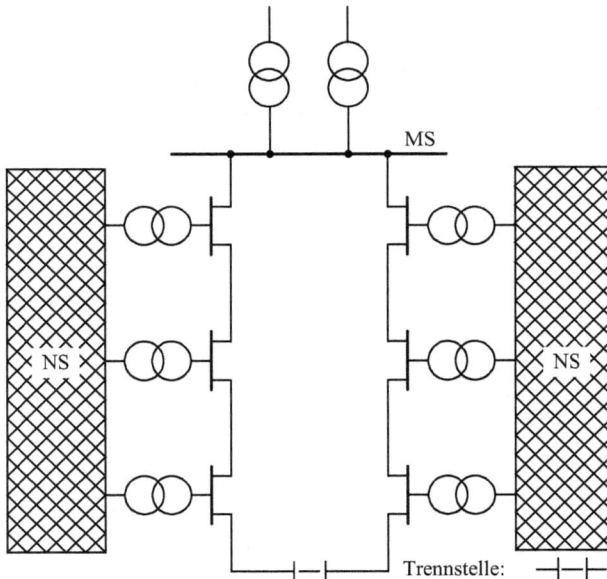

Abb. 16.12: Einsträngig gespeistes NS-Maschennetz (Topologie ohne Darstellung von Trennschaltern, Sicherungen, etc.)

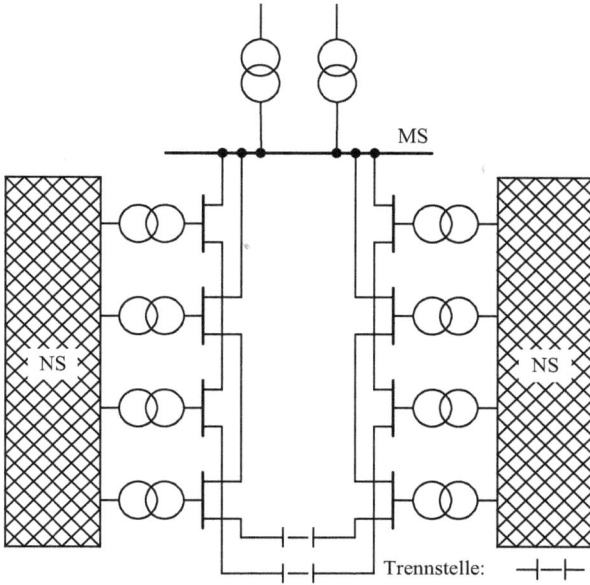

Abb. 16.13: Mehrsträngig gespeistes NS-Maschennetz (Topologie ohne Darstellung von Trennschaltern, Sicherungen, etc.)

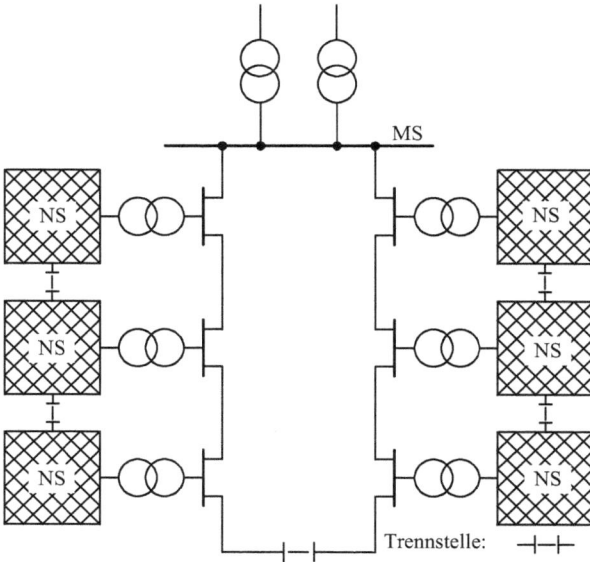

Abb. 16.14: Stationsweise vermaschtes NS-Maschennetz (Topologie ohne Darstellung von Trennschaltern, Sicherungen, etc.)

16.4 Eigenschaften der Netzformen

Für die Charakterisierung von Netzen kann der Vermaschungsgrad verwendet werden. Er setzt die Anzahl der Leitungen zur Anzahl der unabhängigen Knoten (Summe aller Netzknoten ohne den Bezugsknoten) wie folgt ins Verhältnis:

$$v = \frac{\text{Anzahl der Leitungen}}{\text{Anzahl der unabhängigen Knoten}} = \frac{l}{n} \qquad (16.1)$$

Für Strahlen- und Ringnetze ist der Vermaschungsgrad kleiner bzw. gleich eins (siehe Tabelle 16.1). Für Hochspannungsnetze nimmt er einen Wert um 1,5 an, während der maximal mögliche Vermaschungsgrad für vollständig vermaschte Netze (jeder unabhängige Knoten ist mit jedem anderen unabhängigen Knoten über eine Leitung verbunden) dem Wert $(n-1)/2$, also der Hälfte der Anzahl der unabhängigen Knoten n entspricht.

Tab. 16.1: Vermaschungsgrad v

Netzform	Anzahl der Leitungen l	Vermaschungsgrad v
Strahlennetz	$l = n - 1$	$v = \dfrac{l}{n} = \dfrac{n-1}{n} = 1 - \dfrac{1}{n} \rightarrow 1$
Ringnetz	$l = n$	$v = \dfrac{l}{n} = \dfrac{n}{n} = 1$
Hochspannungsnetz	$l \approx 1{,}5 \cdot n$	$v \approx 1{,}5$
maximaler Vermaschungsgrad	$l_{max} = \dfrac{n(n-1)}{2}$	$v_{max} = \dfrac{l}{n} = \dfrac{n(n-1)}{2n} = \dfrac{n-1}{2}$

Die wesentlichen weiteren Eigenschaften der unterschiedlichen Netzformen sind in Tabelle 16.2 qualitativ gegenübergestellt.

Tab. 16.2: Eigenschaften der Netzformen

Merkmal	vermaschtes Netz $v > 1$	unvermaschtes Netz $v = 1$
Versorgungssicherheit	hoch	geringer
Investitionskosten	hoch	geringer
Verluste	gering	höher
Schutzeinrichtungen	aufwendig	einfach

16.5 Spannungshaltung und Spannungsregelung mit Transformatoren

In Folge von veränderlichen Verbraucherleistungen und Einspeisungen entstehen an den Netzknoten Spannungsschwankungen. Diese Spannungsschwankungen können durch die Verstellung der Übersetzungsverhältnisse der Transformatoren über deren Laststufensteller (on-load tap changer, OLTC) oder einen Umsteller (nur stromlose Umstellung, no-load tap changer, NLTC) ausgeregelt werden (siehe Abbildung 16.15). Damit lassen sich die übertragene Blindleistung und damit wiederum die Spannung auf der Unterspannungsseite der Transformatoren innerhalb bestimmter Grenzen und in Abhängigkeit von der Belastung auf der Unterspannungsseite verändern. Laststufensteller und Umsteller sind aufgrund der kleineren Ströme immer auf der Oberspannungsseite der Transformatoren eingebaut (siehe Band 2, Abschnitt 5.12).

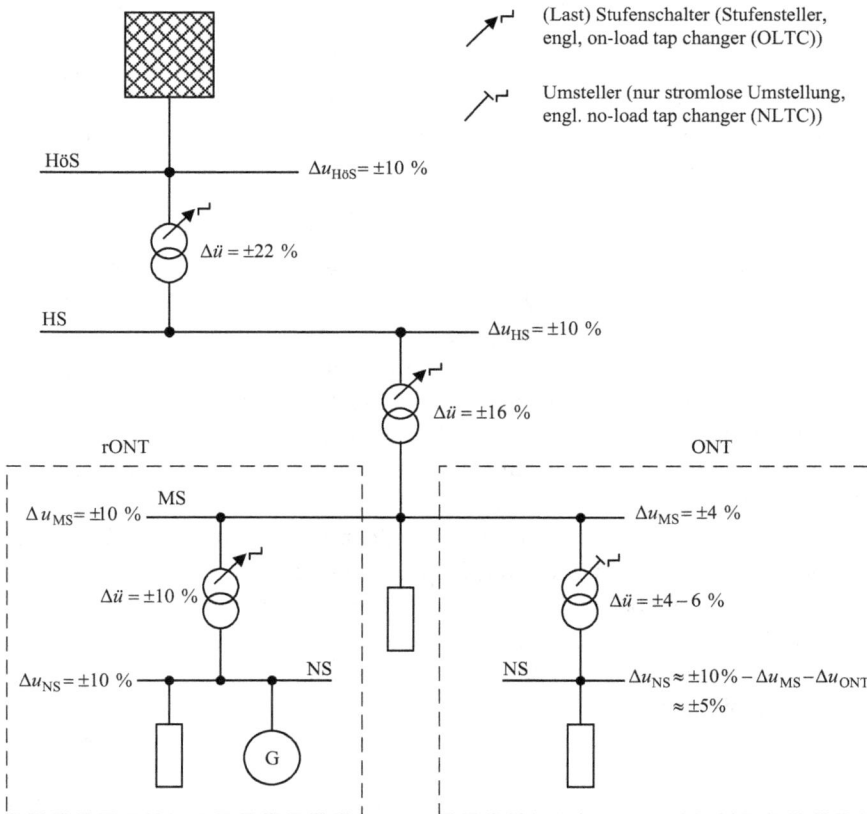

Abb. 16.15: Spannungsregelung im Verteilungsnetz über die Stufensteller der Netzkuppel-, Verteilungsnetz- und Ortsnetztransformatoren (ONT: Ortsnetztransformator, rONT: regelbarer Ortsnetztransformator, Δu: relatives Spannungsband um die Netznennspannung, $\Delta \ddot{u}$: prozentuale Änderung des Übersetzungsverhältnisses)

In allen Netzebenen sind Spannungsschwankungen von maximal $\Delta u = \pm 10\,\%$ zulässig. Für die NS- und MS-Ebene ist dies normativ in der DIN EN 50160 [13, 14] festgelegt.

Für die Ausregelung der Spannungsschwankungen im HS-Netz um einen vom HS-Netzbetreiber festgelegten Sollwert werden HöS/HS-Transformatoren mit einem Stellbereich von bis zu $\Delta \ddot{u} = \pm 22\,\%$ verwendet. Für die entsprechende Spannungsregelung im MS-Netz werden HS/MS-Transformatoren mit einem Stellbereich von bis zu $\Delta \ddot{u} = \pm 16\,\%$ eingesetzt, der es ihnen ermöglichen soll, den Bereich um einen festgelegten Sollwert auszuregeln. Aufgrund der endlichen Stufenbreite der Stufensteller verbleibt ein Totband um den Sollwert (siehe Totband in Abbildung 16.16).

Die Spannungsschwankungen in den MS- und NS-Netzen sind in der Vergangenheit immer gemeinsam betrachtet worden, da es sich bei den MS/NS-Transformatoren um Transformatoren mit Umstellern handelte, die nicht im Betrieb gestuft werden können, sondern nur nach einer Außerbetriebnahme des Transformators vor Ort durch einen Techniker umgeschaltet werden können. Dadurch ist die Spannung in den NS-Netzen von den Spannungsschwankungen in den MS-Netzen direkt abhängig. Zur einfacheren Netzplanung haben die Netzbetreiber für die Spannungsregulierung in den MS- und NS-Netzen das Spannungsband auf die Mittel-, Umspann- und Niederspannungsebene aufgeteilt (siehe Abbildung 16.15 rechts unten für ONT). Da der Leistungsfluss in der Vergangenheit unidirektional war, konnte bislang mit Hilfe des Umstellers der Spannungsfall im MS-Netz ausgeregelt werden, sodass im Niederspannungsnetz die Spannung im zulässigen Bereich bleibt. Der klassische Ortsnetztransformator (ONT) verfügt dafür über fest einstellbare Anzapfungen, die nur stromlos geschaltet werden können. Der ONT hat damit keinen Laststufensteller, sondern nur einen Umsteller (no-load tap changer, NLTC). Die Anpassung mit einem starren Übersetzungsverhältnis kann allerdings beim Auftreten von dezentralen Einspeisungen und insbesondere bei einer Umkehr der Leistungsflussrichtung („Rückspeisung") zu einer Überschreitung der Grenzwerte im Niederspannungsnetz führen.

Im Rahmen der Energiewende wurde daher ein regelbarer Ortsnetztransformator (rONT) mit Stufenschalter für die MS/NS-Umspannebene entwickelt, sodass damit in beiden Netzebenen das zur Verfügung stehende Spannungsband vollständig ausgenutzt werden kann (siehe Abbildung 16.15 links unten für rONT).

Abbildung 16.16 zeigt beispielhafte Verläufe der Spannungsabweichungen für eine klassische Aufteilung mit ONT-Einsatz und eine Aufteilung des Spannungsbandes mit rONT-Einsatz. Die dafür getroffenen Annahmen für die Aufteilung der Spannungsbänder stellen typische Werte dar.

Mit einem regelbaren Ortsnetztransformator, der über einen Laststufensteller (OLTC) mit einem typischen Stellbereich von $\Delta \ddot{u} = \pm 10\,\%$ mit maximal neun Stufen verfügen, lässt sich der bislang enge Spannungsbereich in der NS-Ebene deutlich besser ausnutzen. Damit erhöht sich bei vollständigem rONT-Einsatz der in der MS-Ebene ausnutzbare Spannungsbereich ebenfalls auf bis zu $\Delta u = \pm 10\,\%$ (siehe Abbildung 16.16).

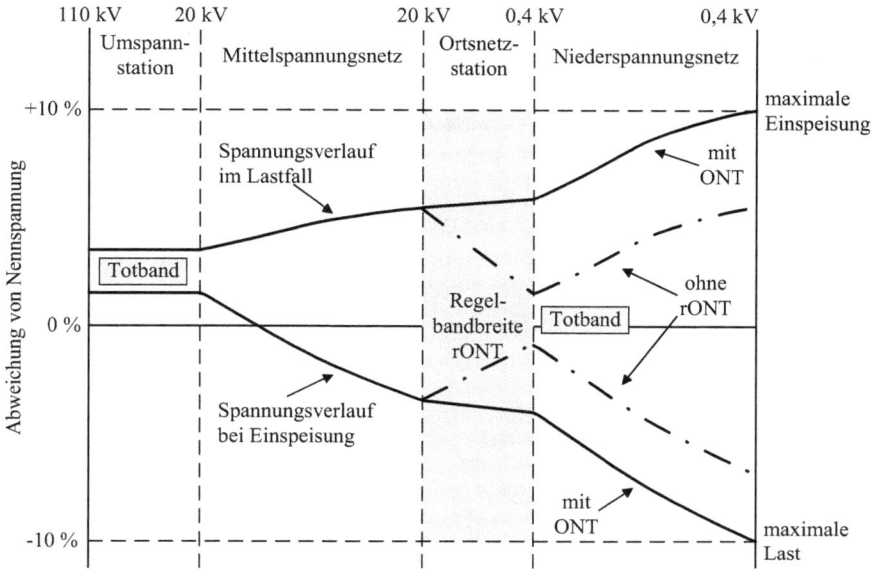

Abb. 16.16: Spannungsstellbereiche mit und ohne regelbaren Ortsnetztransformator (rONT)

16.6 (*n* – 1)-Sicherheit

Die Überprüfung der (*n* – 1)-Sicherheit ist eine zentrale Aufgabe im Rahmen der Netzplanung und der Netzführung. Ein Netz ist (*n*–1)-sicher geplant bzw. wird (*n*–1)-sicher betrieben [15], wenn es bei Nichtverfügbarkeit eines beliebigen Netzbetriebsmittels, z. B. eines Stromkreises, Transformators, etc. seine Netzfunktion unter Inkaufnahme tolerierbarer Funktionseinschränkungen noch erfüllen kann, ohne dass

- es zu einer dauerhaften Überschreitung der zulässigen Bemessungsströme oder thermisch maximal zulässigen Ströme von Betriebsmitteln kommt,
- die Spannung im Netz die zulässigen Grenzen über- bzw. unterschreitet,
- es zu unzulässigen Versorgungsunterbrechungen kommt,
- es zu einer Störungsausweitung (Folgeauslösungen) kommt.

Die Ausfälle, die zu einer Nichtverfügbarkeit eines Netzbetriebsmittels führen, können deterministisch (Schalthandlungen) oder zufällig (Störungen) sein.

Die (*n* – 1)-Sicherheit wird durch sogenannte Ausfallsimulationen ((*n* – 1)-Netzsicherheitsberechnung) in der Planungsphase oder auch regelmäßig in der Netzführung, insbesondere vor der Durchführung von Schalthandlungen, rechnerisch überprüft. Es handelt sich aufgrund der diskreten Vorgabe der zu berechnenden Ausfallsituationen um eine deterministische Betrachtung.

Für die Beschreibung des angestrebten Normalzustands (n- bzw. ($n - 0$)-Zustand) wird im Aufgabenfeld der Netzplanung in der Regel ein oder werden mehrere Normalschaltzustände mit festgelegten verfügbaren Betriebsmitteln angenommen. Im Rahmen der Netzführung berücksichtigt dieser Zustand alle geplanten und bekannten Ausfälle von Betriebsmitteln sowie den aktuellen bzw. erwarteten Schaltzustand. In diesem Zustand treten keine Verletzungen von Grenzwerten für Ströme, Spannungen, etc. sowie aufgrund der vorhandenen Reserven ebenfalls auch nicht für alle Ausfälle der Ausfallliste (($n - 1$)-Fälle) auf (siehe Abbildung 16.17). Diese ($n - 1$)-Fälle umfassen Ausfälle von einzelnen Betriebsmitteln (Einfachausfälle) und ggf. besondere vordefinierte Mehrfachfehler (z. B. Sammelschienenfehler mit der gleichzeitigen Abschaltung von mehreren Betriebsmitteln).

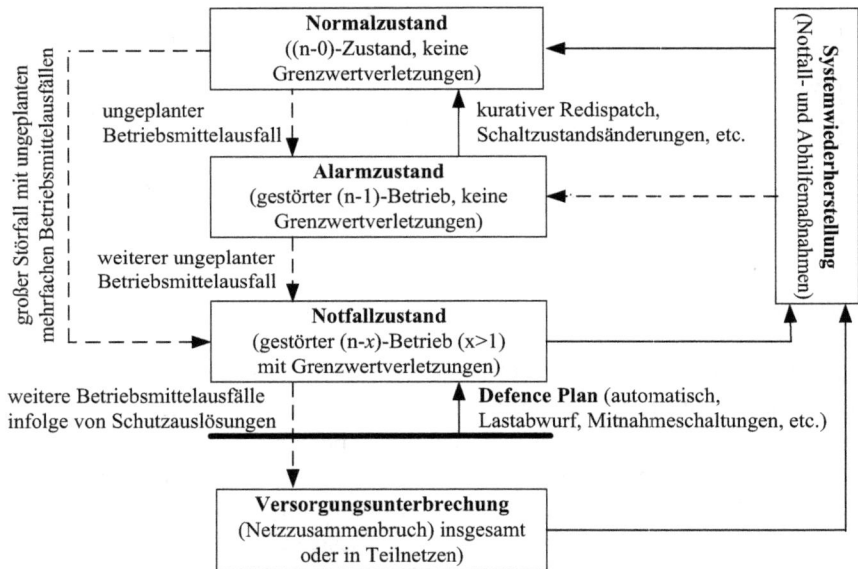

Abb. 16.17: Zustandsdiagramm des Elektroenergiesystems

Der Normalzustand geht im Rahmen der Netzführung (siehe Abbildung 16.17) in den Alarmzustand über, wenn die Ausfallsimulationen eine Verletzung von Grenzwerten für einen oder mehrere ($n - 1$)-Fälle ergeben. Diese rechnerischen Grenzwertverletzungen können durch einen Ausfall eines oder mehrerer Betriebsmittel oder auch durch unvorhergesehene Leistungsflüsse verursacht werden. In diesem Zustand treten ebenfalls keine realen Verletzungen von Grenzwerten für Ströme, Spannungen, etc. auf, allerdings sind keine Reserven mehr vorhanden. Das Auftreten von rechnerischen Grenzwertverletzungen durch ungeplante Leistungsflüsse ist allerdings gering, da durch 2-Day-, Day-Ahead-, Intra-Day Engpassprognosen (Congestion Forecast) diese Engpässe im Vorfeld durch Sonderschaltzustände oder durch ein präventives Engpassmanagement (explizite oder implizite Auktionen, Market Coupling, präventiver Redispatch) [16, 17] beseitigt werden und damit die Ursachen in der Regel im Ausfall von Betriebsmitteln liegen. Für diese Engpassprognosen werden Prognosen für die Einspeisungen aus Erneuerbaren Energien und für die Verbraucherlasten sowie Marktergebnisse für die Abschätzung des Kraftwerkseinsatzes verwendet. Der Normalzustand ist durch Netzführungsmaßnahmen wie z. B. Schaltzustandsänderungen, kurativen Redispatch und/oder Countertrading schnellstmöglich wiederherzustellen.

Tritt in einem Alarmzustand ein weiterer Betriebsmittelausfall mit der Verletzung von Grenzwerten auf, so befindet sich das System in einem gestörten oder Notfallzustand ($(n-x)$-Zustand mit $x > 1$), der durch Notfall- und Abhilfemaßnahmen schnellstmöglichst in den Normalzustand und, falls dies nicht möglich ist, in einen Alarmzustand zu überführen ist. Dieser Zustand ist dann im Folgenden duch die Überführung in den Normalzustand zu beseitigen. Der Notfallzustand kann auch bei großen Störfällen, die z. B. nicht im Rahmen der Ausfallanalyse durch vordefinierte Mehrfachfehler berücksichtigt worden sind, direkt aus dem Normalzustand erreicht werden. In einem Notfallzustand sind einige Grenzwerte, z. B. für Ströme oder Spannungen, verletzt. Werden nicht schnell Maßnahmen für eine Beseitigung der Grenzwertverletzungen eingeleitet, so kann es zu weiteren Abschaltungen von Betriebsmitteln z. B. infolge von Überlastungen und damit zu einer Versorgungsunterbrechung in einem Teilnetz oder gar zu einem Zusammenbruch des gesamten Netzes kommen. Um dies zu vermeiden, greift der 5-Stufenplan (Defence-Plan: Lastabwurf, Mitnahmeschaltungen, etc., siehe auch Band 3, Abschnitt 6.15) ein, der einen Versorgungszusammenbruch verhindern soll [18]. Dabei wird ausgenutzt, dass eine Grenzwertverletzung nicht zwangsläufig sofort zu einer Abschaltung führen muss, sondern dass man, wenn man z. B. die thermischen Zeitkonstanten der Leitungen berücksichtigt, einen gewissen Zeitraum zur Verfügung hat, um kurative Maßnahmen durchzuführen. Im Gegensatz zu den Notfall- und Abhilfemaßnahmen, die manuell in der Leitwarte durchgeführt werden, erfolgen die Maßnahmen im Rahmen des Defence-Plan automatisch bei Erreichung von festgelegten Auslösegrenzen.

16.7 Versorgungszuverlässigkeit

Die Versorgungszuverlässigkeit von einzelnen Netzkunden oder auch von Gruppen von Netzkunden kann durch die statistische Auswertung von Versorgungsunterbrechungen aus der Vergangenheit und durch Berechnung der Verfügbarkeit von elektrischer Energie beim Verbraucher bewertet werden. Damit sind die durchschnittliche Dauer und die Häufigkeit von Versorgungsunterbrechungen sowie die Höhe der nicht bereitgestellten Energie (Ausfallarbeit oder auch „nicht zeitgerecht gelieferte Energie") während der Versorgungsunterbrechungen wichtige Kenngrößen. Ursachen von Versorgungsunterbrechungen sind insbesondere:

- Kurz- und Erdschlüsse mit Schutzauslösung,
- Abschaltungen schadhafter oder funktionsuntüchtiger Betriebsmittel,
- Abschaltungen aufgrund von Netzüberlastungen,
- automatische oder manuelle Fehlschaltungen,
- Ausfälle von Kraftwerken.

Diese Ursachen können zu ungeplanten Versorgungsunterbrechungen führen. Daneben können aber auch geplante Versorgungsunterbrechungen, z. B. durch Wartungs- und Instandhaltungsmaßnahmen, entstehen.

Das Forum Netztechnik/Netzbetrieb im VDE (FNN) erfasst jährlich auf freiwilliger Basis die Störungs- und Verfügbarkeitsdaten von ca. 80 % der deutschen Stromnetzbetreiber, wertet diese Daten anonymisiert aus und veröffentlicht die Ergebnisse jährlich in Form des Berichtes „FNN-Störungs- und Verfügbarkeitsstatistik" [19]. Im Ergebnis liegt zum einen eine Verfügbarkeitsstatistik mit Auswertungen der Verfügbarkeit beim Letztverbraucher auf Basis von Störungen mit Versorgungsunterbrechungen in NS- und MS-Netzen mit einer Dauer > 3 min vor. Zum anderen werden in der Störungsstatistik der Ort des Fehlers bzw. des fehlerbehafteten Betriebsmittels, der Anlass der Störung und die Angaben zum Verlauf von Störungen in MS-, HS- und HöS-Netzen erfasst. Die Auswertungen können u. a. als Basis zur Ermittlung von Betriebsmittelkenndaten für Zuverlässigkeitsberechnungen im Rahmen der Netzplanung dienen.

Die Ergebnisse zeigen, dass die MS- und NS-Netze die entscheidende Auswirkung auf die Zuverlässigkeit der Stromversorgung haben. Dies ist durch die beschriebenen Netzstrukturen und das angewendete abgewandelte $(n - 1)$-Planungskriterium (siehe Abschnitt 16.2) zu begründen, die dazu führen, dass die MS- und die NS-Netze in der Regel mit einer Versorgungsunterbrechung von bis zu einer Stunde nach dem Eintreten eines Fehlers reagieren. Demgegenüber werden die HöS- und die HS-Netze mit dem klassischen $(n - 1)$-Prinzip geplant (siehe Abschnitt 16.6). Erst größere Ausfälle ($(n - x)$-Fälle mit $x > 1$) im HS- und HöS-Netz können zu einer Versorgungsunterbrechung von Endverbrauchern führen. Auch diese Fälle werden in den Verfügbarkeitsstatistiken über die Erfassung der Unterbrechungen der Endverbraucher indirekt erfasst. Des Weiteren zeigen die Ergebnisse, dass es große lokale Unterschiede bei der Versorgungszuverlässigkeit (z. B. Stadt/Land) gibt und die Einflussfaktoren stark von der Spannungsebene abhängig sind. Einflussfaktoren sind u. a. die Redundanz, das Ausfallverhalten der Netzbetriebsmittel, die Art der Sternpunkterdung, die Schutzbereichsgröße, die eingesetzte Automatisierungstechnik, die Netztopologie, die Ausstattung mit Fernwirktechnik, die Suchstrategie bei der Fehlerortung, der Personaleinsatz, die Netzbereichsgröße, der Einsatz von Notmaßnahmen und die Reparaturdauer [20].

Die von den Netzbetreibern jährlich veröffentlichte Statistik der Verfügbarkeit beim Netzkunden (Letztverbraucher) in der „FNN-Störungs- und Verfügbarkeitsstatistik" [19, 21] umfasst die Ergebnisse für die sogenannten DISQUAL-Kenngrößen (DISQUAL = distribution quality). Dies sind:

– Unterbrechungshäufigkeit H_U in 1/a,
– Unterbrechungsdauer T_U in h,
– Nichtverfügbarkeit Q_U in min/a (dimensionslose Zahl).

Es gilt der folgende Zusammenhang zwischen den Kenngrößen:

$$Q_U = H_U \cdot T_U \tag{16.2}$$

Die Kenngrößen werden sowohl als Kundenkenngrößen, z. B. je NS-Hausanschluss, oder auch als Systemkenngrößen für z. B. alle Anschlüsse in einem MS-Netzgebiet verwendet. Diese Kenngrößen korrespondieren auch mit den international üblichen Kenngrößen, die über alle Netzkunden bestimmt werden:

– System Average Interruption Frequency Index *SAIFI* in 1/a (durchschnittliche Unterbrechungshäufigkeit pro angeschlossenen Kunden und Jahr, entspricht H_U),
– Customer Average Interruption Duration Index *CAIDI* in h (durchschnittliche Unterbrechungsdauer pro angeschlossenen Kunden, entspricht T_U),
– System Average Interruption Duration Index *SAIDI* in min/a (durchschnittliche kumulierte Unterbrechungsdauer pro angeschlossenem Kunden und Jahr (dimensionslose Zahl), entspricht Q_U).

Es gilt auch hier:

$$SAIDI = SAIFI \cdot CAIDI \tag{16.3}$$

Weitere häufig verwendete Kenngrößen sind:

– Customer Average Interruption Frequency Index *CAIFI* (durchschnittliche Unterbrechungshäufigkeit pro von einer Unterbrechung betroffenen Kunden und pro Jahr),
– Energy Not Supplied *ENS* (während einer Versorgungsunterbrechung nicht (zeitgerecht) gelieferte Energie).

Trotz dieser Indizes ist ein eindeutiges quantifizierbares Kriterium, ab wann eine Versorgungsunterbrechung nicht mehr zulässig ist, nicht vorhanden. Ein solches Kriterium hängt sicherlich wesentlich von der Art des Netzkunden ab. So ist z. B. eine Glasschmelze sensibel gegen längere Versorgungsausfälle (Erkalten der Schmelze), während häufigere kurzzeitige Versorgungsunterbrechungen aufgrund der großen thermischen Zeitkonstanten nur einen geringen Schaden verursachen würden. Demgegenüber würden häufige Versorgungsunterbrechungen in einem Rechenzentrum zu erheblichen Störungen führen, während ein längerer Ausfall eher zu beherrschen wäre (nur einmaliges „Neustarten"). Eine Möglichkeit der Bewertung der Versorgungszuverlässigkeit stellt das sogenannte „Zollenkopf-Diagramm" dar (siehe Abbildung 16.18), mit dem ein empirisch gewonnener Zusammenhang zwischen der Anzahl der ausgefallenen Anschlussnehmer bzw. der Größe der ausgefallenen Leistung, die beide das Ausmaß einer Versorgungsunterbrechung beschreiben, und der Dauer einer Versorgungsunterbrechung hergestellt wird [22]. Dieses Kriterium kann als Ergänzung zum deterministischen $(n-1)$-Kriterium verwendet werden. Hierbei werden für Versorgungsunterbrechungen mit geringer Ausfallleistung, d. h. mit einem geringen Ausmaß, längere Ausfalldauern zugelassen als für Versorgungsunterbrechungen mit großen Ausfallleistungen. Die nicht zeitgerecht gelieferte Energie (entspricht der Fläche unter der „Zollenkopf"-Kurve) ist dabei in beiden Fällen als Grenze für eine zugelassene Versorgungszuverlässigkeit gleich bewertet.

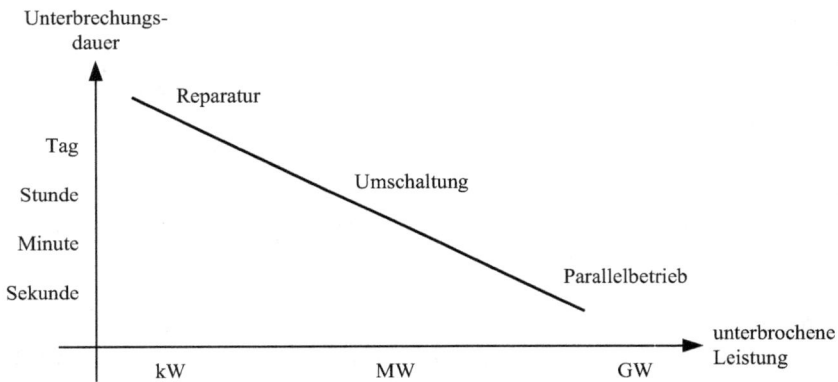

Abb. 16.18: Empirische „Zollenkopf"-Kurve [22]

Neben dem beschriebenen Blick in die Vergangenheit mit der statistischen Auswertung von aufgetretenen Versorgungsunterbrechungen kann auch die Verfügbarkeit von elektrischer Energie beim Verbraucher durch eine rechnerische Simulationen des determiniert-stochastischen Prozesses „Elektrische Energieversorgung" mit Hilfe von probabilistischen Zuverlässigkeitsberechnungen abgeschätzt werden (z. B. [23]). Als Berechnungsergebnisse ergeben sich z. B. die oben genannten Kenngrößen für die Versorgungszuverlässigkeit. Eingangsgrößen dieser Simulationen sind die Verfügbarkeitseigenschaften der Betriebsmittel und die Netztopologie der Verteilungsnetze. Die Verfügbarkeitseigenschaften der Betriebsmittel (z. B. Ausfallwahrscheinlichkeiten, Ausfallhäufigkeiten, mittlere Ausfalldauer) werden auf Basis der statistischen Auswertung des Ausfallverhaltens von einzelnen Betriebsmittelgruppen (MS-Freileitungen, MS-Kabel, etc.) in der Vergangenheit bestimmt. Hierzu werden z. B. unternehmensintern oder auch im Rahmen der FNN-Störungs- und Schadensstatistik mit einem definierten Erfassungsschema Ausfalldaten gesammelt und statistisch z. B. hinsichtlich bestimmter Betriebsmittelgruppen ausgewertet. Die mit einer Zuverlässigkeitsberechnung bestimmten Kenngrößen sind Wahrscheinlichkeitsgrößen und stellen Prognosewerte dar. Im Gegensatz zu dem deterministischen $(n-1)$-Planungskriterium, das nur eine ja/nein-Entscheidung bezüglich der Zuverlässigkeit einer Planungsvariante ermöglicht, können mit den probabilistischen Verfahren der Zuverlässigkeitsberechnung im Rahmen der Netzplanung aussagekräftigere Angaben zum Aufwand-Nutzen-Verhältnis von Planungsvarianten gemacht und diese auch miteinander verglichen werden.

17 Schalter, Sicherungen und Messwandler

Schaltanlagen sind die Knotenpunkte in den Übertragungs- und Verteilungsnetzen. Für die Verteilung der elektrischen Energie ist das Verbinden und Trennen von Freileitungen, Kabeln, Transformatoren, Drosseln, etc. und in Fehlerfällen das möglichst selektive Herausschalten eines fehlerbehafteten Betriebsmittels in den Schaltanlagen erforderlich. Dies erfolgt über verschiedene Schalter und Trenner sowie Sicherungen. Man unterscheidet Leistungsschalter, Lastschalter, Lasttrennschalter und Trennschalter (Trenner) sowie Sicherungen, die unterschiedliche Funktionen in den Schaltanlagen übernehmen (siehe Abbildung 17.1).

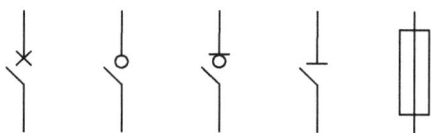

Abb. 17.1: Symbole Leistungsschalter, Lastschalter, Lasttrennschalter, Trennschalter und Sicherung

Ein Schalter muss grundsätzlich Anforderungen an eine ausreichende Spannungsfestigkeit zur Beherrschung der bei Schalthandlungen oder Netzstörungen auftretenden Überspannungen und den Anforderungen an die thermische und mechanische Festigkeit im Normalbetrieb und insbesondere im Kurzschlussfall genügen. Insbesondere muss der unmittelbar vor der Kontakttrennung fließende Strom, der sogenannte Ausschaltwechselstrom (siehe Band 3, Abschnitt 2.3.3), abgeschaltet werden können. Der Strom soll dabei im ersten Nulldurchgang nach der Öffnung der Kontakte im Schalter unterbrochen werden. Dabei unterliegen Schalter während jedes Schaltvorgangs einem Verschleiß, womit diese regelmäßig und auch nach besonderen Ereignissen, wie z. B. nach der Abschaltung von Kurzschlüssen, einer Revision unterzogen werden müssen.

17.1 Leistungsschalter

Leistungsschalter müssen ihren jeweiligen Bemessungsstrom führen können und in der Lage sein, den Kurzschlussstrom, für den sie ausgelegt sind, unterbrechen zu können. Der Leistungsschalter muss dabei den auftretenden thermischen und mechanischen Beanspruchungen sowie den Spannungsbeanspruchungen genügen. In vielen Fällen müssen sie auch in der Lage sein, eine bestimmte Schaltreihenfolge, wie sie zum Beispiel bei der sogenannten Automatischen Wiedereinschaltung (AWE, früher Kurzunterbrechung (KU), siehe Band 3, Abschnitt 8.7) zur Beseitigung von (Erd-)Kurzschlüssen mit Störlichtbögen in Freileitungsnetzen erforderlich ist, auszuführen. Bei einer AWE schaltet der zuständige Leistungsschalter nach der Abschaltung nach ei-

https://doi.org/10.1515/9783110548532-017

ner Pausenzeit (ca. 0,2 bis 3 s bei einpoligen und ca. 0,2 bis 1,0 s bei einer dreipoligen AWE) automatisch wieder zu. Ist der Lichtbogen nach dem Wiedereinschalten verloschen, handelt es sich um eine erfolgreiche AWE. Anderenfalls, bei einer erfolglosen AWE, löst der Leistungsschalter erneut aus. Der Leistungsschalter muss damit ausreichend Energie für mindestens drei Schalthandlungen (Aus–Ein–Aus) oder, falls der Leistungsschalter auch eine Freileitung zuschalten können soll, für vier Schalthandlungen (Ein–Aus–Ein–Aus) zur Verfügung haben. Heute werden hierfür in der Regel Federkraftspeicherantriebe oder seltener Druckluftantriebe eingesetzt. Es gibt aber auch Motor- und Magnetantriebe sowie Handantriebe.

Leistungsschalter werden als ölarme Schalter und Vakuumleistungsschalter, die vornehmlich in MS-Schaltanlagen eingesetzt werden, sowie Druckluft- und SF_6-Leistungsschalter (siehe Abbildung 17.2 und Abbildung 17.3), die im Wesentlichen in HS- und HöS-Schaltanlagen verwendet werden, ausgeführt.

Abb. 17.2: 400-kV-Freiluft-Hochspannungs-Leistungsschalter in der Schaltanlage Betzdorf, Quelle: Amprion GmbH

Diese Ausführungsformen unterscheiden sich in den Löschprinzipien und Löschmedien für das Löschen der beim Trennen der Kontakte entstehenden Lichtbögen. Bei Öl-Leistungsschaltern werden die Kontakte in Öl getrennt. Das Öl dient folglich als Isolier- und Löschmedium, während bei ölarmen Leistungsschaltern das Öl nur noch als Löschmedium fungiert. Bei Druckluftleistungsschaltern werden die Kontakte mit

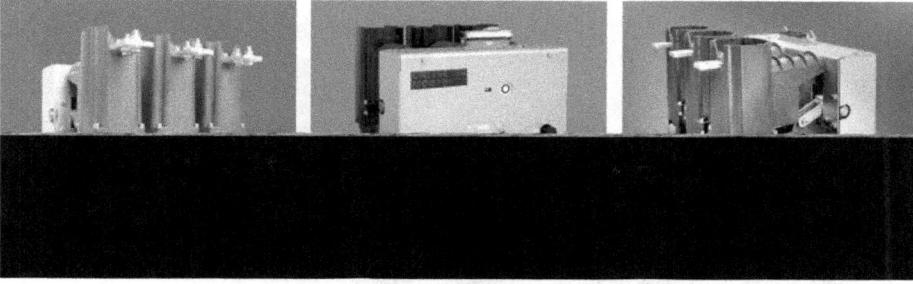

Abb. 17.3: MS-Leistungsschalter, Quelle: Driescher GmbH

Druckluft beblasen und damit in Luft getrennt. Bei SF_6-Leistungsschaltern wird als Löschmedium anstatt Luft das Gas Schwefelhexafluorid (SF_6) verwendet, das in einer geschlossenen Schaltkammer eingesetzt wird. Bei Vakuumleistungsschaltern befinden sich die Kontakte zur Vermeidung eines Lichtbogens unter Vakuum.

17.2 Lastschalter und Lasttrennschalter

Lastschalter werden im NS- und MS-Bereich eingesetzt und dienen ebenfalls wie Leistungsschalter zum Einschalten und Ausschalten von Betriebsmitteln und Anlagenteilen. Allerdings ist das Schaltvermögen des Lastschalters deutlich geringer und liegt in der Größenordnung der vom Hersteller angegebenen Bemessungsströme. Sie können damit nur Betriebsströme, aber keine Kurzschlussströme ausschalten. Kurzschlussströme werden in MS-Netzen entweder durch vorgeschaltete Hochspannungs-Hochleistungs-Sicherungen (HH-Sicherungen, siehe Abschnitt 17.5) oder aber durch vorgeschaltete Leistungsschalter, die dann aber für mehrere Lastschalter vorgeschaltet sind, oder in NS-Netzen über Niederspannungs-Hochleistungs-Sicherungen (NH-Sicherungen, siehe Abschnitt 17.4) unterbrochen.

Ein Lasttrennschalter, kurz Lasttrenner, ist eine Kombination aus einem Lastschalter und einem Trennschalter (siehe Abschnitt 17.3). Es wird zusätzlich zu den Eigenschaften eines Lastschalters eine sichtbare Trennstrecke hergestellt. Damit wird eine besonders kompakte und wirtschaftliche Bauweise von kleinen Mittelspannungsschaltanlagen möglich. Lasttrennschalter in Mittelspannungsschaltanlagen werden als Klapplasttrennschalter (siehe Abbildung 17.4) oder als Schublasttrennschalter ausgeführt. Die Trennung oder Schließung der Kontakte erfolgt dabei durch vorgespannte Federn (siehe Abbildung 17.5).

In NS-Netzen werden Lasttrennschalter auch zur Unterbrechung von Hauptstromkreisen unmittelbar in den Abgängen der Ortsnetztransformatoren eingesetzt.

Abb. 17.4: MS-Lasttrennschalter in Kombination mit/ohne Hochspannungs-Hochleistungs-Sicherung (links und rechts unten/rechts oben), 1: oberer Anschluss, 2: Schaltschloss AUS, 3: Antriebswelle Lasttrennschalter, 4: Anschlag der Antriebswelle, 5: Sicherungsauslösewelle, 6: HH-Sicherungseinsätze, 7: Erdungsschaltermechanik, 8: Antriebswelle Erdungsschalter, 14: Sicherungsauslösehebel, 15: Einschlagkontakt Erdungsschalter, 16: mechanische Verriegelung Erdungsschalter, 17: Schalterrahmen, 18: Kraftspeicher, 22: Erdungsmesserpaar, 23: Schaltschloss EIN, 30: Kraftspeicherwelle, Quelle: Driescher GmbH

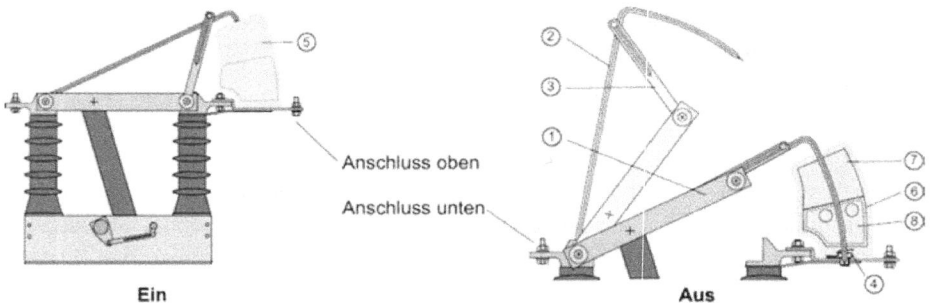

Abb. 17.5: MS-Klapplasttrennschalter im ein- (links) und ausgeschalteten (rechts) Zustand mit 1: Hauptkontakt, 2: Nacheilkontakt, 3: Ausschaltfedern, 4: Haltekontakt, 5: Löschkammer, 6: Druckraum, 7: Expansionsraum, 8: Löschplatten, Quelle: Driescher GmbH

17.3 Trennschalter

Trennschalter (Trenner) sollen als Sammelschienen- und Abgangstrennschalter nach dem Ausschalten durch einen Leistungsschalter durch ihr Öffnen eine Trennstrecke zwischen spannungsführenden und freigeschalteten Anlagenteilen herstellen. Ebenso soll mit ihnen ein unterbrechungsloser Sammelschienenwechsel von Leitungs- und Transformatorabgängen an einer Sammelschiene durchgeführt werden. Dafür benötigen sie ein ausreichend großes Isoliervermögen in Längsrichtung, d. h. zwischen den beiden Polen des Trenners. Trenner sind nicht in der Lage, einen normalen Betriebsstrom oder einen Kurzschlussstrom zu unterbrechen. Sie müssen aber den normalen Betriebsstrom und auch den Kurzschlussstrom mit den zugehörigen thermischen und mechanischen Beanspruchungen tragen können. Sie werden deshalb normalerweise in Reihe mit dem Leistungsschalter bzw. Lasttrennschalter in Schaltanlagen geschaltet. Der Schließ- oder Öffnungsvorgang eines Trennschalters erfolgt ohne Betriebsstrom bei geöffnetem Leistungsschalter bzw. Lasttrennschalter. Trenner werden aber auch in Schaltanlagen eingebaut, um ausgeschaltete Betriebsmittel, z. B. für Wartungsarbeiten, zu erden. Man spricht dann von Erdungstrennern.

Man unterscheidet verschiedene Ausführungsformen von Trennschaltern (Trennern) in Freiluftschaltanlagen in der Hoch- und Höchstspannungsebene (siehe Abbildung 17.6 und Abbildung 17.7), wie z. B. den Hebeltrenner, den Drehtrenner und den Greifertrenner (Pantografentrenner oder Scherentrenner). Diese Trenner werden in der Regel motorisch angetrieben.

Abb. 17.6: geöffneter Greiftrennschalter (Pantografentrenner oder Scherentrenner), Quelle: Amprion GmbH

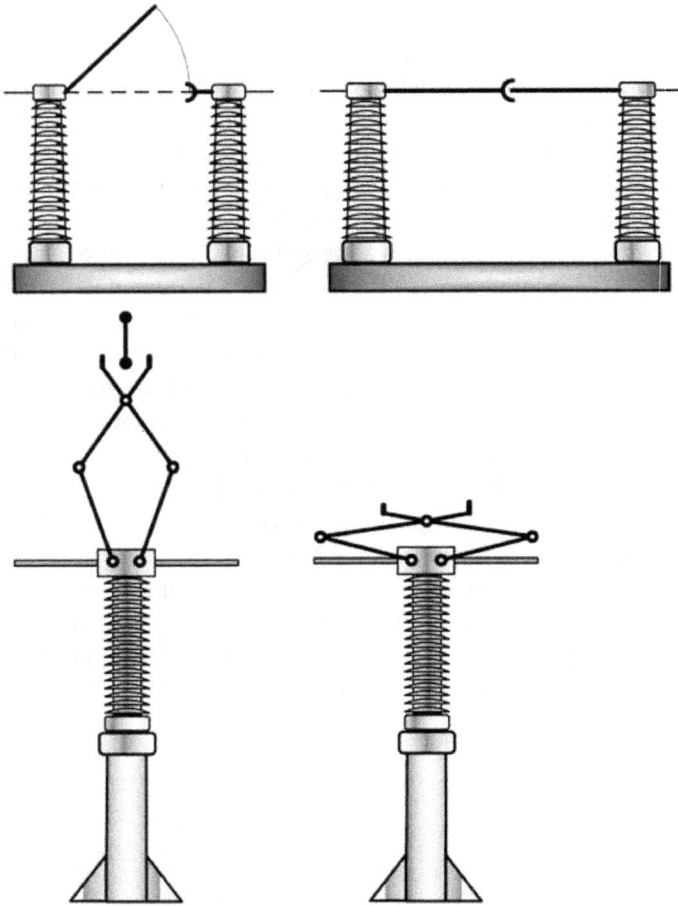

Abb. 17.7: Hebelttrennschalter (oben links), Drehtrennschalter (oben rechts), Greiftrennschalter (Pantografentrenner oder Scherentrenner): geschlossen (unten links) und geöffnet (unten rechts)

Im MS-Freileitungsnetzen sind Trennschalter auch auf Masten in Form des Masttrenners (siehe Abbildung 17.8) anzutreffen und werden häufig über ein mechanisches Gestänge vom Boden aus handbedient.

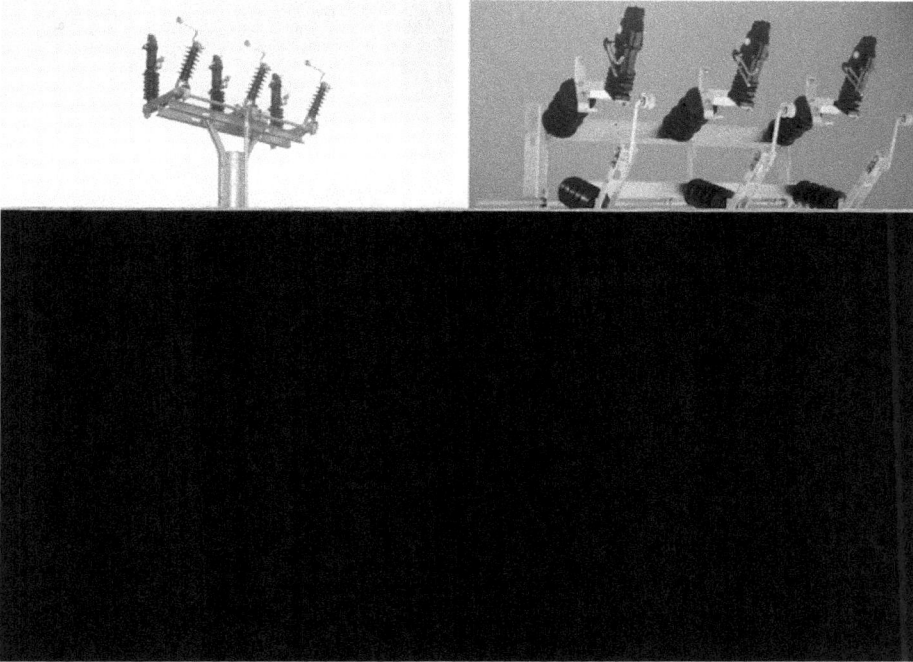

Abb. 17.8: MS-Masttrenner, Quelle: Driescher GmbH

Ansonsten werden Trenner in Mittelspannungsschaltanlagen als Klapptrenner (siehe Abbildung 17.9) oder als Schubtrenner (siehe Abbildung 17.10) ausgeführt. Die Betätigung der Klapptrenner erfolgt von Hand mit einer Schaltstange oder über einen Druckluft- oder Motorantrieb, wobei die Trenner in der Regel dreipolig ausgeführt werden und über eine gemeinsame Welle betätigt werden.

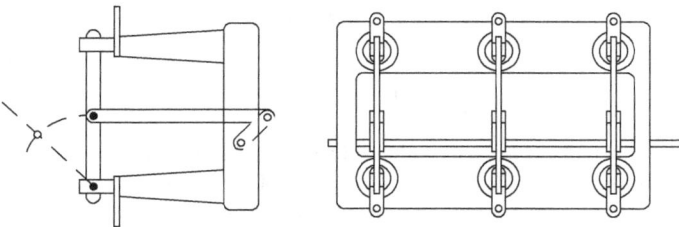

Abb. 17.9: Klapptrennschalter in Seitenansicht (links) und Frontansicht (rechts)

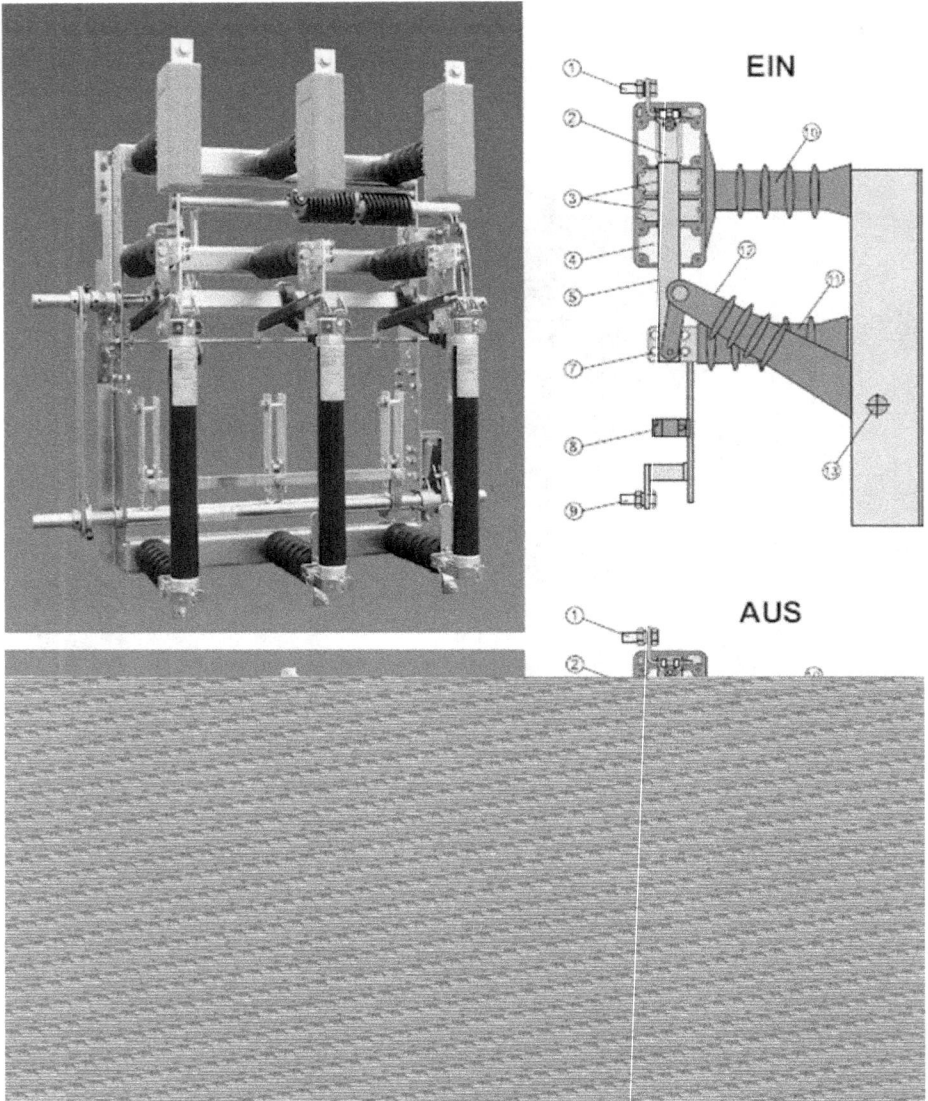

Abb. 17.10: MS-Schubtrennschalter (links unten und rechts) und MS-Schubtrennschalter in Kombination mit Hochspannungs-Hochleistungs-Sicherung (links oben), 1: oberer Schalteranschluss, 2: Einschlagkontakt, 3: Löschplatten, 4: Expansionskammer, 5: Schaltmesser, 6: Abbrandspitze, 7: Rollenführungskontakt, 8: Führungsstück, 9: Unterer Schalteranschluss, 10: Stützisolator oben, 11: Stützisolator unten, 12: Betätigungsstab, 13: Antriebswelle, Quelle: Driescher GmbH

Abb. 17.11: NH-Sicherungslasttrennschalter, Quelle: Hager AG

Abbildung 17.11 zeigt einen per Hand zu betätigenden NH-Sicherungslasttrennschalter für die Niederspannungsebene (für NH-Sicherung siehe Abschnitt 17.4).

17.4 Niederspannungs-Hochleistungs-Sicherungen

Niederspannungs-Hochleistungs-Sicherungen (NH-Sicherungen) schützen Betriebsmittel vor z. B. durch Überlast oder Kurzschlüsse verursachte Ströme, die zu unzulässigen thermischen und mechanischen Beanspruchungen für die nachgeschalteten Betriebsmittel führen können. NH-Sicherungen (siehe Abbildung 17.12) sind Schmelzsicherungen, bei denen bei Überschreitung einer bestimmten Stromstärke der Schmelzeinsatz schmilzt und der entstehende Lichtbogen z. B. durch eine Quarzsandfüllung gelöscht wird.

NH-Sicherungen stehen mit verschiedenen Auslösecharakteristiken und Durchlassstrom-Diagrammen zur Verfügung. Die Auslösecharakteristik beschreibt in einem Zeit-Strom-Diagramm (Zeit-Strom-Auslösekennlinie) die Abhängigkeit der Auslösezeit von der Stromstärke eines Überstroms, der üblicherweise als Vielfaches des Bemessungsstromes angegeben wird (siehe Abbildung 17.13). Dabei kennzeichnet der Bemessungsstrom den Strom der NH-Sicherung, den diese dauerhaft ohne eine Überschreitung der zulässigen Temperatur führen kann.

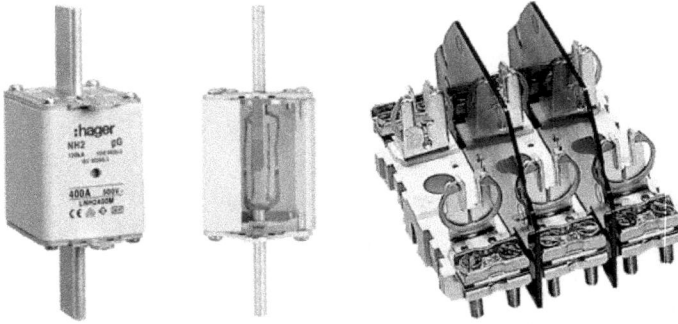

Abb. 17.12: NH-Sicherung (links), perspektifische Innenansicht NH-Sicherung (Mitte) und 3-poliges Sicherungsunterteil für Montage auf Montageplatte (rechts), Quelle: Hager AG

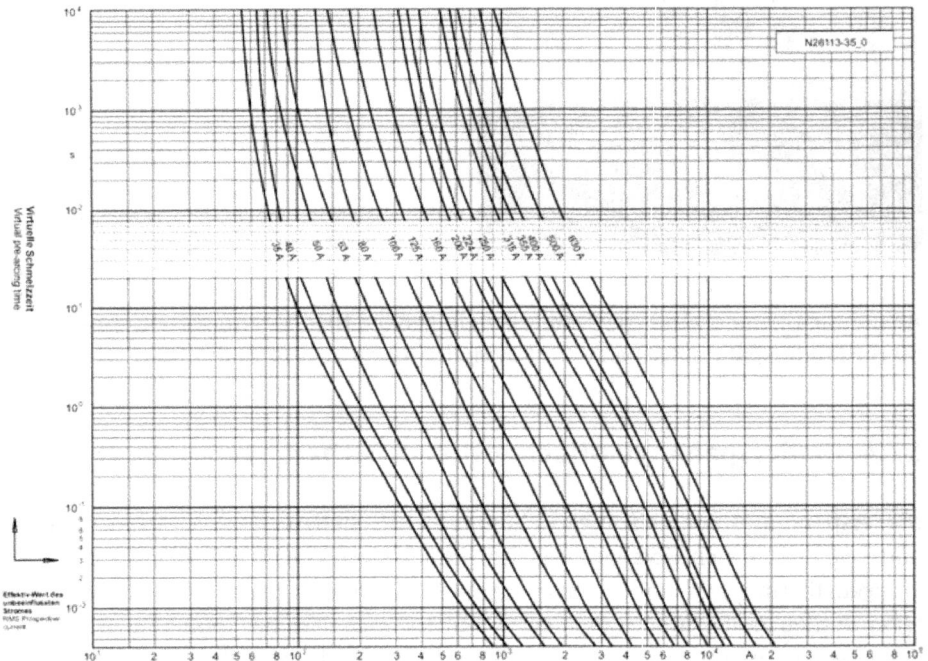

Abb. 17.13: Zeit-Strom-Auslösekennlinien für NH 1/NH 2/NH 3-gG-Sicherungen, Quelle: SIBA GmbH

Strombegrenzungskennlinien (Durchlassstromdiagramme oder Durchlasskenn-linien (siehe Abbildung 17.14) zeigen den Zusammenhang zwischen dem Durchlass-strom i_D und dem (von der Sicherung nicht beeinflussbaren) prospektiven Kurz-schlussstrom I_p, der gleich dem Anfangskurzschlusswechselstrom I_k'' (siehe Band 3, Abschnitt 2.3.1) gesetzt werden kann. Der Durchlassstrom i_D ist der größte Augen-

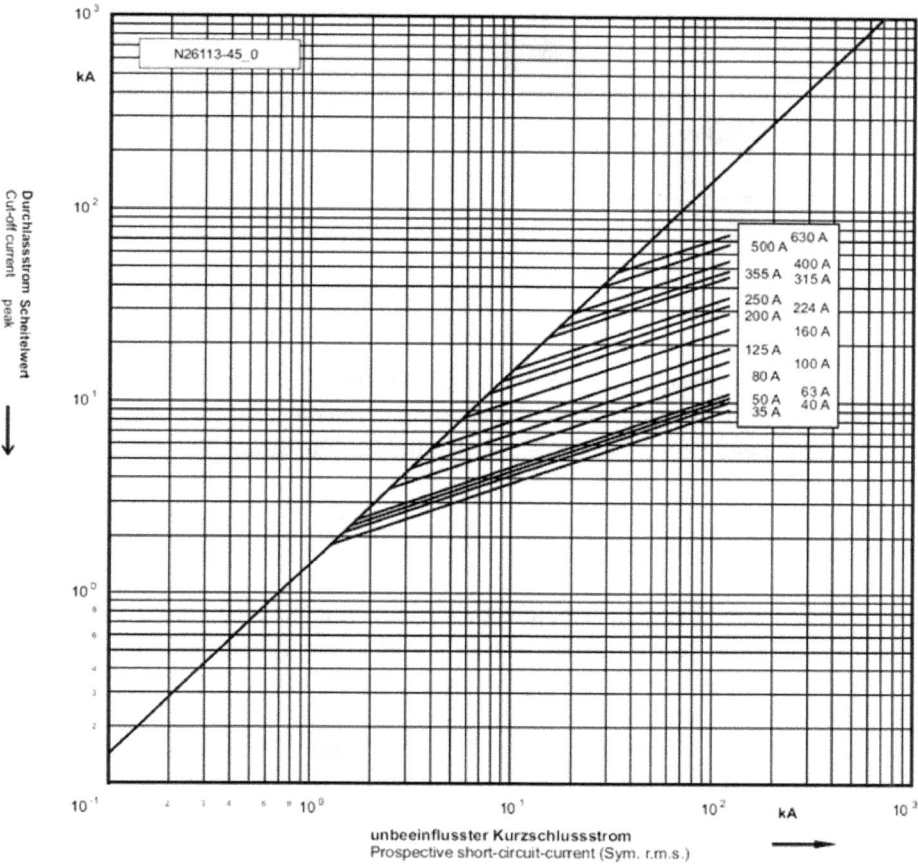

Abb. 17.14: Strombegrenzungskennlinie, Quelle: SIBA GmbH

blickswert, die ein durch Sicherungen begrenzter Kurzschlussstrom erreicht. Das Schaltvermögen ist als Ampere-Wert auf der Sicherung angegeben.

Zeit-Strom-Auslösekennlinie, Strombegrenzungs-Kennlinie und Bemessungsstrom sind die für die Auswahl einer NH-Sicherung entscheidenden Kenngrößen.

17.5 Hochspannungs-Hochleistungs-Sicherungen

Hochspannungs-Hochleistungs-Sicherungen (HH-Sicherungen, siehe Abbildung 17.15) schützen Betriebsmittel wie NH-Sicherungen vor z. B. durch Überlast oder Kurzschlüsse verursachte unzulässig hohe Ströme. Sie werden in der MS-Ebene eingesetzt und vorwiegend in einseitig gespeisten MS-Netzsträngen verwendet, wenn der Einsatz eines Leistungsschalters unwirtschaftlich erscheint.

Abb. 17.15: HH-Sicherung, Quelle: Hager AG

Die Wirkungsweise von HH-Sicherungen entspricht der von NH-Sicherungen. Auch hier wird die Auswahl einer HH-Sicherung durch die Zeit-Strom-Auslösekennlinie, die Strombegrenzungskennlinie und den Bemessungsstrom bestimmt.

17.6 Stoßkurzschlussstrombegrenzer (I_S-Begrenzer)

I_S ist eine alte Abkürzung für den Stoßkurzschlussstrom i_p (siehe Band 3, Abschnitt 2.3.2), die sich aber für die Bezeichnung dieses Betriebsmittels durchgesetzt hat. I_S-Begrenzer können in MS-Netzen zur Kurzschlussstrombegrenzung (vgl. Band 3, Abschnitt 2.9) eingesetzt werden.

Ein I_S-Begrenzer besteht aus einem Hauptstrompfad, der einen hohen Bemessungsstrom im Normalbetrieb führen kann, und einer parallel geschalteten Sicherung mit einem hohen Ausschaltvermögen (siehe Abbildung 17.16). Überschreitet der über spezielle Stromwandler gemessene Strom den Auslösestrom mit einer geforderten Steilheit, wird der Hauptstrompfad des I_S-Begrenzers durch eine eingebaute Sprengkapsel schlagartig an der Sollbruchstelle getrennt. Die Zündung dieser Sprengkapsel erfolgt durch ein spezielles Messglied, wenn Stromanstiegsgeschwindigkeit und Stromaugenblickswert beide gleichzeitig den Ansprechwert des Messgliedes erreicht haben. Der Strom kommutiert anschließend auf die parallele HH-Sicherung, die den Kurzschlussstrom noch im ersten Stromanstieg endgültig begrenzt. Damit ist ein I_S-Begrenzer in der Lage, einen Kurzschlussstrom im ersten Anstieg, d. h. noch vor dem Maximalwert in weniger als 10 ms zu erfassen und zu begrenzen.

Die Sprengkapsel befindet sich im Inneren einer Sprengbrücke, die den Hauptstrompfad bildet. Die Sprengbrücke ist in einem stabilen Isolierrohr untergebracht, das zusammen mit der HH-Sicherung den I_S-Begrenzer-Einsatz bildet. Nach der Auslösung des I_S-Begrenzers muss der Einsatz des I_S-Begrenzers ausgewechselt werden. Hierfür muss es möglich sein, den I_S-Begrenzer freischalten zu können.

Schaltet man einen I_S-Begrenzer parallel zu einer Kurzschlussstrombegrenzungsdrosselspule (siehe Band 2, Abschnitt 7.1), vermeidet man im Normalbetrieb die stromabhängigen Kupferverluste in der Drosselspule und den Spannungsabfall über der

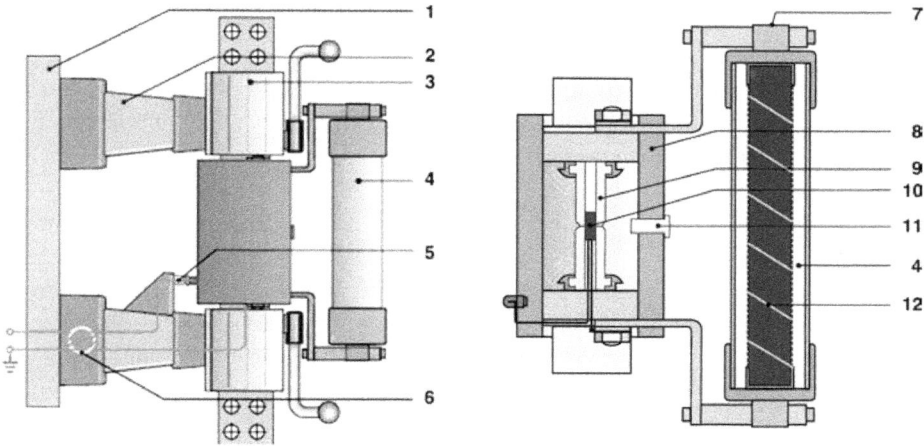

Abb. 17.16: I$_S$-Begrenzer-Einsatzhalter mit Einsatz für 12 kV, 2000 A (links) und I$_S$-Begrenzer-Einsatz (rechts), 1: Grundplatte, 2: Isolierstützer, 3: Polkopf mit Klemmvorrichtung, 4: Sicherung, 5: Teleskopkontakt, 6: Isolierstützer mit Impulstransformator, 7: Kennmeldersicherung, 8: Isolierrohr, 9: Sprengbrücke, 10: Sprengkapsel, 11: Kennmelderhauptstrompfad, 12: Schmelzleiter, Quelle: ABB

Drosselspule. Im Fehlerfall löst der I$_S$-Begrenzer aus, der Strom kommutiert auf die parallel geschaltete Drosselspule und der Fehlerstrom wird auf einen akzeptablen und über die Drosselspule einstellbaren Maximalwert begrenzt.

17.7 Messwandler

Messwandler messen die Betriebsgrößen Strom und Spannung und damit auch die Leistung, die wiederum z. B. für die Abrechnung genutzt werden kann. Die Messwandler werden auf ihren Sekundärseiten u. a. mit Messgeräten und/oder Schutzeinrichtungen beschaltet und stellen diesen die transformierten Primärgrößen mit einer vergleichsweise geringen Leistung für die Messung zur Verfügung. Der Eigenverbrauch der angeschlossenen Messgeräte und Anschlussleitungen wird beim Wandler als Bürde bezeichnet.

Messwandler werden in Strom- und Spannungswandler unterteilt (siehe Abbildung 17.17). Sie sind als in Grenzfällen betriebene Transformatoren zu betrachten. Des Weiteren sind auch kombinierte Wandler („Kombiwandler") verfügbar. Um kombinierte Wandler handelt es sich, wenn ein Strom- und ein Spannungswandler in einem gemeinsamen Gehäuse untergebracht sind.

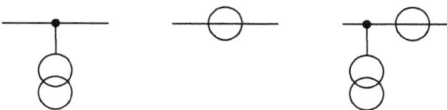

Abb. 17.17: Schaltzeichen für Spannungs- und Stromwandler sowie kombinierte Wandler

17.7.1 Stromwandler

Stromwandler dienen der Strommessung und zum Anschluss des Netzschutzes. Sie sind Einphasentransformatoren, die primärseitig durch den zu messenden Netzstrom durchflossen werden. Sie werden so dimensioniert, dass auf der Sekundärseite im Bemessungsbetrieb ein Bemessungsstrom von 1 A oder 5 A fließt. Stromwandler werden mit einer sehr niedrigen Sekundärbürde, nämlich der des angeschlossenen Strommessgeräts, belastet. Sie werden damit in der Nähe des Kurzschlusses betrieben. Stromwandler dürfen niemals im Leerlauf betrieben werden. In diesem Fall würde der primärseitige Strom durch die Hauptinduktivität des Wandlers (siehe hierzu auch die Ersatzschaltung des Transformators in Band 2, Abschnitt 5.2.2) fließen, und es würden unzulässige Spannungen an den Sekundärklemmen sowie starke Magnetfelder im Eisenkern entstehen, die zu einer Überhitzung und ggf. zum Eisenbrand führen können.

Man unterscheidet Stromwandler für Mess- und für Schutzzwecke. Sie werden jeweils in Genauigkeitsklassen eingeteilt, wobei Stromwandler für Schutzzwecke mit einem nachgestellten P (Protection) gekennzeichnet werden. Stromwandler für Messzwecke sind bis 120 % des Bemessungsstromes spezifiziert und für Abrechnungszwecke in die Genauigkeitsklassen 0,1, 0,2 und 0,5 und für Betriebsmessungen in die Genauigkeitsklassen 1, 3 und 5 eingeteilt. Die jeweilige Zahl steht für die maximal zulässige prozentuale Übersetzungsmessabweichung im Bemessungsbetrieb. Stromwandler für Schutzzwecke werden bis zu einem Bemessungsgenauigkeitsgrenzstrom, der um den Genauigkeitsgrenzfaktor über dem primären Bemessungsstrom liegt, spezifiziert. Der Wert für den Genauigkeitsgrenzfaktor wird hinter dem Buchstaben P angefügt. Ein Wandler darf dann bei einem Strom, der dem Produkt aus Genauigkeitsgrenzfaktor und primärseitigen Bemessungsstrom entspricht, die für die jeweilige Genauigkeitsklasse angegebene maximal zulässige prozentuale Übersetzungsmessabweichung nicht überschreiten. Im Bereich des Bemessungsstroms ist der Fehler geringer.

Stromwandler können einphasig (siehe Abbildung 17.18 bis Abbildung 17.21) und dreiphasig ausgeführt werden und sind in der MS-Ebene typischerweise mit Gießharz isoliert und verfügen in der HS- und HöS-Ebene über eine Papier-Öl- oder eine SF_6-Isolierung. Bei der Ausführung der MS-Stromwandler lassen sich noch die Bauform des Durchführungsstromwandlers (siehe Abbildung 17.18) und die Bauform des Blockstromwandlers (siehe Abbildung 17.19) unterscheiden.

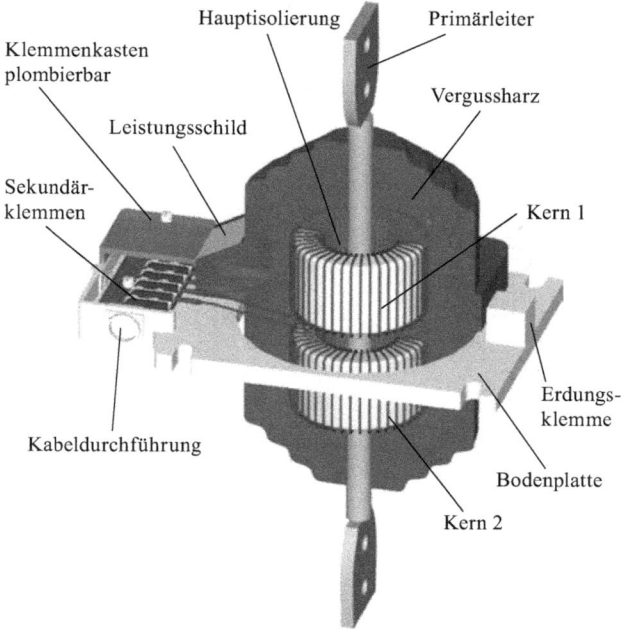

Abb. 17.18: Schnittbild MS-Durchführungsstromwandler mit zwei Kernen, Quelle: Ritz Instrument Transformers GmbH

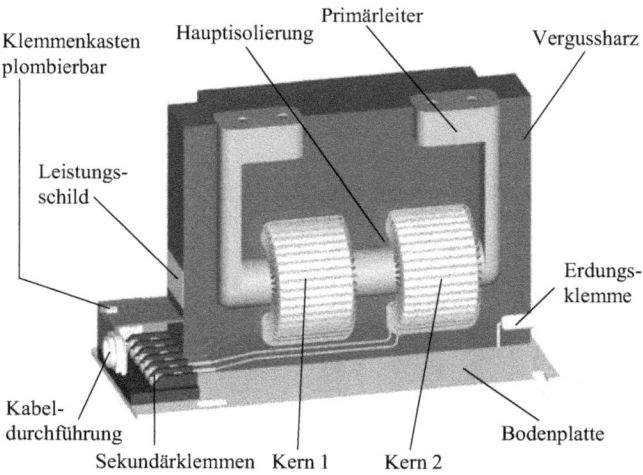

Abb. 17.19: Schnittbild MS-Blockstromwandler mit zwei Kernen, Quelle: Ritz Instrument Transformers GmbH

In der HS- und HöS-Ebene werden die Stromwandler als Stützisolator ausgeführt (siehe Abbildung 17.20 und Abbildung 17.21 für einen HS-/HöS-Freiluft-Öl-Papier-Stromwandler und Abbildung 17.22 für einen HS-/HöS-Freiluft-SF$_6$-Stromwandler).

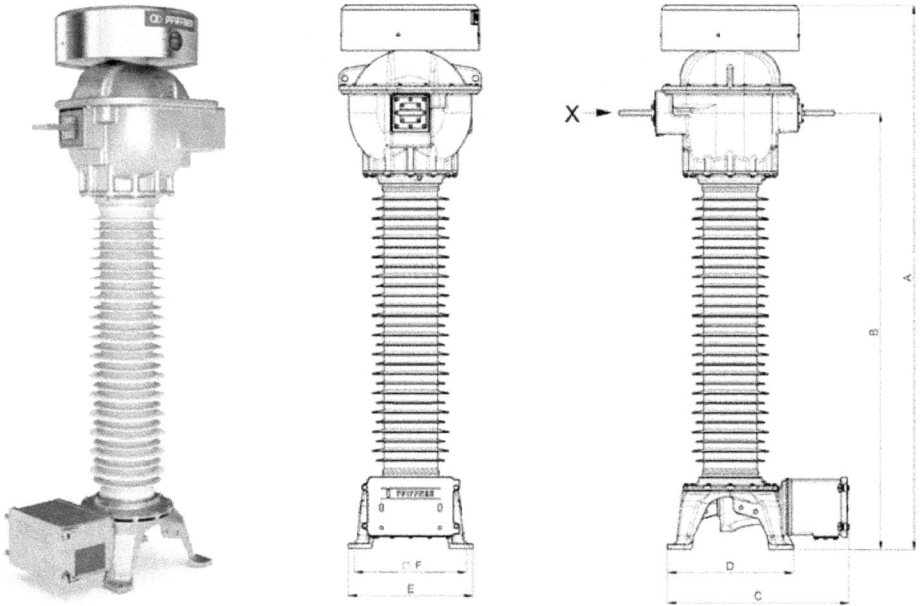

Abb. 17.20: HS-/HöS-Freiluft-Öl-Papier-Stromwandler (von oben nach unten: Kompensationshaube mit Ölausdehnungsanzeige und Dehnzelle, Aktivteil mit Kernen, Sekundärwicklungen und Hochspannungsisolation sowie Primäranschluss, Isolator mit innerem Verbund- oder Porzellanisolator und Durchführung, Klemmenkasten mit Leistungsschild, Ölentnahmeventil und Erdungsanschluss), Quelle: Pfiffner Messwandler AG

Abb. 17.21: Ausschnitt aus HöS-Schaltfeld mit Leistungsschalter (links) und Öl-Papier-Stromwandler (rechts nachfolgend), Quelle: Pfiffner Messwandler AG

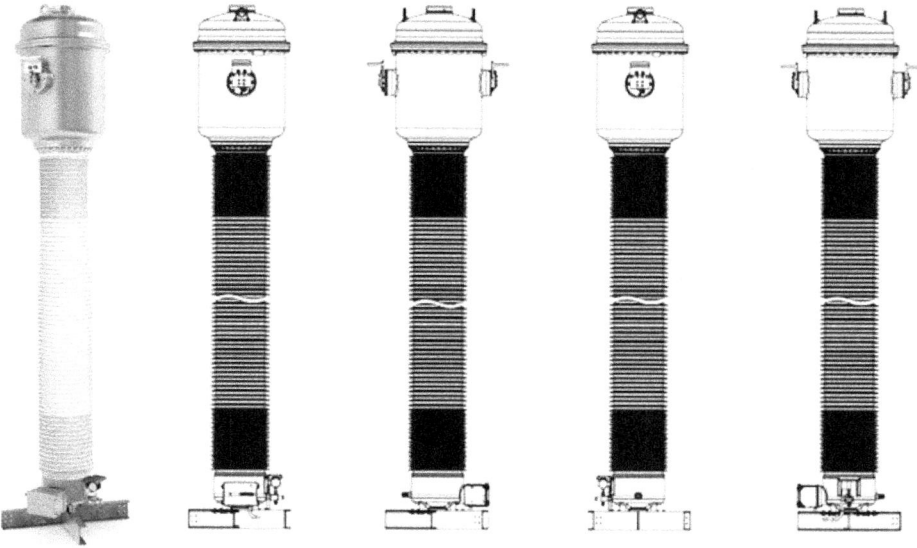

Abb. 17.22: HS-/HöS-Freiluft-SF$_6$-Stromwandler (von oben nach unten: Stromwandler mit Primär-leiterrohr und Primärumschaltung sowie Primäranschluss, Verbundisolator mit innerem Abfüh-rungsrohr und Steuerungselektrode, Klemmenkasten mit Leistungsschild, Dichtewächter mit Prüfanschluss und Füllanschluss, Sockel mit Erdungsanschluss), Quelle: Pfiffner Messwandler AG

Mit einem Kabel(strom)wandler (auch Kabelumbauwandler, siehe Abbildung 17.23) kann der Strom berührungs- und potentialfrei und ohne die Auftrennung des Stromkreises gemessen werden. Der Eisenkern des Kabelwandlers umfasst die Kabel-ader(n). Der zu messende Leiter bildet die Primärwicklung und die Spule im Kabel-wandler die Sekundärwicklung.

Abb. 17.23: zweiteilige Innenraumkabelstromwandler für MS- und HS-Kabel, Quelle: Pfiffner Messwandler AG

17.7.2 Spannungswandler

Man unterscheidet induktive und kapazitive Spannungswandler. Kapazitive Spannungswandler (siehe Abbildung 17.24) werden für Betriebsspannungsmessungen in der HöS- und HS-Ebene eingesetzt, während induktive Spannungswandler von der HöS- bis zur MS-Ebene verwendet werden (siehe Abbildung 17.25 bis Abbildung 17.27).

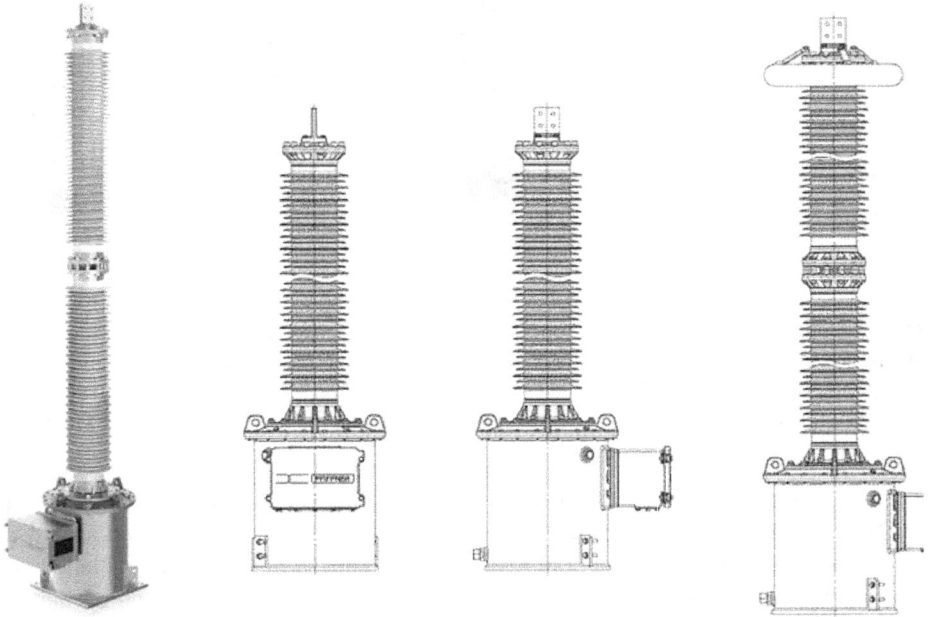

Abb. 17.24: kapazitiver HS-/HöS-Freiluft-Öl-Papier-Spannungswandler (von oben nach unten: Primäranschluss, Verbund- oder Porzellanisolator mit Hochspannungskondensator, Zwischenspannungsdurchführung zum induktiven Zwischenspannungswandler mit Dämpfungseinheit und Kompensationsdrosselspule im unteren Aluminiumgehäuse, außen am unteren Aluminiumgehäuse: Klemmenkasten mit Leistungsschild, Ölstandsanzeige, Ölentnahmeventil und Erdungsanschluss), Quelle: Pfiffner Messwandler AG

Induktive Spannungswandler (siehe Abbildung 17.25 bis Abbildung 17.27) sind Einphasentransformatoren und werden zur Messung der Stern- oder Außenleiterspannungen eingesetzt. Man unterscheidet damit ein- (siehe Abbildung 17.25 und Abbildung 17.27) und zweipolige Wandler (siehe Abbildung 17.26), die einen oder zwei Anschlüsse aufweisen, die gegen Erde isoliert sind und eine potentialfreie Messung von Wechselspannungen ermöglichen. Die Spannungswandler werden so ausgelegt, dass im Bemessungsbetrieb an den Klemmen der Sekundärwicklung eine Spannung von 100 V bzw. 100 V/ $\sqrt{3}$ entsteht.

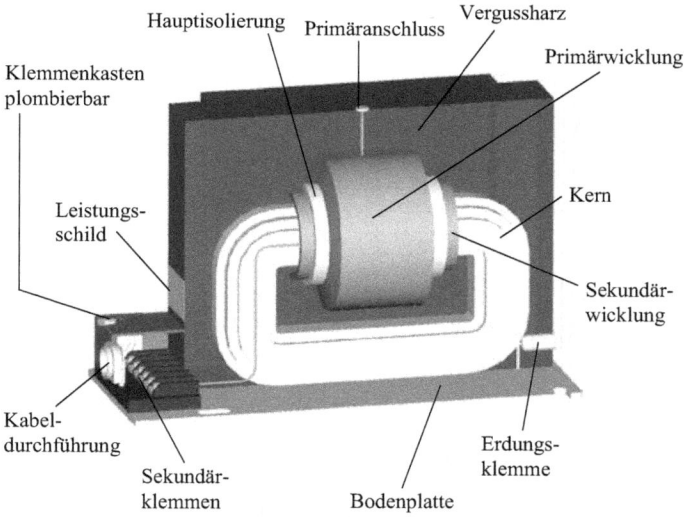

Abb. 17.25: Schnittbild einpoliger MS-Spannungswandler, Quelle: Ritz Instrument Transformers GmbH

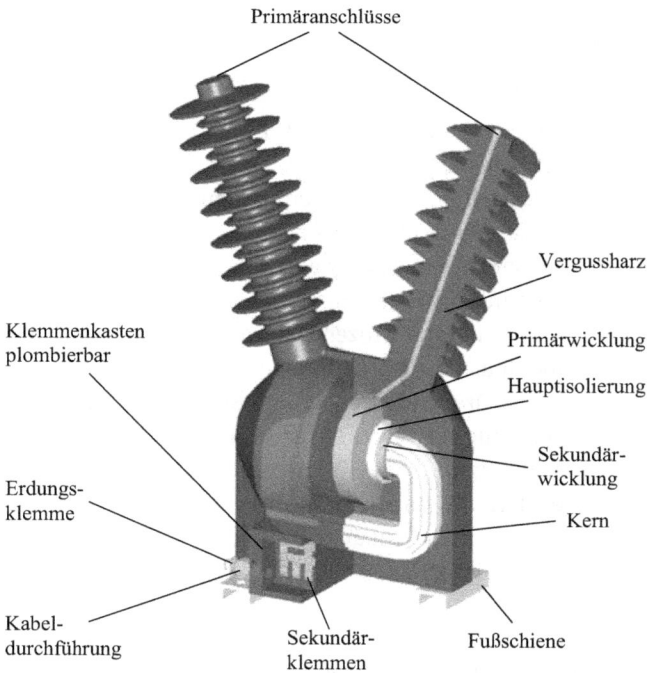

Abb. 17.26: Schnittbild zweipoliger MS-Spannungswandler, Quelle: Ritz Instrument Transformers GmbH

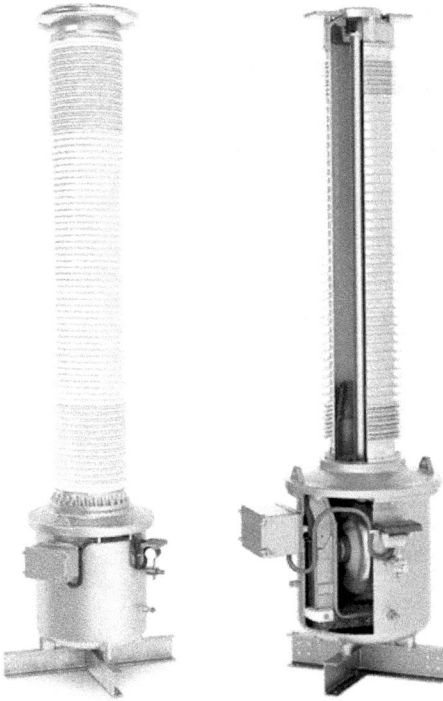

Abb. 17.27: Induktiver HöS-Freiluft-SF$_6$-Spannungswandler (von oben nach unten: Primäranschluss, Verbundisolator mit Abführungsrohr und Steuerelektrodenanordnung zur Steuerung des elektrischen Feldes, Primärwicklung und Spannungswandlerkern, Klemmenkasten mit Leistungsschild, Dichtewächter, Füllanschluss und Sockel mit Erdungsanschluss), Quelle: Pfiffner Messwandler AG

Des Weiteren unterscheidet man Spannungswandler für Mess- und für Schutzzwecke. Sie werden jeweils in Genauigkeitsklassen eingeteilt, wobei Spannungswandler für Schutzzwecke mit einem nachgestellten P (Protection) gekennzeichnet werden. Spannungswandler für Messzwecke werden im Bereich von 80 % bis 120 % der Bemessungsspannung spezifiziert und für Abrechnungszwecke in die Genauigkeitsklassen 0,1, 0,2 und 0,5 und für Betriebsmessungen in die Genauigkeitsklassen 1 und 3 eingeteilt. Die Zahl steht für die maximal zulässige prozentuale Spannungsmessabweichung im Bemessungsbetrieb. Dabei muss die Bürde in einem festgelegten Bereich liegen. Wandler für Schutzzwecke sind für die Klassen 3P und 6P dimensioniert und erlauben eine Spannungsmessabweichung von bis zu 3 bzw. 6 % in einem Spannungsbereich von 5 bis 120 % der Bemessungsspannung. Für Spannungswandler für Mess- und für Schutzzwecke gibt es des Weiteren Vorgaben für die maximal zulässigen Fehlwinkel für die Phasenverschiebung zwischen Primärspannung und Sekundärspannung.

Im Gegensatz zu Stromwandlern dürfen die sekundärseitigen Anschlüsse eines Spannungswandlers niemals kurzgeschlossen werden. Aufgrund der für genaue Spannungsübertragungen notwendigen kleinen Streuung und damit verbundenen kleinen Kurzschlussspannung würde der Spannungswandler bei einem großen Belastungsstrom oder bei einem Kurzschluss zerstört werden. Grundsätzlich werden

Spannungswandler nahe eines sekundärseitigen Leerlaufs bzw. mit einer sehr hochohmigen Sekundärbürde betrieben, die im Bereich von einigen $10\,\Omega$ bis zu einigen $10\,k\Omega$ liegen kann.

17.7.3 Kombinierte Wandler

In kombinierten Wandler (Kombiwandler) werden ein Strom- und ein Spannungswandler in einem gemeinsamen Gehäuse untergebracht (siehe Abbildung 17.28). Damit wird ein kompakter Schaltanlagenaufbau ermöglicht.

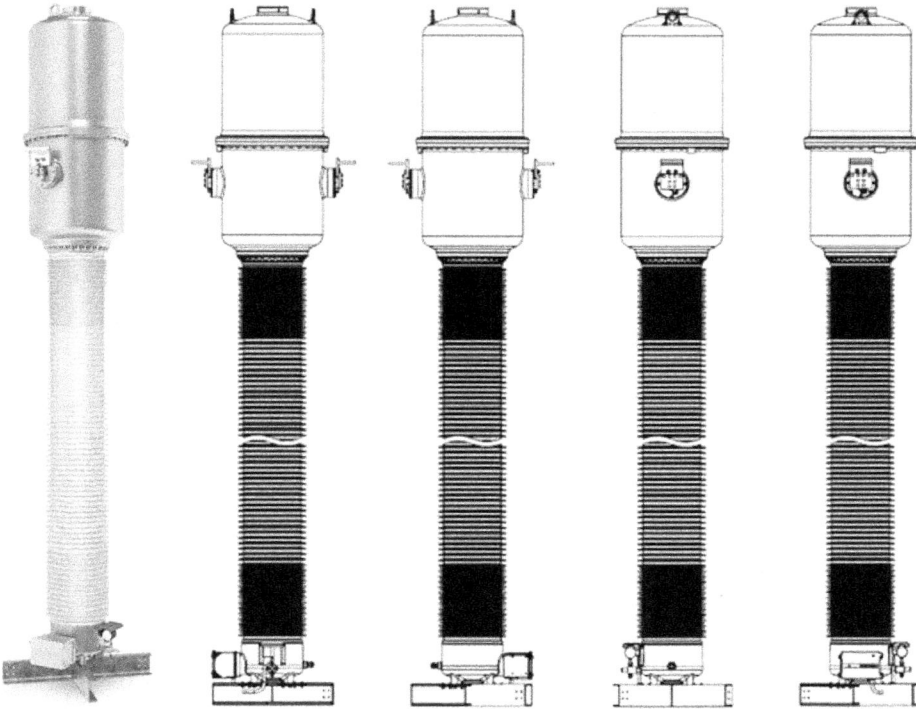

Abb. 17.28: HöS-Freiluft-SF_6-Kombiwandler (von oben nach unten: Kopfgehäuse mit Primärwicklung des Spannungswandlers, Spannungswandlerkern und Gehäuse für die Sekundärwicklungen, Stromwandler mit Primäranschluss und Primärleiterrohr, Verbundisolator mit Abführungsrohr und Steuerelektrodenanordnung zur Steuerung des elektrischen Feldes, Klemmenkasten mit Leistungsschild, Dichtewächter, Füllanschluss und Sockel mit Erdungsanschluss), Quelle: Pfiffner Messwandler AG

18 Schaltanlagen und Umspannanlagen

18.1 Übersicht

Eine Schaltanlage umfasst eine oder mehrere Sammelschienen und eine Vielzahl von Schaltgeräten (siehe Kapitel 17). Die Sammelschienen in den Schaltanlagen sind die Knotenpunkte in den Übertragungs- und Verteilungsnetzen. Sie ermöglichen in ihren Abzweigen über Schaltfelder die Umschaltung sowie das Verbinden und Trennen von Transformatoren, Leitungen, Einspeisungen und Verbraucherlasten sowie die Kupplung zu anderen Netzknoten. Damit ist eine variable Verbindung der verschiedenen Betriebsmittel und eine Veränderung der Netztopologie möglich, womit die Leistungsflüsse im Elektroenergiesystem gezielt verändert werden können. Schaltanlagen werden in der HöS-Ebene auch als Schaltwerk (Lastverteilerwerk oder Lastverteiler) und in der HS- und MS-Ebene als Schaltstation bezeichnet. Der Betrieb, d. h. die Ausführung von Schalthandlungen, erfolgt heute in den meisten Schaltanlagen vollautomatisch bzw. ferngesteuert durch die Leitwarten. Dafür ist in den Schaltanlagen Sekundärtechnik vorhanden, die die folgenden Funktionen übernimmt:

- Steuerung der Schaltfelder, z. B. über einen Feldsteuerschrank,
- Strom- und Spannungsmessung in den Abzweigen (Kurzschluss oder Erdschlusserkennung, Überlastung, Über- und Unterspannung, etc.) für den Netzschutz und die Netzschutzgeräte,
- Strom- und Spannungsmessung in den Abzweigen für die Energiezählung zu Abrechnungszwecken,
- Fernübertragung von Messwerten,
- Fernsteuerung und -überwachung,
- Eigenbedarf- und Notstromversorgung,
- Spannungsregelung,
- Rundsteueranlage (in älteren Schaltanlagen).

Man unterscheidet zwischen Freiluftschaltanlagen und Innenraumschaltanlagen. Des Weiteren kann man zwischen luftisolierten, feststoffisolierten und gasisolierten Schaltanlagen sowie auch hinsichtlich einer offenen und gekapselten Bauweise unterscheiden, wobei die offene Bauweise mit der luftisolierten und die gekapselte Bauweise mit feststoffisolierten und gasisolierten Schaltanlagen korrespondieren.

Bei luftisolierten Schaltanlagen bestimmt die Isolationsfähigkeit der Luft die Baugröße der Schaltanlage. Es gibt luftisolierte Innenraumschaltanlagen, wobei diese durch die besseren klimatischen Verhältnisse in den Innenräumen gegenüber Schaltanlagen im Außenbereich geringere Leiterabstände aufweisen und damit die Baugrößen dieser Schaltanlagen etwas kleiner sind. Luftisolierte Schaltanlagen werden in einem Spannungsbereich bis zur HöS-Ebene eingesetzt.

https://doi.org/10.1515/9783110548532-018

Schaltanlagen mit einer Feststoffisolierung, z. B. aus Epoxidharz, ermöglichen gegenüber luftisolierten Schaltanlagen eine kompaktere Bauweise, bei der keine stromführenden Bauteile frei zugänglich sind und nur geringe Auswirkungen von Umwelteinflüssen zu erwarten sind. Feststoffisolierte Schaltanlagen werden in der NS- und MS-Ebene verwendet.

Gasisolierte Schaltanlagen (GIS) sind vollständig gasdicht gekapselte Schaltanlagen für die MS-, HS- und HöS-Ebene, die in Innenräumen aber auch im Außenbereich eingesetzt werden können und bei denen zur elektrischen Isolation der oder des elektrischen Leiter(s) das Schutzgas Schwefelhexafluorid (SF_6) mit einem Überdruck von 5 bis 10 bar verwendet wird. Es ist deshalb auch die Bezeichnung SF_6-Schaltanlage gebräuchlich. Dadurch können diese Anlagen im Vergleich zu luftisolierten Schaltanlagen wesentlich kompakter gebaut werden, wodurch sie insbesondere in innerstädtischen Bereichen oder z. B. auch auf Offshore-Plattformen eingesetzt werden.

In der HS-und HöS-Ebene werden Innenraumschaltanlagen nahezu ausschließlich und Freiluftanlagen zunehmend als gasisolierte SF_6-Schaltanlagen ausgeführt. In der MS-Ebene sind demgegenüber noch luftisolierte Schaltanlagen in Zellenbauweise dominierend.

Schaltanlagen lassen sich des Weiteren noch hinsichtlich ihres Aufgabengebiets unterteilen. Im Hinblick auf die unterschiedlichen Netzebenen werden dann auch unterschiedliche Begriffe für die Bezeichnung von Schaltanlagen und Umspannanlagen verwendet (siehe Tabelle 18.1). Man kann grundsätzlich unterscheiden zwischen:
- Schaltanlagen, die nur in einer Spannungsebene die Verteilung der elektrischen Energie übernehmen, sogenannte Schaltwerke und Schaltstationen,
- Umspannanlagen mit mindestens zwei Schaltanlagen und Transformatoren, die sogenannte Umspannwerke, Umspannstationen und Netzstationen bilden, sowie
- Eigenbedarfsanlagen, z. B. in einem Kraftwerk.

Tab. 18.1: Bezeichnungen von Schaltanlagen und Umspannanlagen

Netzebene	Schaltanlage mit/ohne Umspannung
HöS-Ebene (Netzebene 1)	Schaltwerk
HöS/HS-Umspannung (Netzebene 2) und HöS/HöS-Umspannung	Umspannwerk
HS-Ebene (Netzebene 3)	Schaltstation
HS/MS-Umspannung (Netzebene 4)	Umspannstation
MS-Ebene (Netzebene 5)	Schaltstation (Schwerpunktstation, Gegenstation, Stützpunktstation) [1]
MS/NS-Umspannung (Netzebene 6)	(Orts-)Netzstation
NS-Ebene (Netzebene 7)	(Kabelverteilerschrank) [2]

[1] Schaltungen werden aufgrund der einfachen Struktur der MS-Netze in den Umspannstationen, Schwerpunktstationen oder in Gegenstationen ausgeführt.

[2] Es handelt sich nicht um eine Schaltanlage im eigentlichen Sinne, sondern nur um eine Verzweigung, die durch Sicherungen geschützt wird.

In der Praxis folgt üblicherweise keine Differenzierung, und die Begriffe werden dann synonym verwendet.

Tabelle 18.2 zeigt eine Übersicht und Zuordnung von typischen Bauweisen von Schaltanlagen zu den Spannungsebenen.

Tab. 18.2: Zuordnung von typischen Bauweisen von Schaltanlagen zu Spannungsebenen

Netzebene	Innenraumschaltanlage	Freiluftschaltanlage

MS-Ebene	− luftisolierte Schaltanlage
	  − in offener Bauweise in abgeschlossenen Räumen
	    − fest eingebaute Geräte
	    − herausfahrbare Schaltwagen
	  − in metallgekapselter Zellenbauweise
	    − fest eingebaute Geräte (geschottet oder teilgeschottet)
	    − herausfahrbare Schaltwagen (metallgeschottet, geschottet oder teilgeschottet)
	− gasisolierte gekapselte Bauweise (SF$_6$-Schaltanlage)
	  − 1-polig gekapselt
	  − 3-polig gekapselt	

HS-Ebene	− gasisolierte 1-polig gekapselte Bauweise (SF$_6$-Schaltanlage)
	− luftisolierte Schaltanlage
		− luftisolierte Schaltanlage
		  − Reihen-Längs-Bauweise
		  − Reihen-Quer-Bauweise
		  − Diagonalbauweise
		− gasisolierte 1-polig gekapselte Bauweise (SF$_6$-Schaltanlage)

HöS-Ebene	− gasisolierte 1-polig gekapselte Bauweise (SF$_6$-Schaltanlage)	− luftisolierte Schaltanlage
		  − Reihen-Längs-Bauweise
		  − Reihen-Quer-Bauweise
		  − Diagonalbauweise
		− gasisolierte 1-polig gekapselte Bauweise (SF$_6$-Schaltanlage))

18.2 Sammelschienensystem

Kern einer Schaltanlage ist als zentraler Ort der Verteilung von elektrischer Energie das Sammelschienensystem, das aus einer (Einfach-)Sammelschiene oder mehreren Sammelschienen (z. B. Doppel- oder Dreifach-Sammelschienen) bestehen kann, die ggf. über eine Längs- und/oder eine Querkupplung bzw. -trennung verfügen. An den Sammelschienen erfolgt der Anschluss der Abzweige, d. h. der Anschluss von Leitungen oder Transformatoren, in einem sogenannten Schaltfeld (oder Abzweigfeld). Dabei bezeichnet der Ausdruck Schaltfeld den räumlichen Bereich, in dem sich der Abzweig befindet. Neben diesen Schaltfeldern kann man noch Einspeisefelder, Kuppelfelder für Längs- und Querkupplungen sowie Messfelder für an die Sammelschienen angeschlossene Spannungswandler unterscheiden.

Sammelschienen werden aus Aluminium oder Kupfer in unterschiedlichen Ausführungsvarianten (Leiterseile, Rohrsammelschienen, Rechteckprofile oder andere Profile) gefertigt und sind in der Regel nicht isoliert. Leiterseilsammelschienen (siehe Abbildung 18.1) werden üblicherweise für Sammelschienenbemessungsströme

Abb. 18.1: Leiterseilsammelschienenanlage im UW Conneforde, Quelle: TenneT TSO GmbH (oben) und Leiterseilsammelschienenanlage im UW Oberzier (unten), Quelle: Amprion GmbH

von bis zu ca. 3000 A eingesetzt. Für Sammelschienenbemessungsströme größer als 3000 A werden typischerweise Rohrsammelschienen (siehe Abbildung 18.2) verwendet, da mit diesen die größeren thermischen und mechanischen Beanspruchungen durch die höheren Sammelschienenbemessungsströme und auch durch höhere Kurzschlussströme besser beherrscht werden können.

Abb. 18.2: Rohrsammelschienenanlage im UW Gießen, Quelle: TenneT TSO

18.3 Prinzipieller Aufbau von Schaltfeldern

18.3.1 HöS- und HS-Schaltfeld

Der prinzipielle Aufbau eines HöS- oder HS-Schaltfeldes wird am Beispiel einer Doppelsammelschienenanlage in Abbildung 18.3 dargestellt. Ausgehend von den beiden Sammelschienen in Abbildung 18.3 ermöglichen die beiden Sammelschienentrenner einen Sammelschienenwechsel im leistungslosen Zustand des Abzweigs bei geöffnetem Leistungsschalter. Der Strom- und der Spannungswandler dienen Mess-, Verrechnungs- und Schutzzwecken. Der Abgangstrenner wird für das Freischalten des Abzweigs bzw. des Leistungsschalters und der Wandler, auch während des Betriebs der Schaltanlage, benötigt. Der Erdungstrenner ist für die Erdung, z. B. im Rahmen von Wartungsarbeiten, und damit als Schutz vor kapazitiven Restladungen auf Leitungen

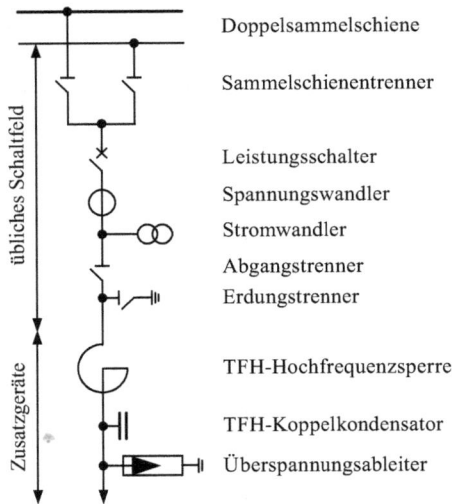

Doppelsammelschiene

Sammelschienentrenner

übliches Schaltfeld

Leistungsschalter

Spannungswandler

Stromwandler

Abgangstrenner
Erdungstrenner

Zusatzgeräte

TFH-Hochfrequenzsperre

TFH-Koppelkondensator

Überspannungsableiter

Abb. 18.3: Prinzipieller Aufbau von HöS- und HS-Schaltfeldern

bzw. für die Entladung der Leitungskapazitäten, als Schutz vor induktiv eingekoppelten Spannungen und versehentlichem Wiedereinschalten, etc. erforderlich.

Für manche Abzweige werden neben diesen üblichen Elementen eines Schaltfeldes noch Zusatzelemente benötigt. Überspannungsableiter werden typischerweise in Transformatorabzweigen oder Kabelabzweigen zum Schutz dieser sehr teuren Betriebsmittel vor Überspannungen eingesetzt.

In älteren Schaltanlagen finden sich noch Einrichtungen für die Trägerfrequenznachrichtenübertragung über Hochspannungsleitungen (TFH). Der TFH-Koppelkondensator dient der Auskopplung von Nachrichtensignalen, während die TFH-Drosselspule als Hochfrequenzsperre für die Signale dient, um deren unerwünschte Ausbreitung zu verhindern. TFH-Anlagen sind aber wegen ihrer geringen Bandbreite und ihres störenden Einflusses auf andere Funkdienste weitestgehend zurückgebaut worden. Es werden stattdessen z. B. Richtfunksysteme, eigene oder angemietete Nachrichtenkabel oder auch Glasfaserkabel in den Erdseilen der Freileitungen (siehe Band 2, Abschnitt 6.2.4) für die Nachrichtenübertragung eingesetzt.

18.3.2 MS-Abzweig

MS-Abzweige sind in der Regel wie die Abzweige in der HS- und HöS-Ebene mit Abgangstrenner, Leistungsschalter und Sammelschienentrenner sowie ggf. mit Wandlern ausgeführt. Alternativ können sie auch mit Lasttrennern zusammen mit HH-Sicherungen oder nur mit Lasttrennern anstatt eines Leistungsschalters ausgestattet sein (siehe Abbildung 18.4). Optional können auch Erdungstrenner vorgesehen werden.

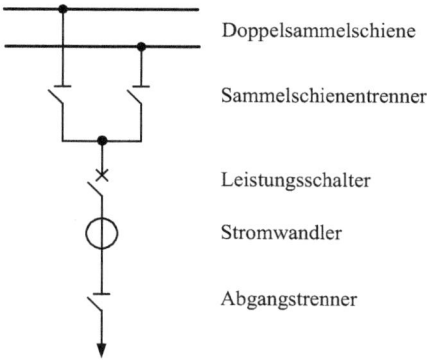

Doppelsammelschiene

Sammelschienentrenner

Leistungsschalter

Stromwandler

Abgangstrenner

Abb. 18.4: MS-Abzweig

18.3.3 NS-Abzweig

Die Abzweige in NS-Schaltanlagen sind in der Regel nicht schaltbar, sondern nur durch NH-Sicherungen (siehe Abschnitt 17.4) am Anfang eines Strangs gesichert (siehe Abbildung 18.5d). Ausnahmen sind die Transformatorabzweige von NS-Schaltanlagen, die bei großen Transformatorleistungen mit Leistungsschaltern mit ausreichender Ausschaltleistung und ggf. mit Trennschaltern ausgestattet werden (siehe Abbildung 18.5a und b). Auch können Lastschalter mit vorgeschalteten Sicherungen zum Kurzschlussschutz eingesetzt werden (siehe Abbildung 18.5c). Verzweigungspunkte in einem Strang werden in Kabelverteilerschränken (KVS) ausgeführt (siehe Abbildung 18.6), wobei die sich dort verzweigenden Strangabschnitte ebenfalls durch im KVS befindliche NH-Sicherungen geschützt werden. Die Änderung einer Verschaltung ist nur manuell durch einen Techniker in der Ortsnetzstation oder in einem KVS möglich.

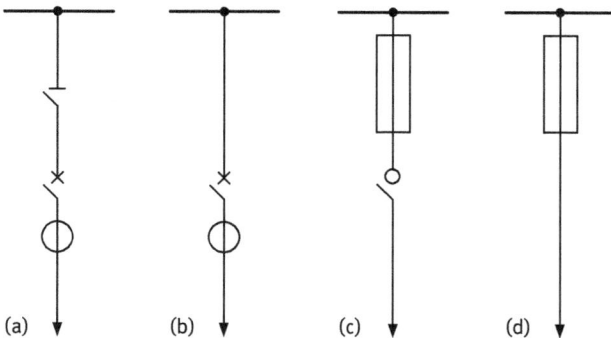

(a)   (b)   (c)   (d)

Abb. 18.5: Beispiele für NS-Abzweige, a), Abzweig mit Leistungsschalter und Trennschalter, b) Abzweig mit Leistungsschalter, c) Abzweig mit Lastschalter und NH-Sicherung, d) Abzweig mit NH-Sicherung

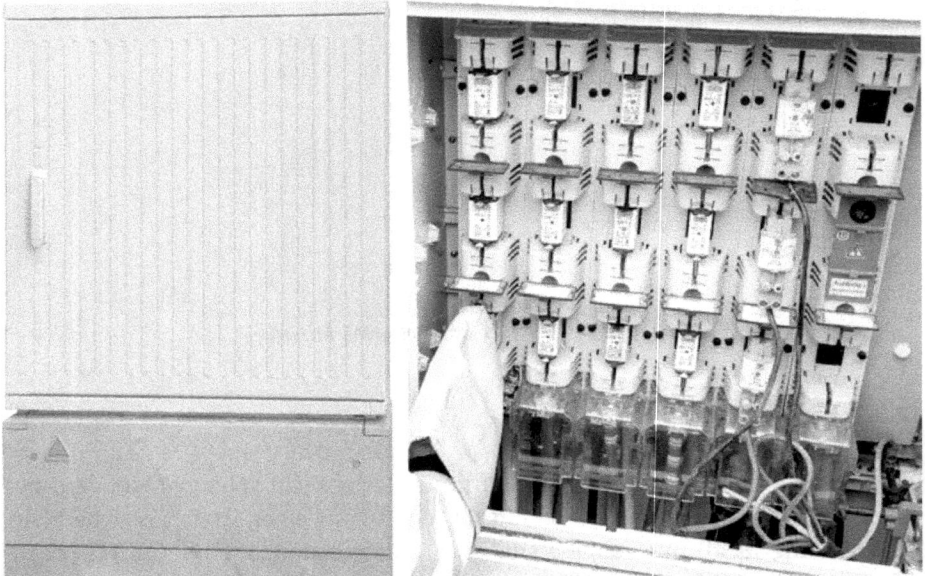

Abb. 18.6: Kabelverteilerschrank (KVS): Frontalansicht mit Sockel (links), Quelle: Driescher GmbH, Innenansicht mit drei Sammelschienen und sechs Stromkreisen (rechts), Quelle: Avacon AG

18.4 Sammelschienenschaltungen in Schaltanlagen

Man kann in den MS-, HS- und HöS-Netzen mehrere Grundformen von Sammelschienenschaltungen in Schaltanlagen unterscheiden. In der MS-Ebene werden als Grundform häufig Sammelschienenanordnungen mit einer Einfach- oder Doppelsammelschiene verwendet, während in der HS- und HöS-Ebene dagegen Anordnungen mit einer Doppel-, Dreifach- oder Vierfachsammelschiene, mit einer Doppelsammelschiene mit Umgehungsschiene oder Schaltanlagen mit 1½-Leistungsschalter oder Ringsammelschienenanlagen zu finden sind.

Die Auswahl einer bestimmten Sammelschienenschaltung hängt insbesondere von den Anforderungen der Netzführung und der Notwendigkeit einer Unterteilung in verschiedene Netzbereiche, z. B. zur Begrenzung der Kurzschlussströme, und dem noch zu erwartenden Ausbau der Anlage um weitere Abzweige sowie von den Anforderungen hinsichtlich der Freischaltung von Betriebsmitteln zu Wartungs- und Instandhaltungsmaßnahmen ab. Es gibt deshalb zahlreiche Variationsmöglichkeiten und Sonderformen. Typische und gebräuchliche Sammelschienenanordnungen werden im Folgenden vorgestellt.

18.4.1 Längs- und Querkupplung und Längs- und Quertrennung

Sammelschienen können durch eine Längskupplung (Trenner und Leistungsschalter) oder eine Längstrennung (nur Trenner) in mehrere Sammelschienenabschnitte geteilt werden (siehe Abbildung 18.7). In der MS-Ebene werden in der Regel Einfachsammelschienen mit Längskupplung verwendet, die dann mit einem Leistungsschalter und Trenner ausgerüstet werden, um auch im Fehlerfall eine Trennung der Sammelschiene ermöglichen zu können. In der HS- und ggf. auch in der HöS-Ebene werden in der Regel Längstrennungen eingesetzt, da die üblicherweise vorhandenen Doppelsammelschienen über eine Querkupplung und eine darüber vorhandene Umschaltmöglichkeit verfügen.

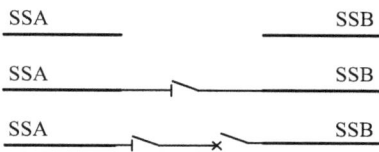

Abb. 18.7: Dauernde Längstrennung (oben), Längstrennung (Mitte) und Längskupplung (unten)

Durch eine Längstrennung in zwei oder auch mehrere Sammelschienenabschnitte (auch Blöcke genannt) können die Sammelschienenabschnitte unabhängig voneinander betrieben werden. Der Netzführer erhält damit die Möglichkeit, nach einer Umschaltung der Abzweige auf einen anderen Sammelschienenabschnitt einen Sammelschienenabschnitt für Wartungsarbeiten freizuschalten. Ebenso können auch empfindliche Verbraucher getrennt von den anderen, möglichweise Rückwirkungen erzeugenden Abzweigen über eigene Sammelschienen(abschnitte) angeschlossen werden.

In Anlagen mit mehreren Sammelschienen und ggf. auch Sammelschienenabschnitten können diese über Leistungsschalter quergekuppelt werden. Dazu sind größere Schaltanlagen mit einem oder auch mehreren Querkupplungen (Trenner – Leistungsschalter – Trenner) ausgerüstet (siehe Abbildung 18.8).

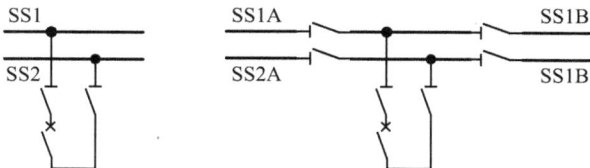

Abb. 18.8: Querkupplung für Sammelschienen SS1 und SS2 (links), Querkupplung für Sammelschienen SS1 und SS2 für die Sammelschienenabschnitte A oder B mit Sammelschienenlängstrennern (rechts)

Durch die Verwendung von zusätzlichen Trennern können weitere Schaltmöglichkeiten und damit Flexibilitäten geschaffen werden, indem Längs- und Querkupplungen für die Sammelschienen und Sammelschienenabschnitte entstehen. In Abbildung 18.9 ist links eine Längskupplung für die Sammelschienenabschnitte A oder B
mit der Möglichkeit der Querkupplung für die Sammelschienen SS1 und SS2 über die
eingeschalteten Längstrenner dargestellt. Auf der rechten Seite von Abbildung 18.9 ist
die 6-Trenner-Kupplung gezeigt, die eine Längskupplung für die Sammelschienenabschnitte A oder B und die Möglichkeit der Querkupplung für die Sammelschienen SS1
und SS2 für einen Sammelschienenabschnitt bietet.

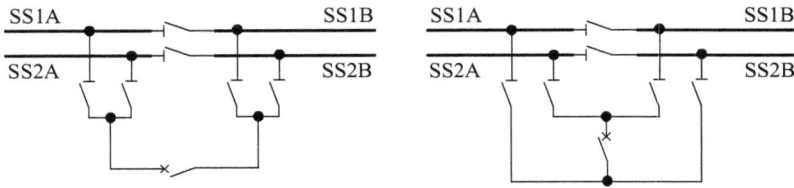

Abb. 18.9: Längskupplung für die Sammelschienenabschnitte A oder B und Querkupplung
für Sammelschienen SS1 und SS2 über Längstrenner (links), Längskupplung für die Sammelschienenabschnitte A oder B und Querkupplung für Sammelschienen SS1 und SS2 für
Sammelschienenabschnitt A oder B (6-Trenner-Kupplung, rechts)

Sammelschienen werden zeitweise miteinander gekuppelt, um einzelne Abzweige un-
terbrechungslos einer anderen Sammelschiene zuzuordnen, um eine Sammelschiene
ohne Abschaltung von Abzweigen freizuschalten bzw. wieder einzuschalten oder um
einen Sammelschienenlängstrenner durch Angleichung der Potentiale unter Spannung schalten zu können.

Eine dauerhafte Kupplung von Sammelschienen wird u. a. zur Erhöhung der
Versorgungssicherheit eingesetzt. Im Falle eines Sammelschienenkurzschusses werden zwar alle Abzweige der betroffenen Sammelschiene bzw. des betroffenen Sammelschienenabschnitts und der Kuppelleistungsschalter durch den Netzschutz abgeschaltet, die übrigen Abzweige bleiben aber in Betrieb. Sind nun die Abzweige
gleichmäßig auf die beiden Sammelschiene bzw. Sammelschienenabschnitte aufgeteilt worden, ist z. B. bei zwei parallelen Leitungsanbindungen (Einhaltung des $(n-1)$-
Prinzips (siehe Abschnitt 16.6)) mindestens noch eine in Betrieb.

Für die Berücksichtigung von Längs- und Querkupplungen in den Schaltanlagen
sind bis zu zwei Schaltfelder erforderlich.

18.4.2 Schaltanlagen mit Einfachsammelschienen mit und ohne Längskupplung

Schaltanlagen mit Einfachsammelschienen (siehe Abbildung 18.10) sind kostengünstig, platzsparend und sehr übersichtlich. Sie werden in kleinen Schaltanlagen eingesetzt. Bei z. B. Wartungs- und Instandhaltungsarbeiten an der Sammelschiene oder bei Sammelschienenfehlern muss die Anlage komplett abgeschaltet werden. Ein Fehler in einem Abzweigtrenner führt zur Stilllegung des Abzweigs. Durch eine Längstrennung oder Längskupplung kann eine Aufteilung in getrennte Betriebsteile durchgeführt werden und der betriebliche Freiheitsgrad teilweise erhöht werden, da z. B. bei Wartungs- und Instandhaltungsarbeiten ein Betriebsteil weiterbetrieben werden kann.

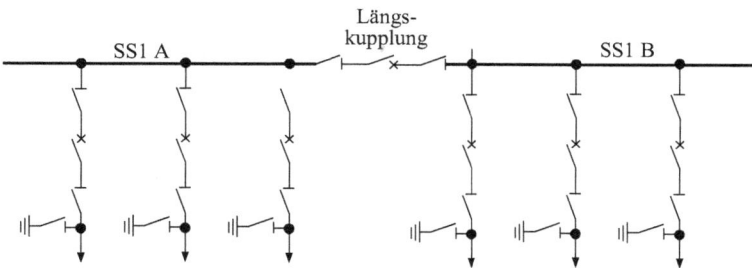

Abb. 18.10: Schaltanlage mit Einfachsammelschiene mit Längskupplung

18.4.3 Schaltanlagen mit Mehrfachsammelschienen

In betriebswichtigen Schaltanlagen werden Mehrfachsammelschienenanlagen eingesetzt, wodurch sich die Redundanz erhöht. Die Mehrfachsammelschienen sind parallel angeordnet und können wahlweise von den Abzweigen verwendet werden (siehe Abbildung 18.11 und Abbildung 18.4), da ein Sammelschienenwechsel eines beliebigen Feldes jederzeit möglich ist, ohne dass der Betrieb beeinträchtigt wird. Doppelsammelschienenanlagen (siehe Abbildung 18.11) sind die meist verwendete Sammelschienenschaltung. In sehr großen Anlagen können auch Drei- und Vierfachsammelschienenanlagen zum Einsatz kommen. Hiermit ist es neben der Gewinnung von weiteren betrieblichen Freiheitsgraden möglich, galvanisch getrennte Netze zu versorgen, wenn dies z. B. aufgrund von zu großen Kurzschlussströmen bei gekoppelten Netzen erforderlich sein sollte.

Der Querkuppelschalter ermöglicht in der Doppelsammelschienenanlage in Abbildung 18.11 die Parallelschaltung der beiden Sammelschienensysteme und damit einen Sammelschienenwechsel eines Abzweigs ohne eine Unterbrechung.

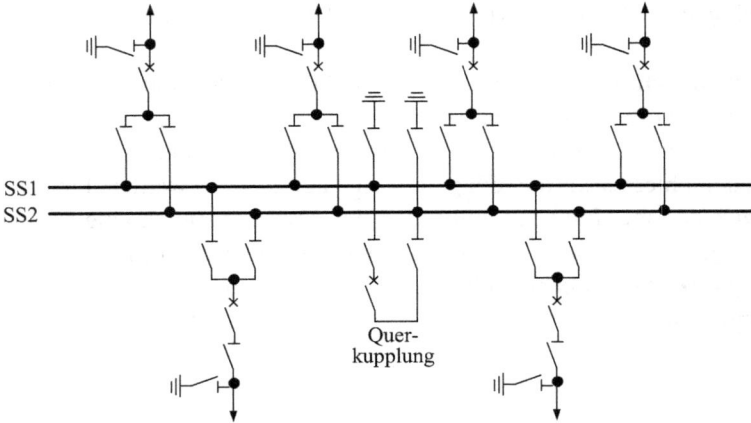

Abb. 18.11: Schaltanlage mit Doppelsammelschiene mit Querkupplung und Sammelschienenerdungstrennern

Durch die Einführung einer Längstrennung (siehe Abbildung 18.12) ergeben sich zusätzliche betriebliche Freiheiten (siehe Abschnitt 18.4.1), die durch die 6-TrennerSchaltung (vgl. Abbildung 18.9 rechts) noch erweitert werden können (siehe Abbildung 18.13).

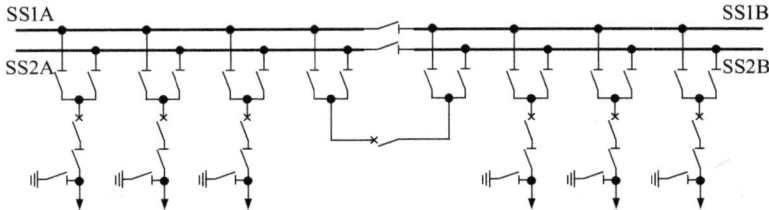

Abb. 18.12: Schaltanlage mit Doppelsammelschiene mit Querkupplung und Längstrennung

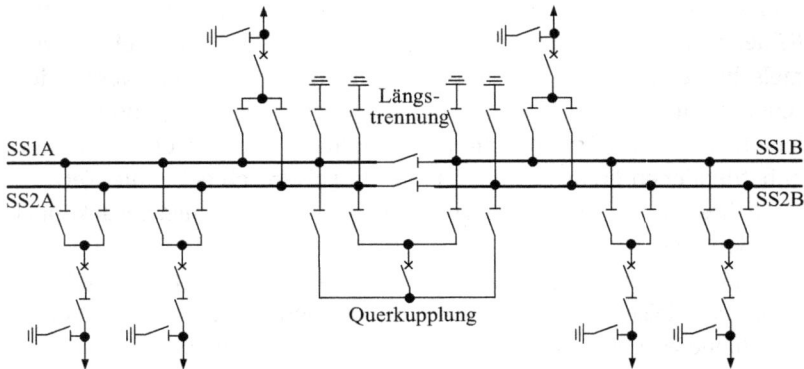

Abb. 18.13: Schaltanlage mit Doppelsammelschiene mit Querkupplung und Längstrennung (6-Trenner-Schaltung)

Ein Sammelschienenwechsel eines Abzweigs in einer Doppelsammelschienenanlage (siehe Abbildung 18.11) z. B. von Sammelschiene 1 auf Sammelschiene 2 wird wie folgt ausgeführt:
- Herstellung Potentialgleichheit auf beiden Sammelschienen
  1. Einschalten der beiden Trenner der Querkupplung
  2. Einschalten des Leistungsschalters der Querkupplung
- Umschaltung des Abzweigs von Sammelschiene 1 auf Sammelschiene 2
  3. Einschalten des Sammelschienentrenners zu Sammelschiene 2 des Abgangs
  4. Ausschalten des Sammelschienentrenners zu Sammelschiene 1 des Abgangs
- Aufhebung der Potentialgleichheit auf beiden Sammelschienen zur Herstellung des Ausgangszustands
  5. Ausschalten des Leistungsschalters der Querkupplung
  6. Ausschalten der beiden Trenner der Querkupplung

18.4.4 Schaltanlagen mit Umgehungssammelschienen

Schaltanlagen mit Umgehungssammelschienen kombinieren Mehrfachsammelschienenanlagen mit/ohne Längs- und Querkupplungen mit Umgehungs(sammel)schienen (Hilfsschienen), bei denen für jeden Abzweig die Möglichkeit besteht, sich über einen Umgehungsschienentrenner auch mit der Umgehungsschiene zu verbinden (siehe Abbildung 18.14).

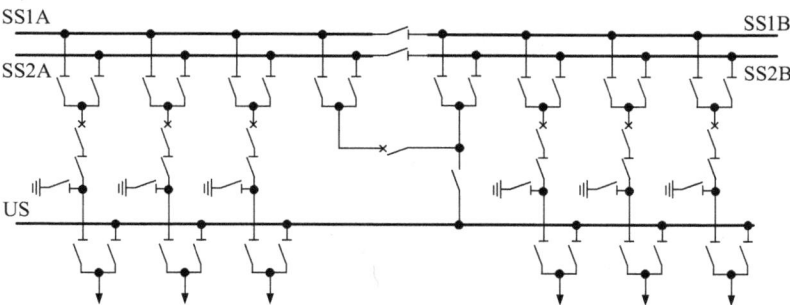

Abb. 18.14: Schaltanlage mit Doppelsammelschiene mit Querkupplung und Längstrennung sowie Umgehungssammelschiene US

Der Vorteil dieser Anordnung ist, dass die Leistungsschalter und Wandler jedes Abzweigs ohne eine Betriebsunterbrechung freigeschaltet und z. B. gewartet werden können und der Abzweig auch weiterhin versorgt bleiben kann. Der Kupplungsleistungsschalter kann außerdem einen ausgefallenen Leistungsschalter für einen Abzweig ersetzen. Anstatt einer Doppelsammelschieneanlage mit Umgehungsschiene kann z. B. auch eine Dreifachsammelschieneanlage errichtet werden. Diese Variante wird z. B. bevorzugt, wenn zwei getrennte Netzgruppen betrieben werden.

18.4.5 Schaltanlage mit 1½-Leistungsschalter

Schaltanlagen mit 1½-Leistungsschalter (siehe Abbildung 18.15) stellen eine Sonderform dar, mit der eine unterbrechungslose Umschaltung, die Freischaltung einer Sammelschiene und jeweils eines Abzweigleistungsschalters für z. B. Wartungs- und Instandhaltungsmaßnahmen ohne eine Unterbrechung und insgesamt eine größere Freizügigkeit beim Schalten möglich ist. Im Normalbetrieb sind alle Leistungsschalter eingeschaltet, wodurch es auch bei Ausfall einer Sammelschiene zu keinen Unterbrechungen kommt.

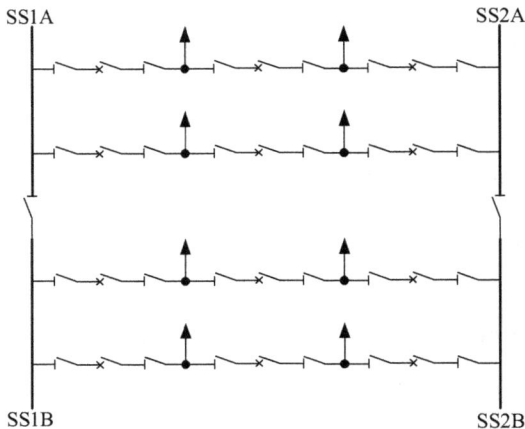

Abb. 18.15: Schaltanlage mit 1½-Leistungsschalter

18.4.6 Schaltanlagen mit Ringsammelschienen

Obwohl in jedem Abzweig nur ein Leistungsschalter vorhanden ist, kann in Schaltanlagen mit Ringsammelschienen (siehe Abbildung 18.16) jeder Leistungsschalter für z. B. Wartungs- und Instandhaltungsmaßnahmen freigeschaltet werden. Dabei kommt es zu keiner Unterbrechung des Abzweigs. Eine Erweiterung der Anordnung um zusätzliche Abzweige ist allerdings in solchen Anlagen nicht möglich.

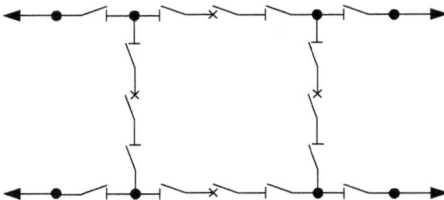

Abb. 18.16: Schaltanlage mit Ringsammelschiene

18.5 Schaltungen in Umspannanlagen

Die verschiedenen Schaltanlagenschaltungen werden in Umspannwerken zu typischen Schaltungen von Umspannanlagen kombiniert.

18.5.1 HöS/HS-Umspannwerk

Eine typische Anordnung für ein HöS/HS-Umspannwerk ist in Abbildung 18.17 dargestellt. Oberspannungsseitig auf der 380-kV-Seite wird das Doppelsammelschienensystem mit Querkupplung typischerweise über zwei zweisystemige 380-kV-Freileitungen gespeist. Die Abspannung in die 110-kV-Ebene erfolgt über zwei parallele Netztransformatoren mit der Schaltgruppe YNyn0d5 (siehe Band 2, Kapitel 5). Die Unterspannungsseite des Transformators ist über ein Doppelsammelschienensystem mit Querkupplungen und Längstrennungen an die 110-kV-Ebene angebunden. Die Längstrennungen werden insbesondere dann erforderlich, wenn für eine größere Schaltungsfreiheit Sorge zu tragen ist, z. B. wenn ein untergelagertes Netz aufgrund von Anforderungen aus der Sternpunkterdung (siehe Band 3, Kapitel 8) und Erdschlusslöschung oder aufgrund von zu großen Kurzschlussströmen in galvanisch getrennte Netzbezirke aufgeteilt werden muss.

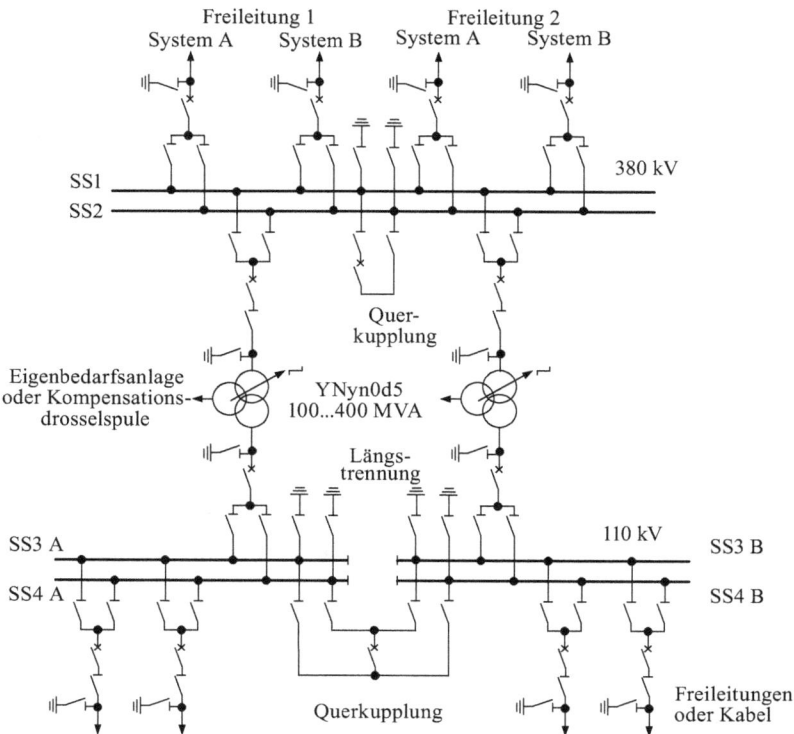

Abb. 18.17: HöS/HS-Umspannwerk nach [24]

18.5.2 HS/MS-Umspannstation

HS-Netze haben ringförmige, vermaschte Strukturen. Innerhalb dieser ringförmigen Maschen werden in der Regel mehrere unterlagerte Mittelspannungsnetze über HS/MS-Umspannstationen angebunden. Je nach Bedeutung der Stationen werden diese Anschlüsse meist als Einschleifung, Spareinschleifung, Doppelstichanschluss oder Stichanschluss ausgeführt.

18.5.2.1 Einschleifung und Spareinschleifung
Eine Einschleifung wird typischerweise mit der sogenannten H-Schaltung ausgeführt, wobei sich der Name dieser Schaltung aus der Struktur der Schaltung und der Anordnung der Leistungsschalter ableitet (siehe Abbildung 18.18 links).

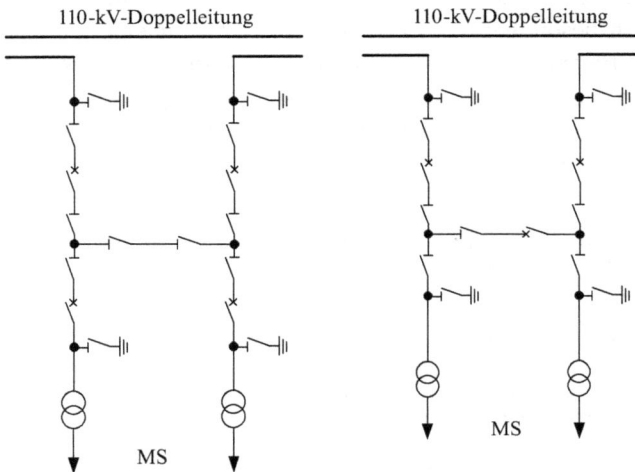

Abb. 18.18: H-Schaltung zur Einschleifung einer HS/MS-Umspannstation mit vier Leistungsschaltern (links), H-Schaltung zur Einschleifung einer HS/MS-Umspannstation mit drei Leistungsschaltern (Spareinschleifung, rechts)

Es werden beide Seiten eines Stromkreises der durchgehenden HS-Leitung getrennt zur Umspannstation geführt und dort über die Kupplung durchgeschaltet. Damit wird eine zweiseitige, $(n - 1)$-sichere Anbindung der MS-Ebene erreicht, und es kann im Fehlerfall die einzelne Umspannstationen überbrückt werden, ohne die im Ring folgenden HS/MS-Umspannstationen in der Versorgung zu stören. Ein Vorteil der Einschleifung ist, dass Teilabschaltungen der 110-kV-Leitung, z. B. zu Wartungs- und Instandhaltungszwecken, ohne eine Unterbrechung der Anbindung der Umspannstationen möglich sind, da diese über die zweite Anbindung noch versorgt werden können. Die 110-kV-Leitung bzw. Abschnitte der 110-kV-Leitung können in der Regel ferngesteuert in zwei Umspannstationen über die Leistungsschalter der jeweiligen Leitungsabzweige unterbrochen werden.

Die H-Schaltung weist keine Sammelschiene auf und kann damit sehr kompakt und platzsparend ausgeführt werden. Sie kann mit entweder vier (siehe Abbildung 18.18 links) oder auch mit drei Leistungsschaltern als Spareinschleifung gebaut werden (siehe Abbildung 18.18 rechts).

Die Spar-Einschleifung unterscheidet sich von der Einschleifung durch eine Einsparung der Leistungsschalter in den Transformatorabzweigen sowie einen zusätzlichen Leistungsschalter als „Sammelschienen"-Kupplung zwischen den Leitungs- und Transformatorabzweigen. Diese Einsparung hat nur für den vergleichsweise seltenen Ausfall eines Transformators negative Folgen. Fällt ein Transformator in der Variante Spareinschleifung aufgrund einer Störung aus, erfolgt die selektive Abschaltung über den Leistungsschalter in der Kupplung und den Schalter in dem entsprechenden Leitungsabzweig. Nur in diesem seltenen Fall sowie bei wartungsbedingten Abschaltungen der Transformatoren wird der Leistungsfluss über den angeschlossenen 110-kV-Stromkreis unterbrochen.

Auf der MS-Seite der Einschleifung und Spareinschleifung wird typischerweise ein Einfachsammelschienensystem mit Längskupplung verwendet (siehe Abbildung 18.19). Damit kann mit dem Leistungsschalter in der Längskupplung auch der seltene Ausfall eines Sammelschienenabschnitts beherrscht und dieser zusammen mit dem Leistungsschalter im Transformatorabzweig selektiv herausgeschaltet werden.

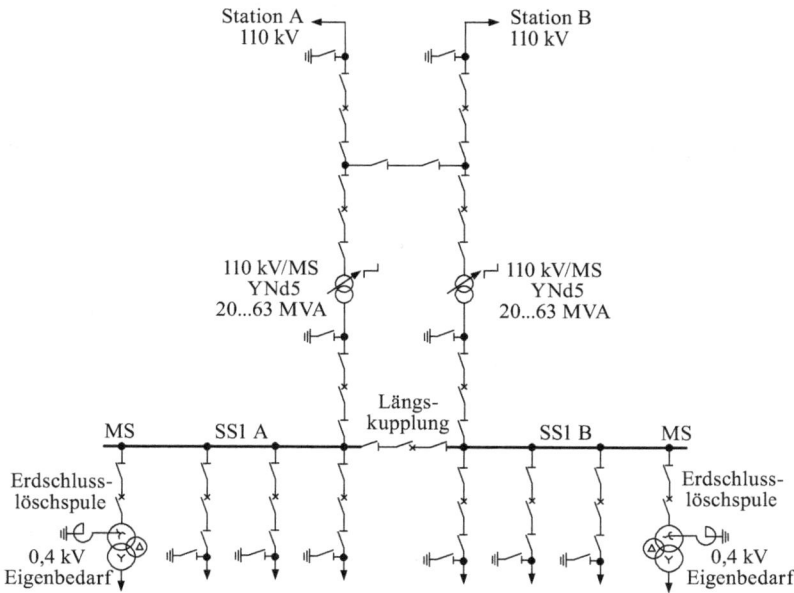

Abb. 18.19: H-Schaltung zur Einschleifung einer HS/MS-Umspannstation mit vier Leistungsschaltern nach [24]

Bei geöffneter Trennung der H-Schaltung mit vier Leistungsschaltern (Einschleifung) bzw. bei geöffneter Kupplung der H-Schaltung mit drei Leistungsschaltern (Spareinschleifung) werden die Transformatoren im Doppelstichbetrieb angebunden.

18.5.2.2 Doppelstich und Einfachstich

Ein Stichanschluss ist ebenfalls eine Anbindung ohne Sammelschiene und kann damit ebenfalls sehr kompakt und platzsparend gebaut werden. Es wird nur eine T-förmige Anzapfung in Form eines Abzweigs an die 110-kV-Leitung gesetzt und damit ein HS/MS-Transformator angebunden. Werden zwei Stiche an einem Doppelleitungssystem ausgeführt, so handelt es sich um einen Doppelstichanschluss (siehe Abbildung 18.20).

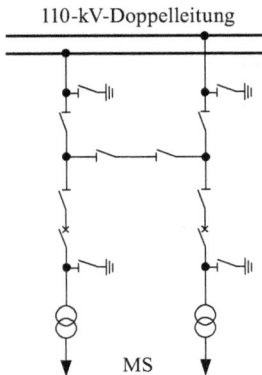

Abb. 18.20: Doppelstichschaltung zur Anbindung einer HS/MS-Umspannstation

Auf der MS-Seite des Doppelstichs wird typischerweise ein Einfachsammelschienensystem mit Längskupplung verwendet (vgl. Abbildung 18.19). Damit kann mit dem Leistungsschalter in der Längskupplung auch der seltene Ausfall eines Sammelschienenabschnitts beherrscht und dieser zusammen mit dem Leistungsschalter im Transformatorabzweig selektiv herausgeschaltet werden.

Damit ist beim Doppelstich ebenfalls eine $(n-1)$-Sicherheit gegeben, da bei Ausfall eines Stichs eine Versorgung über die beiden Trenner auf der Oberspannungsseite der Transformatoren und den anderen Stich möglich ist. Im Normalbetrieb wird die Längstrennung offen betrieben. Ein Einfachstich weist keine $(n-1)$-Sicherheit auf.

18.5.2.3 Vergleich

Die Einschleifung und die Spareinschleifung weisen eine höhere Schaltfreiheit als die Doppelstichanbindung auf, da die 110-kV-Sammelschienentrenner in der Längskupplung der Doppelstichanbindung nur dann geschaltet werden können, wenn einer der 110-kV-Stromkreise spannungslos ist. Demgegenüber können die Leistungsschalter der Einschleifung und der Spareinschleifung jederzeit geschaltet werden.

Tabelle 18.3 zeigt den Vergleich der Aufwendungen im 110-kV-Netz für die Anschlusskonzepte Einschleifung, Spareinschleifung und Doppelstich. Damit gibt es wirtschaftliche Vorteile für den Doppelstich im Vergleich zu den beiden anderen Anbindungsvarianten. Weitere Vorteile bestehen in geringeren Verlusten, Spannungsabfällen, Kurzschlussbeanspruchungen und höherer Versorgungszuverlässigkeit. Allerdings sind vermehrte Schalthandlungen in der Betriebsführung erforderlich, die besonders nachteilig sind, wenn mehrere aufeinanderfolgende Umspannstationen im Doppelstich angebunden werden [25].

Tab. 18.3: Aufwendungen im 110-kV-Netz für die Anschlusskonzepte Einschleifung, Spareinschleifung und Doppelstich (1 Satz = 3 Stück) [25]

Betriebsmittel	Einschleifung	Spareinschleifung	Doppelstich
Leistungsschalter	4 Sätze	3 Sätze	2 Sätze
Trennschalter	8 Sätze	8 Sätze	6 Sätze
Strom-/Spannungswandler	4 Sätze	4 Sätze	2 Sätze
Übertragungswege zu benachbarten Umspannstationen	nein	nein	ja
Leitungsdistanzschutz	ja	ja	ja
Leitungsdifferenzialschutz	nein	nein	(ja)

18.5.3 MS/NS-Netzstation

In einer MS/NS-Netzstation (Ortsnetzstation, siehe Abbildung 18.21) wird elektrische Energie zwischen dem MS-Netz und den NS-Netzen (Ortsnetze) mit einer Außenleiterspannung von 400 V bzw. einer Strangspannung von 230 Volt übertragen. Die Spannungstransformation erfolgt über den Ortsnetztransformator (ONT), der über einen Umsteller (no-load tap changer, NLTC) mit fest einstellbaren Anzapfungen verfügt und nur stromlos geschaltet werden kann, oder über einen regelbaren Ortsnetztransformator (rONT), der über einen Laststufensteller (on-load tap changer, OLTC) auch im Betrieb das Übersetzungsverhältnis verstellen und die Spannung im NS-Netz regeln kann (siehe Abschnitt 16.5).

Die Ortsnetzstationen werden in der Regel über eine Einschleifung (vgl. Abbildung 18.18) eingebunden. Es finden sich aber auch Anbindungen in Form des Doppelstichs (vgl. Abbildung 18.20) oder Einfachstichs. Die prinzipielle Topologie einer solchen Anbindung ist in Abbildung 18.22 dargestellt. Für den Fall einer Einfachstichanbindung ist nur ein Anschluss auf der Oberspannungsseite des Ortsnetztransformators vorhanden. Der Ortsnetztransformator ist in der Regel durch eine HH-Sicherung geschützt.

Abb. 18.21: Ortsnetzstation: Aufstellung (links), Blick auf regelbaren Ortsnetztransformator (rONT, rechts oben) und Aufsicht rONT mit Ober- und Unterspannungsdurchführungen (Isolatoren, rechts unten), Quelle: Avacon AG

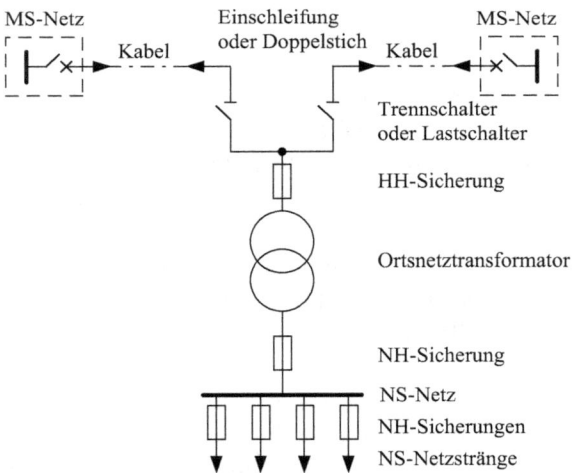

Abb. 18.22: Aufbau einer Ortsnetzstation mit Anbindung mit Einschleifung oder Doppelstich

Auf der NS-Seite des Transformators befindet sich eine Einfachsammelschiene, an die die durch NH-Sicherungen abgesicherten NS-Abzweige angeschlossen sind.

Bei Fehlern im Ortsnetztransformator oder Fehlern in einem der NS-Netzzweige lösen die jeweiligen Sicherungen aus, die dann anschließend auch ausgetauscht werden müssen. Bei einem Fehler im MS-Netz wird dieser durch die im MS-Netz vorhandenen Leistungsschalter (in der Regel in den MS-Abgängen in den HS/MS-Umspannstationen) oder HH-Sicherungen geklärt. Das fehlerbehaftete Leitungsstück wird anschließend mit Hilfe der Trenner in den Ortsnetzstationen freigeschaltet. Diese können dann anschließend über die redundante Anbindung wiederversorgt werden. Die Durchführung dieser Umschaltung wird heute nur teilweise automatisiert oder ferngesteuert durchgeführt. In der Regel werden Monteure zur Fehlersuche und zur Freischaltung in die Ortsnetzstationen geschickt, wo diese dann manuell die Umschaltungen vornehmen. Während dieser Zeit sind die Ortsnetzstationen und die daran angeschlossenen Netzkunden nicht versorgt.

18.6 Bauweisen von Schaltanlagen und Umspannanlagen

18.6.1 Luftisolierte Freiluftschaltanlagen

Luftisolierte Freiluftschaltanlagen werden in der HS- und HöS-Ebene eingesetzt. Es existieren zahlreiche Bauweisen von luftisolierten Freiluftschaltanlagen, die sich aus unterschiedlichen Anforderungen an den Platzbedarf, die Wirtschaftlichkeit, Übersichtlichkeit und Betriebssicherheit ergeben haben. Zum einen wurde nach der Aufstellungshöhe der Sammelschienentrenner unterschieden. Es gab in der Vergangenheit die folgenden drei Aufstellungsvarianten [26]:
- Flachbauweise: Die Sammelschienentrenner werden auf Fundamente von nicht mehr als 1 m Höhe aufgestellt, wodurch eine einfache Montage und Wartung möglich ist, aber aufgrund der geringen Isolationsabstände eine Umzäunung mit einem entsprechend großen Platzbedarf zum Personenschutz erforderlich ist.
- halbhohe Bauweise (Mittelhochbauweise): Die Sammelschienentrenner werden in einer Höhe von 2,0 bis 2,5 m aufgestellt, wodurch aufgrund des ausreichenden Isolationsabstands eine weitgehend uneingeschränkte Begehung während des Betriebs der Schaltanlage möglich ist. Der Platzbedarf ist noch ungefähr halb so hoch wie bei der Flachbauweise.
- Hochbauweise: Der Platzbedarf bei dieser Bauweise ist noch etwas geringer. Allerdings entstehen durch die Aufstellung der Sammelschienentrenner in ungefähr 6 m Höhe hohe Kosten für die entsprechenden Gerüste.

Aus den genannten Vor- und Nachteilen hat sich die halbhohe Bauweise durchgesetzt.

Zum anderen unterscheiden sich die verschiedenen Bauweisen durch die Anordnung der Sammelschienentrenner in der Schaltanlage. Nachfolgend werden häufig eingesetzte Bauweisen mit ihren typischen zugeordneten Spannungsebenen aufgelistet [27]. Die Bezeichnungen orientieren sich an der Anordnung der Trenner zueinander (Parallel, in Reihe oder Diagonal) sowie in Bezug zu den Sammelschienen (Quer, Längs oder Diagonal):

– Parallel-Quer-Bauweise (auch Mittelmast-Bauweise oder klassische Bauweise): 110-kV- und 220-kV-Ebene
– Reihen-Längs-Bauweise: 110-kV-Ebene
– Reihen-Quer-Bauweise: 110-kV- und 220-kV-Ebene
– Diagonalbauweise: 220-kV- und 380-kV-Ebene

Im Ausland wird auch noch die sogenannte 1½-Leistungsschalterbauweise für Spannungsebenen ≥ 220 kV verwendet.

18.6.1.1 Parallel-Quer-Bauweise

Die Parallel-Quer-Bauweise ist die klassische Bauweise in den 110-kV- und 220-kV-Spannungsebenen. In dem in Abbildung 18.23 dargestellten Ausschnitt aus einem Übersichtsbild einer Freiluftschaltanlage mit einer Doppelsammelschienenanlage und einem nach rechts führenden Abzweig in halbhoher Bauweise sind die für diese Bauweise typischen Eigenschaften zu erkennen. Die Trenner sind parallel zueinander und senkrecht zu den beiden im Bild nach unten führenden Leiterseilsammelschienen angeordnet. Der von rechts kommende Abzweig wird in diesem Beispiel oberhalb

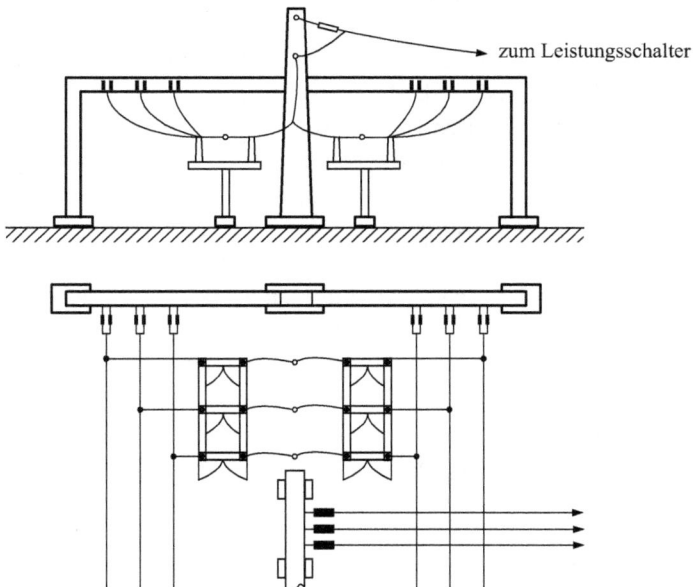

Abb. 18.23: Parallel-Quer-Bauweise einer HS- oder 220-kV-Freiluftschaltanlage mit Doppelsammelschienen als Leiterseilsammelschienen, Ausschnitt mit einem Abzweig

der Sammelschienen über die im Bild nicht dargestellten Elemente eines Schaltfeldes (siehe Abbildung 18.3, Leistungsschalter, Spannungs- und Stromwandler, Abgangstrenner, Erdungstrenner und ggf. Überspannungsableiter) auf den Mittelmast geführt, dort über Isolatoren abgespannt und auf die Sammelschienentrenner geführt. Hiermit kann dann der Abzweig auf eine der beiden Sammelschienen geschaltet werden.

18.6.1.2 Reihen-Längs-Bauweise

Die Reihen-Längs-Bauweise wird typischerweise in der HS-Ebene verwendet. In dem in Abbildung 18.24 dargestellten Ausschnitt aus dem Übersichtsbild einer HS-Freiluftschaltanlage mit Doppelsammelschienen und zwei Abzweigen sind die für diese Bauweise typischen Eigenschaften zu erkennen. Die Trenner sind in Reihe zueinander und längs zu den beiden im Bild nach unten führenden Sammelschienen angeordnet. Die von rechts kommenden Abzweige werden in diesem Beispiel unterhalb der Leiterseilsammelschienen über die im Bild nicht dargestellten Elemente eines Schaltfeldes (siehe Abbildung 18.3, Leistungsschalter, Spannungs- und Stromwandler, Abgangstrenner, Erdungstrenner und ggf. Überspannungsableiter) auf die Sammelschienentrenner geführt. Hiermit kann dann der Abzweig auf eine der beiden Sammelschienen geschaltet werden.

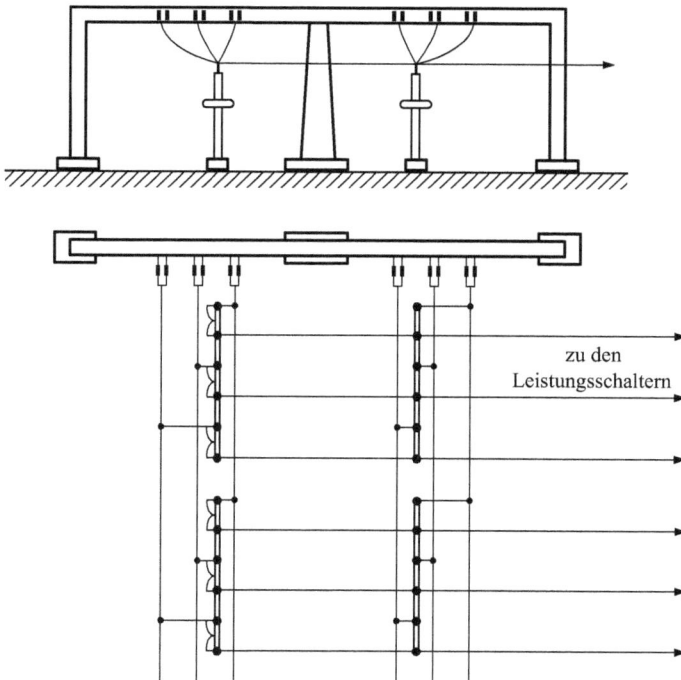

Abb. 18.24: Reihen-Längs-Bauweise einer HS-Freiluftschaltanlage mit Doppelsammelschienen als Leiterseilsammelschienen, Ausschnitt mit zwei Abzweigen

18.6.1.3 Reihen-Quer-Bauweise

Die Reihen-Quer-Bauweise wird typischerweise in der 110-kV- und der 220-kV-Ebene verwendet. In dem in Abbildung 18.25 dargestellten Übersichtsbild einer HS-Freiluftschaltanlage mit Doppelsammelschienen und zwei Abzweigen sind die für diese Bauweise typischen Eigenschaften zu erkennen. Die Trenner sind in Reihe zueinander und quer zu den im Bild nach unten führenden Sammelschienen angeordnet. Die von rechts kommenden Abzweige werden in diesem Beispiel oberhalb der Leiterseilsammelschienen über die im Bild nicht dargestellten Elemente eines Schaltfeldes (siehe Abbildung 18.3, Leistungsschalter, Spannungs- und Stromwandler, Abgangstrenner, Erdungstrenner und ggf. Überspannungsableiter) auf die Sammelschienentrenner geführt. Hiermit kann dann der Abzweig auf eine Sammelschiene geschaltet werden.

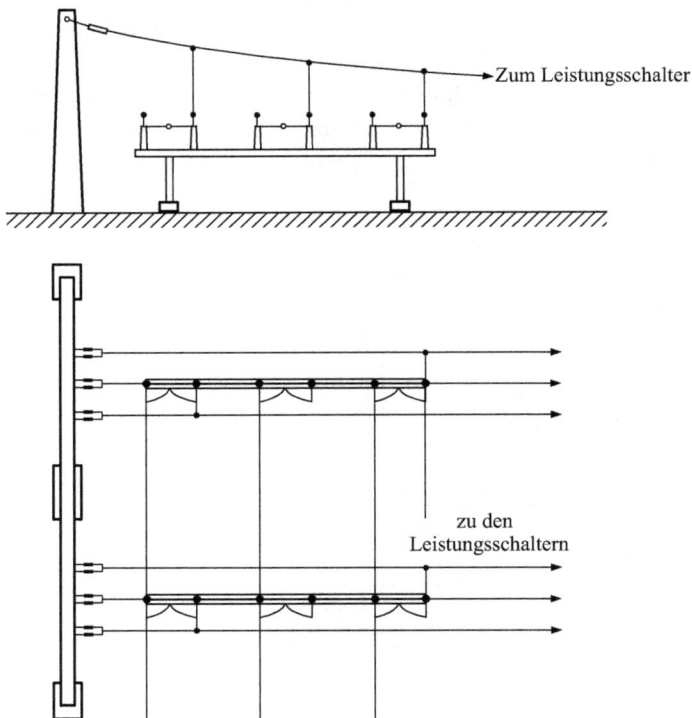

Abb. 18.25: Reihen-Quer-Bauweise einer HS- oder 220-kV-Freiluftschaltanlage als Leiterseilsammelschienen, Ausschnitt mit nur einer Sammelschiene und zwei Abzweigen

18.6.1.4 Diagonalbauweise

Die Diagonalbauweise wird typischerweise in der 220-kV- und 380-kV-Ebene verwendet. In dem in Abbildung 18.26 dargestellten Übersichtsbild einer HöS-Freiluftschaltanlage mit Doppelsammelschienen und zwei Abzweigen, die zwischen den beiden Portalen auf der rechten und linken Seite abgespannt sind, sind die für diese Bauweise typischen Eigenschaften zu erkennen. Die Trenner sind diagonal zueinander und unterhalb der im Bild nach unten führenden Leiterseilsammelschienen angeordnet. Die von beiden Seiten kommenden Abzweige werden in diesem Beispiel über die im Bild angedeuteten Elemente eines Schaltfeldes (siehe Abbildung 18.3, Leistungsschalter, Spannungs- und Stromwandler, Abgangstrenner, Erdungstrenner und ggf. Überspannungsableiter) auf die Sammelschienentrenner (hier Scherentrenner, siehe Abbildung 17.7) geführt. Hiermit kann dann der Abzweig auf eine der beiden Sammelschienen geschaltet werden.

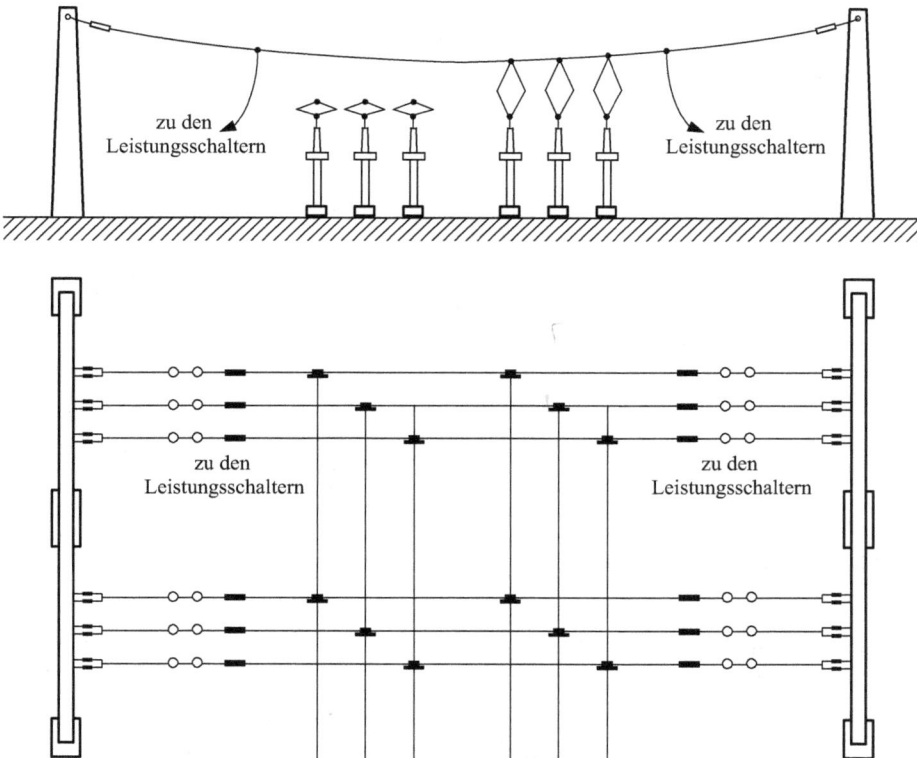

Abb. 18.26: Diagonalbauweise einer HöS-Freiluftschaltanlage mit Doppelsammelschienen als Leiterseilsammelschienen, Ausschnitt mit zwei Abzweigen

18.6.2 Luftisolierte 110-kV-Innenraumschaltanlagen

Luftisolierte 110-kV-Innenraumschaltanlagen werden heutzutage u. a. aus Platzgründen nicht mehr gebaut bzw. werden vorhandene Anlagen durch gasisolierte 110-kV-Innenraumschaltanlagen (SF$_6$-Schaltanlagen) ersetzt.

18.6.3 MS-Innenraumschaltanlagen in Zellenbauweise

Der Großteil der Innenraumschaltanlagen in der MS-Ebene wird als luftisolierte Schaltanlage in Zellenbauweise für jedes dreipolige Schaltfeld gebaut. Man unterscheidet die offene und die geschlossene Bauweise. Bei der offenen Bauweise eines Schaltfeldes (siehe Abschnitt 18.3) ist die Vorderseite mit Blech abgedeckt, und das Schaltfeld ist seitlich durch Blech oder durch Hartgipsplatten abgeschlossen. Über die Rückseite ist der Zugang über eine Metallgitter- oder Blechtür möglich. Innerhalb der Zelle sind weitere Abschottungen z. B. zwischen den Außenleitern nicht üblich. Schaltanlagen in offener Bauweise sind u. a. auch deshalb nur in abgeschlossenen elektrischen Betriebsräumen zulässig.

Abb. 18.27: Metallgekapselte luftisolierte MS-Innenraumschaltanlage, Quelle: Driescher GmbH

Bei metallgekapselten Schaltanlagen (siehe Abbildung 18.27 und Abbildung 18.28) ist jedes Schaltfeld mit Stahlblechen vollständig und staubdicht gekapselt. Der Innenraum der Zelle ist mit störlichtbogensicheren Zwischenwänden in Teilräume (Schotträume) aufgeteilt, wodurch die Auswirkungen einer Störung durch einen Lichtbogen in einem der Teilräume auf diesen beschränkt bleiben. Die Teilräume übernehmen dabei unterschiedliche Funktionen wie z. B. Kabelanschlussraum, Leistungsschalterraum oder Sammelschienenraum. Man unterscheidet drei Hauptarten von metallge-

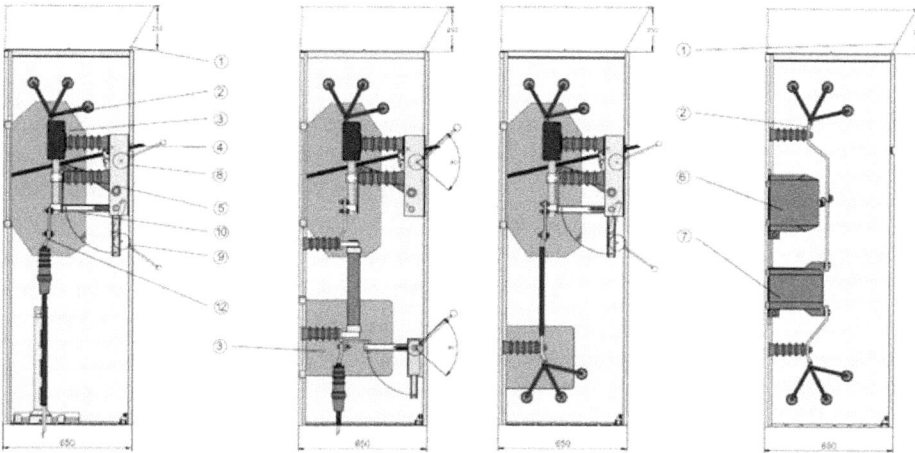

Abb. 18.28: Metallgekapselte luftisolierte MS-Innenraumschaltanlage,Seitenansicht Kabelfeld mit Lasttrennschalter (links), Seitenansicht Transformatorfeld mit Lasttrennschalter und Sicherung (Mitte links), Seitenansicht Übergabefeld mit Lasttrennchalter (Mitte rechts) und Seitenansicht Meßfeld mit Schienenüberleitung sowie Strom- und Spannungswandlern, 1: Abweisblende (nur bei Druckentlastung nach oben), 2: Sammelschienenanschluss, 4: Isolierende Schutzplatte, 5: Lasttrennschalter, 6: Spannungswandler, 7: Stromwandler, 8: Stellungsanzeige und steckbarer Betätigungshebel für Lasttrennschalter, 9: Stellungsanzeige und steckbarer Betätigungshebel für Erdungsschalter, 10: Erdungsschalter, 11: HH-Sicherung, 12: Kabelanschluss, Quelle: Driescher GmbH

kapselten Schaltanlagen [27]:

- metallgeschottete Schaltanlagen: Die Schotträume sind durch geerdete metallische Zwischenwände voneinander getrennt;
- geschottete Schaltanlagen: Die Schotträume sind durch nicht metallische Zwischenwände voneinander getrennt;
- teilgeschottete Schaltanlagen: Es gibt nur eine geringe Anzahl von Schotträumen, die durch nicht metallische Zwischenwände voneinander getrennt sind, oder keine Schotträume.

Als weiteres Unterscheidungskriterium kann auch die Art des Einbaus der Schaltgeräte in eine Schaltzelle herangezogen werden. Man unterscheidet hierbei zwischen:

- Schaltanlagen mit fest eingebauten Geräten (z. B. Leistungsschalter, Lasttrenner, Wandler, etc.). Diese Art des Einbaus wird für Schaltanlagen in offener sowie in geschotteter und teilgeschotteter metallgekapselter Bauweise verwendet.
- Schaltanlagen mit herausfahrbaren oder herausziehbaren separaten Schaltwagen, auf dem die Betriebsmittel, in der Regel der Leistungsschalter, verfahrbar und auch außerhalb des Schaltfeldes transportierbar ist. Dabei wird ein unzulässiges Verfahren des Leistungsschalters durch eine mechanische Verriegelung unmöglich gemacht. Die Schaltzellen können metallgeschottet, geschottet oder teilgeschottet ausgeführt werden.

18.7 SF$_6$-Schaltanlagen

SF$_6$-Schaltanlagen sind vollgekapselte, mit dem reaktionsträgen SF$_6$-Gas isolierte Schaltanlagen, die aufgrund der damit möglichen deutlich geringeren Isolierabstände einen wesentlich geringeren Platz- und auch wesentlich geringeren Raumbedarf (ca. 10 bis 15 %) als herkömmliche luftisolierte Schaltanlagen für dieselbe Spannungsebene aufweisen. Die geringen Isolierabstände sind möglich, da das SF$_6$-Gas schon bei Umgebungsdruck ein um ca. den Faktor 2,5 höheres Isoliervermögen als Luft hat. Da das SF$_6$-Gas in den Schaltanlagen noch unter einem Druck von 3 bis 6 bar steht, erhöht sich das SF$_6$-Isoliervermögen nochmals um den Faktor 3 bis 4. Aus Kosten- und Umweltgründen wird unter Berücksichtigung der Spannungsebene und der Isolierabstände auch ein Gasgemisch aus 20 % SF$_6$ und 80 % Stickstoff eingesetzt.

SF$_6$-Schaltanlagen werden für MS- und HS-Schaltanlagen dreipolig und für höhere Spannungen einpolig, dreipolig oder auch ein- und dreipolig kombiniert gekapselt ausgeführt. Alle Elemente einer Schaltanlage wie Sammelschienen, Schaltelemente, Längs- und Querkupplungen oder Wandler werden in eigenen geerdeten und gekapselten vormontierten und geprüften Bausteinen ausgeführt (siehe Abbildung 18.29). Die Kapselung besteht aus unmagnetischen Aluminiumguss oder geschweißtem Aluminiumblech. An einer aufgebauten SF$_6$-Schaltanlage sind die verschiedenen Elemente von außen nur schwer erkennbar.

Abb. 18.29: 380-kV-Freiluft-SF$_6$-Schaltanlage im UW Simbach, Quelle: TenneT TSO GmbH

18.8 Vergleich von luftisolierten mit SF$_6$-isolierten Schaltanlagen

Der grundsätzliche Vergleich von luftisolierten mit SF$_6$-isolierten Schaltanlagen zeigt, dass SF$_6$-Schaltanlagen eine erhebliche Flächeneinsparung und eine Raumeinsparung von nahezu 90 % im Vergleich zu luftisolierten Schaltanlagen ermöglichen.

Des Weiteren sind ein vollständiger Berührungsschutz, ein Schutz vor Verschmutzung und damit eine geringere Störanfälligkeit sowie ein geringerer Wartungsaufwand und kurze Montagezeiten aufgrund der Baukastenbauweise als Vorteile für SF$_6$-Schaltanlagen zu nennen. Damit sind typische Einsatzorte vor allem innerstädtische Bereiche in Ballungsgebieten und auch Schaltanlagen in Kraftwerken.

Für die Ertüchtigung von bestehenden luftisolierten Schaltanlagen, aber auch teilweise für Neuanlagen werden auch sogenannte Hybridanlagen eingesetzt, die eine Kombination der beiden Isolierstoffe Luft und SF$_6$ nutzen und bei der z. B. die Sammelschienen und/oder Abspannportale luftisoliert bleiben, aber alle anderen spannungsführenden Betriebsmittel, wie z. B. die Schaltgeräte, vollständig gekapselt und SF$_6$-isoliert sind.

19 Symmetrisches Drehstromsystem und Strangersatzschaltung

Für die Berechnung und Analyse der Strom- und Spannungsverhältnisse in elektrischen Energieversorgungssystemen werden einfache und übersichtliche Ersatzschaltungen angestrebt. Speziell für den Sonderfall eines symmetrischen Drehstromsystems kann eine einphasige Ersatzschaltung für das dreiphasige System angegeben werden. Für die Herleitung dieser Strangersatzschaltung und der Bedingungen für ein symmetrisches Drehstromsystem wird zunächst die allgemeine Ersatzschaltung des Dreileitersystems mit einem vollständig gekoppelten Leitungselement zwischen den Knoten A und B und nicht gekoppelten Belastungen am Knoten B und Quellen am Knoten A in Abbildung 19.1 betrachtet. Die Einspeisung am Knoten A verfügt über einen Sternpunkt M, der über eine Impedanz $\underline{Z}_{\mathrm{ME}}$ geerdet ist. Der Sternpunkt weist die Spannung $\underline{U}_{\mathrm{ME}}$ gegenüber der Bezugserde E auf. Die Zählpfeile sind im Verbraucherzählpfeilsystem (VZS) angegeben.

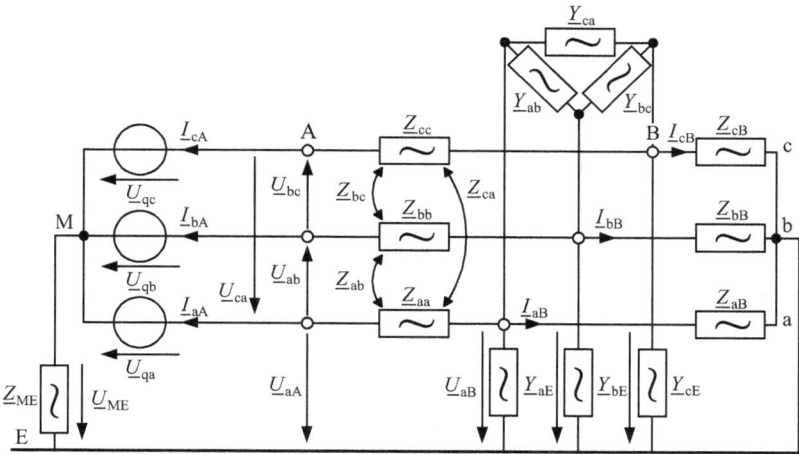

Abb. 19.1: Ersatzschaltung des Dreileitersystems mit vollständig gekoppeltem Leitungselement und nicht gekoppelten Belastungen und Spannungsquellen

Die dreiphasige Ersatzschaltung wird durch die drei Spannungsgleichungssysteme für das Leitungselement, die Quelle und die Last sowie die Knotensätze an den Knoten A

https://doi.org/10.1515/9783110548532-019

und B beschrieben. Die Spannungsgleichungen lauten:

$$\Delta \boldsymbol{u}_{BA} = \begin{bmatrix} \Delta \underline{U}_{aBA} \\ \Delta \underline{U}_{bBA} \\ \Delta \underline{U}_{cBA} \end{bmatrix} = \boldsymbol{u}_B - \boldsymbol{u}_A = \begin{bmatrix} \underline{U}_{aB} \\ \underline{U}_{bB} \\ \underline{U}_{cB} \end{bmatrix} - \begin{bmatrix} \underline{U}_{aA} \\ \underline{U}_{bA} \\ \underline{U}_{cA} \end{bmatrix} = \underline{\boldsymbol{Z}}\, \boldsymbol{i}_A$$

$$= \begin{bmatrix} \underline{Z}_{aa} & \underline{Z}_{ab} & \underline{Z}_{ac} \\ \underline{Z}_{ba} & \underline{Z}_{bb} & \underline{Z}_{bc} \\ \underline{Z}_{ca} & \underline{Z}_{cb} & \underline{Z}_{cc} \end{bmatrix} \begin{bmatrix} \underline{I}_{aA} \\ \underline{I}_{bA} \\ \underline{I}_{cA} \end{bmatrix}$$

(19.1)

$$\boldsymbol{u}_A = \begin{bmatrix} \underline{U}_{aA} \\ \underline{U}_{bA} \\ \underline{U}_{cA} \end{bmatrix} = \boldsymbol{u}_q + \boldsymbol{u}_{ME} = \begin{bmatrix} \underline{U}_{qa} \\ \underline{U}_{qb} \\ \underline{U}_{qc} \end{bmatrix} + \begin{bmatrix} \underline{U}_{ME} \\ \underline{U}_{ME} \\ \underline{U}_{ME} \end{bmatrix} = \boldsymbol{u}_q + \boldsymbol{Z}_{ME} \boldsymbol{i}_A$$

$$= \begin{bmatrix} \underline{U}_{qa} \\ \underline{U}_{qb} \\ \underline{U}_{qc} \end{bmatrix} + \begin{bmatrix} \underline{Z}_{ME} & \underline{Z}_{ME} & \underline{Z}_{ME} \\ \underline{Z}_{ME} & \underline{Z}_{ME} & \underline{Z}_{ME} \\ \underline{Z}_{ME} & \underline{Z}_{ME} & \underline{Z}_{ME} \end{bmatrix} \begin{bmatrix} \underline{I}_{aA} \\ \underline{I}_{bA} \\ \underline{I}_{cA} \end{bmatrix}$$

(19.2)

und:

$$\boldsymbol{u}_B = \begin{bmatrix} \underline{U}_{aB} \\ \underline{U}_{bB} \\ \underline{U}_{cB} \end{bmatrix} = \boldsymbol{Z}_B \boldsymbol{i}_B = \begin{bmatrix} \underline{Z}_{aB} & 0 & 0 \\ 0 & \underline{Z}_{bB} & 0 \\ 0 & 0 & \underline{Z}_{cB} \end{bmatrix} \begin{bmatrix} \underline{I}_{aB} \\ \underline{I}_{bB} \\ \underline{I}_{cB} \end{bmatrix}$$

(19.3)

Aus den Knotensätzen erhält man:

$$\boldsymbol{i}_A + \boldsymbol{i}_B + \boldsymbol{Y}_B \boldsymbol{u}_B = \boldsymbol{0} = \begin{bmatrix} \underline{I}_{aA} \\ \underline{I}_{bA} \\ \underline{I}_{cA} \end{bmatrix} + \begin{bmatrix} \underline{I}_{aB} \\ \underline{I}_{bB} \\ \underline{I}_{cB} \end{bmatrix} + \begin{bmatrix} \underline{Y}_{aaB} & \underline{Y}_{abB} & \underline{Y}_{acB} \\ \underline{Y}_{baB} & \underline{Y}_{bbB} & \underline{Y}_{bcB} \\ \underline{Y}_{caB} & \underline{Y}_{cbB} & \underline{Y}_{ccB} \end{bmatrix} \begin{bmatrix} \underline{U}_{aB} \\ \underline{U}_{bB} \\ \underline{U}_{cB} \end{bmatrix} = \begin{bmatrix} 0 \\ 0 \\ 0 \end{bmatrix}$$

(19.4)

mit (vgl. Abschnitt 9.4):

$$\boldsymbol{Y}_B = \begin{bmatrix} \underline{Y}_{aaB} & \underline{Y}_{abB} & \underline{Y}_{acB} \\ \underline{Y}_{baB} & \underline{Y}_{bbB} & \underline{Y}_{bcB} \\ \underline{Y}_{caB} & \underline{Y}_{cbB} & \underline{Y}_{ccB} \end{bmatrix}$$

$$= \begin{bmatrix} \underline{Y}_{aE} + \underline{Y}_{ab} + \underline{Y}_{ac} & -\underline{Y}_{ab} & -\underline{Y}_{ac} \\ -\underline{Y}_{ab} & \underline{Y}_{bE} + \underline{Y}_{ab} + \underline{Y}_{bc} & -\underline{Y}_{bc} \\ -\underline{Y}_{ac} & -\underline{Y}_{bc} & \underline{Y}_{cE} + \underline{Y}_{ac} + \underline{Y}_{bc} \end{bmatrix}$$

(19.5)

Setzt man noch die Gln. (19.1) bis (19.3) ineinander ein oder bildet einen vollständigen Maschenumlauf, so erhält man:

$$\boldsymbol{u}_q + (\boldsymbol{Z} + \boldsymbol{Z}_{ME})\, \boldsymbol{i}_A = \begin{bmatrix} \underline{U}_{qa} \\ \underline{U}_{qb} \\ \underline{U}_{qc} \end{bmatrix} + \left(\begin{bmatrix} \underline{Z}_{aa} & \underline{Z}_{ab} & \underline{Z}_{ac} \\ \underline{Z}_{ba} & \underline{Z}_{bb} & \underline{Z}_{bc} \\ \underline{Z}_{ca} & \underline{Z}_{cb} & \underline{Z}_{cc} \end{bmatrix} + \begin{bmatrix} \underline{Z}_{ME} & \underline{Z}_{ME} & \underline{Z}_{ME} \\ \underline{Z}_{ME} & \underline{Z}_{ME} & \underline{Z}_{ME} \\ \underline{Z}_{ME} & \underline{Z}_{ME} & \underline{Z}_{ME} \end{bmatrix} \right) \begin{bmatrix} \underline{I}_{aA} \\ \underline{I}_{bA} \\ \underline{I}_{cA} \end{bmatrix}$$

$$= \boldsymbol{u}_B = \begin{bmatrix} \underline{U}_{aB} \\ \underline{U}_{bB} \\ \underline{U}_{cB} \end{bmatrix} = \boldsymbol{Z}_B \boldsymbol{i}_B = \begin{bmatrix} \underline{Z}_{aB} & 0 & 0 \\ 0 & \underline{Z}_{bB} & 0 \\ 0 & 0 & \underline{Z}_{cB} \end{bmatrix} \begin{bmatrix} \underline{I}_{aB} \\ \underline{I}_{bB} \\ \underline{I}_{cB} \end{bmatrix}$$

(19.6)

19.1 Symmetriebedingungen

Für ein symmetrisches Drehstromsystem müssen die beiden Symmetriebedingungen, elektrische Symmetrie und geometrische Symmetrie, erfüllt sein.

19.1.1 Elektrische Symmetrie

Unter elektrischer Symmetrie versteht man das Vorhandensein von symmetrischen Quellenspannungssystemen und symmetrischen Belastungen. Ein symmetrisches Quellenspannungssystem ist dann gegeben, wenn die Spannungsquellen alle denselben Effektivwert aufweisen und die Quellenspannungen jeweils untereinander eine Phasenverschiebung von $2\pi/3$ aufweisen (siehe Abbildung 19.2 und vgl. Abschnitt 9.1).

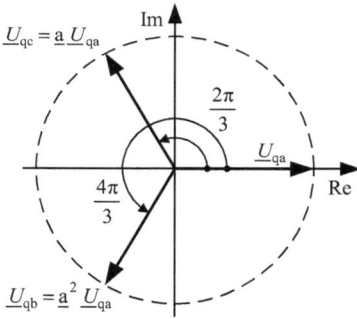

Abb. 19.2: Symmetrisches Quellenspannungssystem

Die Quellenspannungen der Leiter b und c können dann mit Hilfe des Einheitsversors $\underline{a}$ und der Quellenspannung des Leiters a ausgedrückt werden. Die Summe der drei Quellenspannungen ist gleich null (siehe auch Zeigerbild in Abbildung 19.2 und Abschnitt 3.3).

$$\underline{\boldsymbol{u}}_q = \begin{bmatrix} \underline{U}_{qa} \\ \underline{U}_{qb} \\ \underline{U}_{qc} \end{bmatrix} = \begin{bmatrix} \underline{U}_q \\ \underline{a}^2\underline{U}_q \\ \underline{a}\,\underline{U}_q \end{bmatrix} \quad \text{und} \quad \underline{U}_{qa} + \underline{U}_{qb} + \underline{U}_{qc} = \left(1 + \underline{a}^2 + \underline{a}\right)\underline{U}_q = 0 \qquad (19.7)$$

Für eine symmetrische Belastung müssen die Belastungsimpedanzen gleich groß und den gleichen Impedanzwinkel aufweisen. Damit muss gelten (vgl. Gln. (19.3) und (19.6)):

$$\underline{Z}_{aB} = \underline{Z}_{bB} = \underline{Z}_{cB} = \underline{Z}_{sB} \quad \Rightarrow \quad \underline{\boldsymbol{Z}}_B = \begin{bmatrix} \underline{Z}_{sB} & 0 & 0 \\ 0 & \underline{Z}_{sB} & 0 \\ 0 & 0 & \underline{Z}_{sB} \end{bmatrix} \qquad (19.8)$$

19.1.2 Geometrische Symmetrie

Unter geometrischer Symmetrie wird der symmetrische Aufbau der Betriebsmittel und damit auch ihrer Betriebsmittelimpedanzmatrix bzw. Betriebsmitteladmittanzmatrix verstanden. Dies bedeutet, dass die Selbstimpedanzen (Index s) in allen drei Leitern gleich groß sind und dass auch die Kopplungsimpedanzen zwischen den Leitern, d. h. die Gegenimpedanzen (Index g), gleich groß sind. Die Matrix $\underline{Z}$ nimmt dann eine sogenannte diagonal-zyklisch symmetrische Struktur (vgl. Abschnitt 4.6) an:

$$\underline{Z} = \begin{bmatrix} \underline{Z}_{aa} & \underline{Z}_{ab} & \underline{Z}_{ac} \\ \underline{Z}_{ba} & \underline{Z}_{bb} & \underline{Z}_{bc} \\ \underline{Z}_{ca} & \underline{Z}_{cb} & \underline{Z}_{cc} \end{bmatrix} = \begin{bmatrix} \underline{Z}_s & \underline{Z}_g & \underline{Z}_g \\ \underline{Z}_g & \underline{Z}_s & \underline{Z}_g \\ \underline{Z}_g & \underline{Z}_g & \underline{Z}_s \end{bmatrix} \tag{19.9}$$

Für die Admittanzmatrix gilt entsprechend:

$$\begin{aligned} \underline{Y}_B &= \begin{bmatrix} \underline{Y}_{aaB} & \underline{Y}_{abB} & \underline{Y}_{acB} \\ \underline{Y}_{baB} & \underline{Y}_{bbB} & \underline{Y}_{bcB} \\ \underline{Y}_{caB} & \underline{Y}_{cbB} & \underline{Y}_{ccB} \end{bmatrix} = \begin{bmatrix} \underline{Y}_E + 2\underline{Y} & -\underline{Y} & -\underline{Y} \\ -\underline{Y} & \underline{Y}_E + 2\underline{Y} & -\underline{Y} \\ -\underline{Y} & -\underline{Y} & \underline{Y}_E + 2\underline{Y} \end{bmatrix} \\ &= \begin{bmatrix} \underline{Y}_s & \underline{Y}_g & \underline{Y}_g \\ \underline{Y}_g & \underline{Y}_s & \underline{Y}_g \\ \underline{Y}_g & \underline{Y}_g & \underline{Y}_s \end{bmatrix} \end{aligned} \tag{19.10}$$

19.2 Symmetrisches Drehstromsystem

Setzt man in Gl. (19.6) und in Gl. (19.4) die Symmetriebedingungen ein, so erhält man:

$$\begin{aligned} \begin{bmatrix} \underline{U}_q \\ a\,\underline{U}_q \\ a^2\underline{U}_q \end{bmatrix} + \left(\begin{bmatrix} \underline{Z}_s & \underline{Z}_g & \underline{Z}_g \\ \underline{Z}_g & \underline{Z}_s & \underline{Z}_g \\ \underline{Z}_g & \underline{Z}_g & \underline{Z}_s \end{bmatrix} + \begin{bmatrix} \underline{Z}_{ME} & \underline{Z}_{ME} & \underline{Z}_{ME} \\ \underline{Z}_{ME} & \underline{Z}_{ME} & \underline{Z}_{ME} \\ \underline{Z}_{ME} & \underline{Z}_{ME} & \underline{Z}_{ME} \end{bmatrix} \right) \begin{bmatrix} \underline{I}_{aA} \\ \underline{I}_{bA} \\ \underline{I}_{cA} \end{bmatrix} \\ = \begin{bmatrix} \underline{U}_{aB} \\ \underline{U}_{bB} \\ \underline{U}_{cB} \end{bmatrix} = \begin{bmatrix} \underline{Z}_{sB} & 0 & 0 \\ 0 & \underline{Z}_{sB} & 0 \\ 0 & 0 & \underline{Z}_{sB} \end{bmatrix} \begin{bmatrix} \underline{I}_{aB} \\ \underline{I}_{bB} \\ \underline{I}_{cB} \end{bmatrix} \end{aligned} \tag{19.11}$$

und:

$$\begin{aligned} &\begin{bmatrix} \underline{I}_{aA} \\ \underline{I}_{bA} \\ \underline{I}_{cA} \end{bmatrix} + \begin{bmatrix} \underline{I}_{aB} \\ \underline{I}_{bB} \\ \underline{I}_{cB} \end{bmatrix} + \begin{bmatrix} \underline{Y}_s & \underline{Y}_g & \underline{Y}_g \\ \underline{Y}_g & \underline{Y}_s & \underline{Y}_g \\ \underline{Y}_g & \underline{Y}_g & \underline{Y}_s \end{bmatrix} \begin{bmatrix} \underline{U}_{aB} \\ \underline{U}_{bB} \\ \underline{U}_{cB} \end{bmatrix} \\ &= \begin{bmatrix} \underline{I}_{aA} \\ \underline{I}_{bA} \\ \underline{I}_{cA} \end{bmatrix} + \begin{bmatrix} \underline{I}_{aB} \\ \underline{I}_{bB} \\ \underline{I}_{cB} \end{bmatrix} + \begin{bmatrix} \underline{Y}_s & \underline{Y}_g & \underline{Y}_g \\ \underline{Y}_g & \underline{Y}_s & \underline{Y}_g \\ \underline{Y}_g & \underline{Y}_g & \underline{Y}_s \end{bmatrix} \begin{bmatrix} \underline{Z}_{sB} & 0 & 0 \\ 0 & \underline{Z}_{sB} & 0 \\ 0 & 0 & \underline{Z}_{sB} \end{bmatrix} \begin{bmatrix} \underline{I}_{aB} \\ \underline{I}_{bB} \\ \underline{I}_{cB} \end{bmatrix} = \begin{bmatrix} 0 \\ 0 \\ 0 \end{bmatrix} \end{aligned} \tag{19.12}$$

Nach der Addition der drei Gleichungszeilen in Gl. (19.11) bzw. in Gl. (19.12) erhält man:

$$0 = -\left(\underline{Z}_s + 2\underline{Z}_g + 3\underline{Z}_{ME}\right)\left(\underline{I}_{aA} + \underline{I}_{bA} + \underline{I}_{cA}\right) + \underline{Z}_{sB}\left(\underline{I}_{aB} + \underline{I}_{bB} + \underline{I}_{cB}\right) \tag{19.13}$$

sowie:

$$\left(\underline{I}_{aA} + \underline{I}_{bA} + \underline{I}_{cA}\right) + \left(1 + \underline{Z}_{sB}\left(\underline{Y}_s + 2\underline{Y}_g\right)\right)\left(\underline{I}_{aB} + \underline{I}_{bB} + \underline{I}_{cB}\right) = 0 \tag{19.14}$$

bzw. nach Ersetzen der Ströme an der Klemme A in Gl. (19.13) mit Gl. (19.14):

$$0 = \left[\left(\underline{Z}_s + 2\underline{Z}_g + 3\underline{Z}_{ME}\right)\left(1 + \underline{Z}_{sB}\left(\underline{Y}_s + 2\underline{Y}_g\right)\right) + \underline{Z}_{sB}\right]\left(\underline{I}_{aB} + \underline{I}_{bB} + \underline{I}_{cB}\right) \tag{19.15}$$

Diese Bedingung ist allgemein nur erfüllbar, wenn die Summe der drei Ströme gleich null ist.

$$\underline{I}_{aB} + \underline{I}_{bB} + \underline{I}_{cB} = 0 \tag{19.16}$$

Mit Hilfe der oben angegebenen Gleichungen (siehe z. B. Gln. (19.14) und (19.11)) und den Betriebsmittelgleichungen lässt sich zeigen, dass diese Bedingung auch für die Ströme $\underline{i}_A$ der Quellen und der Leitung sowie auch für alle Knotenspannungen $\underline{u}_A$ und $\underline{u}_B$ gilt. Damit lässt sich schlussfolgern, dass an jeder beliebigen Stelle x in einem elektrisch und geometrisch symmetrischen Dreileitersystem immer gilt:

$$\underline{I}_{ax} + \underline{I}_{bx} + \underline{I}_{cx} = 0 \quad \text{und} \quad \underline{U}_{ax} + \underline{U}_{bx} + \underline{U}_{cx} = 0 \tag{19.17}$$

19.3 Strangersatzschaltung

Setzt man die Bedingungen in Gl. (19.17) in das Spannungsgleichungssystem für das Drehstromsystem in Gl. (19.11) ein, so ergibt sich:

$$\begin{bmatrix} \underline{U}_{qa} \\ \underline{U}_{qb} \\ \underline{U}_{qc} \end{bmatrix} + \underline{Z}_s \begin{bmatrix} \underline{I}_{aA} \\ \underline{I}_{bA} \\ \underline{I}_{cA} \end{bmatrix} + \underline{Z}_g \begin{bmatrix} \underline{I}_{bA} + \underline{I}_{cA} \\ \underline{I}_{cA} + \underline{I}_{aA} \\ \underline{I}_{aA} + \underline{I}_{bA} \end{bmatrix} = \begin{bmatrix} \underline{U}_{qa} \\ \underline{U}_{qb} \\ \underline{U}_{qc} \end{bmatrix} + \underline{Z}_s \begin{bmatrix} \underline{I}_{aA} \\ \underline{I}_{bA} \\ \underline{I}_{cA} \end{bmatrix} + \underline{Z}_g \begin{bmatrix} -\underline{I}_{aA} \\ -\underline{I}_{bA} \\ -\underline{I}_{cA} \end{bmatrix}$$

$$= \begin{bmatrix} \underline{U}_{qa} \\ \underline{U}_{qb} \\ \underline{U}_{qc} \end{bmatrix} + \begin{bmatrix} \underline{Z}_s - \underline{Z}_g & 0 & 0 \\ 0 & \underline{Z}_s - \underline{Z}_g & 0 \\ 0 & 0 & \underline{Z}_s - \underline{Z}_g \end{bmatrix} \begin{bmatrix} \underline{I}_{aA} \\ \underline{I}_{bA} \\ \underline{I}_{cA} \end{bmatrix} = \begin{bmatrix} \underline{U}_{qa} \\ \underline{U}_{qb} \\ \underline{U}_{qc} \end{bmatrix} + \begin{bmatrix} \underline{Z}_1 & 0 & 0 \\ 0 & \underline{Z}_1 & 0 \\ 0 & 0 & \underline{Z}_1 \end{bmatrix} \begin{bmatrix} \underline{I}_{aA} \\ \underline{I}_{bA} \\ \underline{I}_{cA} \end{bmatrix}$$

$$= \begin{bmatrix} \underline{U}_{aB} \\ \underline{U}_{bB} \\ \underline{U}_{cB} \end{bmatrix} = \begin{bmatrix} \underline{Z}_{sB} & 0 & 0 \\ 0 & \underline{Z}_{sB} & 0 \\ 0 & 0 & \underline{Z}_{sB} \end{bmatrix} \begin{bmatrix} \underline{I}_{aB} \\ \underline{I}_{bB} \\ \underline{I}_{cB} \end{bmatrix} = \begin{bmatrix} \underline{Z}_{1B} & 0 & 0 \\ 0 & \underline{Z}_{1B} & 0 \\ 0 & 0 & \underline{Z}_{1B} \end{bmatrix} \begin{bmatrix} \underline{I}_{aB} \\ \underline{I}_{bB} \\ \underline{I}_{cB} \end{bmatrix} \tag{19.18}$$

Die in Gl. (19.18) neu eingeführte Impedanz $\underline{Z}_1$ ist die sogenannte Dreileiterimpedanz oder Betriebsimpedanz eines Betriebsmittels (hier der Leitung), die sich aus der Selbst- und Gegenimpedanz des Betriebsmittels berechnet:

$$\underline{Z}_1 = \underline{Z}_s - \underline{Z}_g \tag{19.19}$$

Entsprechend ergibt sich für das Knotenstromgleichungssystem in Gl. (19.12):

$$\begin{bmatrix} \underline{I}_{aA} \\ \underline{I}_{bA} \\ \underline{I}_{cA} \end{bmatrix} + \begin{bmatrix} \underline{I}_{aB} \\ \underline{I}_{bB} \\ \underline{I}_{cB} \end{bmatrix} = \begin{bmatrix} \underline{Y}_1 & 0 & 0 \\ 0 & \underline{Y}_1 & 0 \\ 0 & 0 & \underline{Y}_1 \end{bmatrix} \begin{bmatrix} \underline{U}_{aB} \\ \underline{U}_{bB} \\ \underline{U}_{cB} \end{bmatrix} = \begin{bmatrix} 0 \\ 0 \\ 0 \end{bmatrix} \tag{19.20}$$

mit der Dreileiteradmittanz:

$$\underline{Y}_1 = \underline{Y}_s - \underline{Y}_g = \underline{Y}_E + 3\underline{Y} \tag{19.21}$$

Anhand des dargestellten Beispiels für ein ohmsch-induktiv und kapazitiv gekoppeltes Drehstromsystem erkennt man, dass in einem Drehstromsystem bei vollständiger Symmetrie die drei Leiter vollständig voneinander entkoppelt sind. Dies ist daran zu erkennen, dass in Gl. (19.18) und in Gl. (19.20) nur Diagonalelemente, d. h. nur Selbst-, aber keine Gegenimpedanzen bzw. -admittanzen vorhanden sind. Die drei Gleichungen weisen die gleichen Parameter (gleiche Impedanzen bzw. Admittanzen) auf. Da auch die Quellen und die Belastungen betragsgleiche Parameter aufweisen, beschreiben die drei Gleichungen denselben Betriebszustand. Es sind lediglich die Spannungen und Ströme in den drei Leitern um jeweils $\pm 2\pi/3$ zueinander phasenverschoben. Damit ist es vollkommen ausreichend, wenn nur ein Strang betrachtet wird, die Ergebnisse für die beiden anderen Stränge ergeben sich durch eine entsprechende Phasenverschiebung. Demzufolge wird auch nur noch eine Ersatzschaltung für einen Strang angegeben, die sogenannte Strangersatzschaltung in Abbildung 19.3. Als Bezugsstrang wird üblicherweise der Strang a gewählt. Der Leiterindex wird dann nicht mehr mitgeführt, sondern weggelassen.

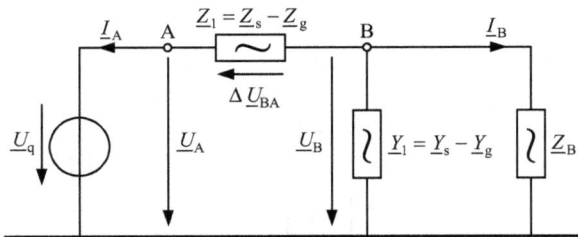

Abb. 19.3: Strangersatzschaltung für das symmetrische Drehstromsystem entsprechend Abbildung 19.1

Die Sternpunktspannung $\underline{U}_{ME}$ ist in einen symmetrischen Dreileitersysteme gleich null (siehe Gl. (19.2) in Zusammenhang mit Gl. (19.17)). Damit ist sie auch nicht in dem Strangersatzschaltbild zu berücksichtigen.

$$\underline{U}_{ME} = \underline{Z}_{ME} \left(\underline{I}_{aA} + \underline{I}_{bA} + \underline{I}_{cA} \right) = 0 \tag{19.22}$$

19.4 Dreileiterleistung

Die komplexe Leistung $\underline{S}$ in einem symmetrischen Drehstromsystem ergibt sich aus der dreifachen Leistung eines Leiterstrangs, da die Spannungsbeträge ($U_a = U_b = U_c$), die Stromstärke ($I_a = I_b = I_c$) und die Phasenverschiebungen $\varphi_a = \varphi_b = \varphi_c = \varphi = \varphi_U - \varphi_I$ zwischen den Spannungen und Strömen in den drei Strängen gleich groß sind. Dies wird an dem Zeigerbild in Abbildung 19.4 deutlich.

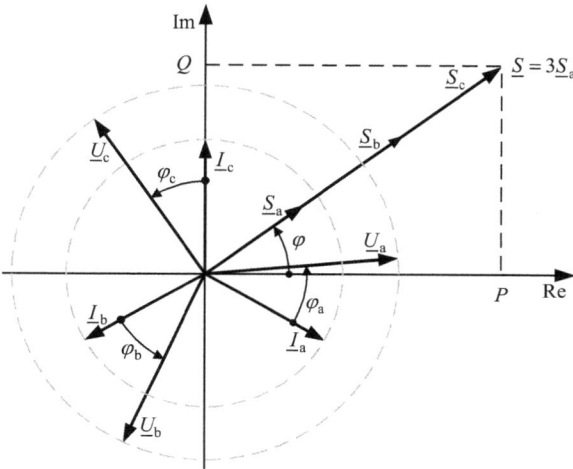

Abb. 19.4: Zeigerbild und komplexe Leistungen für ein symmetrisches Drehstromsystem

Die Dreileiterleistung der Verbraucherlast am Knoten B in Abbildung 19.1 beträgt beispielhaft:

$$\underline{S}_B = \underline{S}_{aB} + \underline{S}_{bB} + \underline{S}_{cB} = \underline{U}_{aB}\,\underline{I}^*_{aB} + \underline{U}_{bB}\,\underline{I}^*_{bB} + \underline{U}_{cB}\,\underline{I}^*_{cB}$$
$$= 3\,U_{aB}\,I_{aB}\,e^{j(\varphi_U - \varphi_I)} = S_B\,e^{j\varphi_B} = P_B + jQ_B \tag{19.23}$$

Die entsprechenden Leistungen z. B. der Quellen am Knoten A können analog bestimmt werden.

19.5 Rechnen mit bezogenen Größen

Beim Rechnen mit bezogenen Größen liegen die Zahlenwerte in engen, typischen Wertebereichen vor, die es dem Praktiker aufgrund ihrer hohen Aussagekraft ermöglichen, sehr schnell Aussagen zur Plausibilität der Parameterangaben zu machen und einfache Überschlagsrechnungen (z. B. auch mit Hilfe von Zeigerbildern) durchzuführen.

Bei den im folgenden Kapitel sowie in Band 2 und Band 3 dargestellten Berechnungsverfahren wird das SI-Einheitensystem gemäß der EN ISO 80000-1 [28] verwendet. Für eine reelle oder komplexe Größe $\underline{G}$ gilt allgemein:

$$\underbrace{\text{komplexe Größe}}_{\underline{G}} = \underbrace{\text{komplexer Zahlenwert}}_{\{\underline{G}\}} \times \underbrace{\text{Einheit}}_{[\underline{G}]} \qquad (19.24)$$

In der elektrischen Energietechnik ist es üblich, zum einen die Impedanz- und Admittanzwerte für die Leitungen als längenbezogene Größen (gekennzeichnet durch einen oberen Anstrich) anzugeben:
- R' in Ω/km,
- X' in Ω/km bzw. L' in H/km,
- G' in S/km und
- C' in F/km.

Die längenbezogenen Größen können durch einfache Multiplikation mit der Leitungslänge in Widerstände, Reaktanzen bzw. Induktivitäten, Leitwerte oder Kapazitäten umgerechnet werden.

Zum anderen werden die Impedanzwerte von Transformatoren, Synchronmaschinen, Asynchronmaschinen und Drosselspulen in %-Werten oder in p.u. (gekennzeichnet durch einen kleinen Buchstaben) angegeben, z. B. (vgl. Band 2, Abschnitte 5.6.1 und 2.4.1.1)
- bei Transformatoren die relative Bemessungskurzschlussspannung u_k in % oder in p.u.
- bei Synchronmaschinen die bezogene synchrone Längsreaktanz x_d in % oder in p.u.

Hierfür ist die Wahl eines Bezugssystems erforderlich, in dem neben den Impedanzen auch die Spannungen, Ströme und Leistungen als bezogene Größen angegeben werden. Bei der Wahl eines Bezugssystems können immer zwei Größen vorgegeben werden, z. B. eine Bezugsspannung U_B (als Strangspannungswert) und eine Bezugsleistung S_B. Die Bezugsströme und die Bezugsimpedanz ergeben sich dann aus:

$$I_B = \frac{S_B}{3U_B} \quad \text{und} \quad Z_B = \frac{U_B}{I_B} = \frac{3U_B^2}{S_B} \qquad (19.25)$$

Es gilt dann z. B.:

$$\frac{\underline{U}}{U_B} = \underline{u} = \frac{\underline{Z} \cdot \underline{I}}{U_B} = \frac{\underline{Z}}{U_B/I_B} \frac{\underline{I}}{I_B} = \frac{\underline{Z}}{Z_B} \frac{\underline{I}}{I_B} = \underline{z} \cdot \underline{i} \qquad (19.26)$$

und

$$\frac{\underline{S}}{S_B} = \underline{s} = \frac{3\underline{U} \cdot \underline{I}^*}{S_B} = \frac{3\underline{U}}{3U_B} \frac{\underline{I}^*}{I_B} = \underline{u} \cdot \underline{i}^* \qquad (19.27)$$

Grundsätzlich ist die Wahl der Bezugsgrößen beliebig. Für die Beschreibung von Betriebsmitteln und für Netzberechnungen haben sich zwei Möglichkeiten für die Angabe der Bezugsgrößen durchgesetzt:

- Für die Angabe der Betriebsmitteldaten in bezogenen Größen werden die Bemessungsspannung $U_r/\sqrt{3}$ als Strangspannungswert und die Bemessungsscheinleistung S_r[1] des Betriebsmittels verwendet. Der Kennwert in % oder in p.u. ist dann der bei Bemessungsstrom I_r entstehende Spannungsabfall an der Impedanz $\underline{Z}_k$ bezogen auf den Bemessungswert der Strangspannung, z. B.:

$$u_k = \frac{Z_k I_r}{U_r/\sqrt{3}} = \frac{Z_k S_r}{U_r^2} = \frac{Z_k}{Z_B} = z_k \tag{19.28}$$

Es ist dann zweckmäßig mit den Einheiten kV anstatt V, kA anstatt A sowie mit MVA, MW und Mvar anstatt VA, W und var zu rechnen. Damit können die tatsächlichen Impedanzen direkt mit den Zahlenwerten für die Spannung und die Leistung in kV bzw. MVA aus den bezogenen Werten in % bzw. p.u. berechnet werden, z. B.:

$$Z_k = u_k Z_B = u_k \frac{U_r^2}{S_r} \tag{19.29}$$

- Für Netzberechnungen, z. B. Kurzschlussstromberechnungen, werden die Netznennspannung $U_{nN}/\sqrt{3}$ der Netzebene, in der der Fehler liegt, und eine frei wählbare Bezugsscheinleistung S_B, z. B. 1 GVA, als Bezugsgrößen gewählt. Es gelten dann für die Berechnung der bezogenen Größen, des Bezugsstroms und der Bezugsimpedanz die Gln. (19.25) bis (19.27).

Tabelle 19.1 fasst die Gleichungen für die Berechnung von bezogenen Größen mit unterschiedlichen Bezugsgrößensystemen für die Umrechnung zwischen den Bezugsgrößensystemen sowie für die Berechnung der Originalgrößen in einem anderen Bezugsystem zusammen.

Tab. 19.1: Berechnung von bezogenen Größen mit unterschiedlichen Bezugsgrößensystemen

bezogene Größe	Bezug auf Bemessungs- größen	Bezug auf beliebige Bezugsgrößen	Umrechnung auf beliebige Bezugsgrößen	Originalgröße in beliebigen Bezugsgrößen
$\underline{u}$	$\dfrac{U}{U_r/\sqrt{3}}$	$\dfrac{U}{U_B}$	$\dfrac{U_r/\sqrt{3}}{U_B}$	$\underline{U}' = \underline{U}\dfrac{U_r/\sqrt{3}}{U_B}$
$\underline{i}$	$\dfrac{I}{S_r/(\sqrt{3}U_r)}$	$\dfrac{I}{S_B/(3U_B)}$	$\dfrac{S_r/(\sqrt{3}U_r)}{S_B/(3U_B)}$	$\underline{I}' = \underline{I}\dfrac{S_r/(\sqrt{3}U_r)}{S_B/(3U_B)}$
$\underline{z}$	$\dfrac{Z}{U_r^2/S_r}$	$\dfrac{Z}{3U_B^2/S_B}$	$\dfrac{U_r^2/S_r}{3U_B^2/S_B}$	$\underline{Z}' = \underline{Z}\dfrac{U_r^2/S_r}{3U_B^2/S_B}$
$\underline{s}$	$\dfrac{S}{S_r}$	$\dfrac{S}{S_B}$	$\dfrac{S_r}{S_B}$	$\underline{S}' = \underline{S}\dfrac{S_r}{S_B}$

---

[1] Der Index r steht für „rated value" und kennzeichnet eine Bemessungsgröße (früher Nenngröße).

20 Unsymmetrisches Drehstromsystem und Symmetrische Komponenten

Für die Berechnung von unsymmetrischen Zuständen von Drehstromsystemen ist die einphasige Strangersatzschaltung (siehe Abschnitt 19.3) nicht gültig, weil mit dieser Ersatzschaltung Eigenschaften des Systems, die im unsymmetrischen Zustand hervortreten, wie z. B. die Sternpunkt-Erde-Spannungen und -ströme, nicht nachgebildet werden können. Unsymmetrische stationäre Betriebszustände sind am einfachsten mit Hilfe der Symmetrischen Komponenten oder alternativ mit den $\alpha\beta0$-Komponenten [29], auf die nicht eingegangen wird, zu berechnen. Diese Komponentenverfahren rechnen anstatt mit den unsymmetrischen Spannungen und Strömen mit Komponentenspannungen und Komponentenströmen, deren Überlagerung den unsymmetrischen Zustand nachbilden. Sie beruhen damit auf dem Überlagerungsverfahren und setzen lineare Eigenschaften des Energieversorgungssystems voraus.

20.1 Ursachen für Unsymmetrie

Eine Unsymmetrie im Drehstromsystem kann durch Fehler (Kurzschlüsse, Unterbrechungen), durch Schaltmaßnahmen (z. B. 1-polige Automatische Wiedereinschaltung (AWE), siehe Band 3, Abschnitt 8.7) und durch unsymmetrische Verbraucherlasten, insbesondere in der NS-Ebene, verursacht werden. Bislang wurden Erzeugungsanlagen als symmetrische Quellenspannungssysteme nachgebildet. Dies ist grundsätzlich auch weiterhin zulässig. Allerdings verursachen z. B. einphasig angeschlossene Photovoltaikanlagen in der NS-Ebene eine Unsymmetrie auf der Erzeugungsseite und damit unsymmetrische Quellenspannungssysteme.

20.2 Transformation der Leitergrößen in modale Größen (Modaltransformation)

Durch eine Modaltransformation (mathematische Ähnlichkeitstransformation, siehe Abschnitt 4.5) werden die drei Leitergrößen (natürliche Koordinaten) in drei modale Größen transformiert. Dabei wird das vollständig gekoppelte dreiphasige Gleichungssystem in natürlichen Koordinaten, wie z. B. das Spannungsgleichungssystem in Gl. (19.6) für das Drehstromsystem in Abbildung 19.1, in drei entkoppelte Gleichungen und zugehörige Ersatzschaltungen überführt. Die Kopplungen der Leiter mit ggf. vorhandenen Erdseilen und dem Erdboden werden ebenfalls aufgehoben. Diese Komponentenverfahren ermöglichen damit eine übersichtliche und einfache Berechnung von unsymmetrischen Betriebszuständen auch in ausgedehnten Netzen, da die

https://doi.org/10.1515/9783110548532-020

Komponentensysteme nur an der/den Unsymmetriestelle(n) durch für jede Fehlerart typische Verschaltungen miteinander gekoppelt werden (siehe Band 3, Kapitel 3). Das restliche Netz bleibt entkoppelt.

Allgemein wird der Zusammenhang zwischen dem Vektor $\boldsymbol{g}$ mit drei natürlichen Größen $\underline{G}_v$ (z. B. Spannungen $\underline{U}_v$ oder Ströme $\underline{I}_v$ der drei Leiter v = a, b und c) und dem entsprechenden Vektor $\boldsymbol{g}_M$ in modalen Koordinaten über die grundsätzlich komplexe Transformationsmatrix $\underline{\boldsymbol{T}}_M$ und ihre Inverse hergestellt (vgl. Abschnitt 4.5):

$$
\underline{\boldsymbol{g}} = \begin{bmatrix} \underline{G}_a \\ \underline{G}_b \\ \underline{G}_c \end{bmatrix} = \begin{bmatrix} \underline{t}_{11} & \underline{t}_{12} & \underline{t}_{13} \\ \underline{t}_{21} & \underline{t}_{22} & \underline{t}_{23} \\ \underline{t}_{31} & \underline{t}_{32} & \underline{t}_{33} \end{bmatrix} \begin{bmatrix} \underline{G}_1 \\ \underline{G}_2 \\ \underline{G}_3 \end{bmatrix} = \begin{bmatrix} \underline{t}_1 & \underline{t}_2 & \underline{t}_3 \end{bmatrix} \begin{bmatrix} \underline{G}_1 \\ \underline{G}_2 \\ \underline{G}_3 \end{bmatrix} = \underline{\boldsymbol{T}}_M \begin{bmatrix} \underline{G}_1 \\ \underline{G}_2 \\ \underline{G}_3 \end{bmatrix}
$$

$$
= \underline{\boldsymbol{T}}_M \underline{\boldsymbol{g}}_M \tag{20.1}
$$

und:

$$
\underline{\boldsymbol{g}}_M = \begin{bmatrix} \underline{G}_1 \\ \underline{G}_2 \\ \underline{G}_3 \end{bmatrix} = \begin{bmatrix} \underline{t}_{11} & \underline{t}_{12} & \underline{t}_{13} \\ \underline{t}_{21} & \underline{t}_{22} & \underline{t}_{23} \\ \underline{t}_{31} & \underline{t}_{32} & \underline{t}_{33} \end{bmatrix}^{-1} \begin{bmatrix} \underline{G}_a \\ \underline{G}_b \\ \underline{G}_c \end{bmatrix} = \begin{bmatrix} \underline{t}_1 & \underline{t}_2 & \underline{t}_3 \end{bmatrix}^{-1} \begin{bmatrix} \underline{G}_a \\ \underline{G}_b \\ \underline{G}_c \end{bmatrix} = \underline{\boldsymbol{T}}_M^{-1} \begin{bmatrix} \underline{G}_a \\ \underline{G}_b \\ \underline{G}_c \end{bmatrix}
$$

$$
= \underline{\boldsymbol{T}}_M^{-1} \underline{\boldsymbol{g}} \tag{20.2}
$$

Die Anwendung der Modaltransformation entsprechend der Gln. (20.1) und (20.2) z. B. auf die Zweigspannungsgleichung in Gl. (19.1) führt mit den durch den Index M gekennzeichneten neu eingeführten modalen Größen auf:

$$
\Delta \underline{\boldsymbol{u}}_{BA} = \underline{\boldsymbol{u}}_B - \underline{\boldsymbol{u}}_A = \underline{\boldsymbol{Z}}\, \underline{\boldsymbol{i}}_A
$$

$$
\underline{\boldsymbol{T}}_M \Delta \underline{\boldsymbol{u}}_{BAM} = \underline{\boldsymbol{T}}_M \underline{\boldsymbol{u}}_{BM} - \underline{\boldsymbol{T}}_M \underline{\boldsymbol{u}}_{AM} = \underline{\boldsymbol{Z}}\, \underline{\boldsymbol{T}}_M \underline{\boldsymbol{i}}_{AM} \tag{20.3}
$$

$$
\Delta \underline{\boldsymbol{u}}_{BAM} = \underline{\boldsymbol{u}}_{BM} - \underline{\boldsymbol{u}}_{AM} = \underline{\boldsymbol{T}}_M^{-1} \underline{\boldsymbol{Z}}\, \underline{\boldsymbol{T}}_M \underline{\boldsymbol{i}}_{AM} = \underline{\boldsymbol{Z}}_M \underline{\boldsymbol{i}}_{AM}
$$

Hieraus leiten sich entsprechend der mathematischen Hauptachsentransformation (siehe Abschnitt 4.5) die Bestimmungsgleichungen für die Elemente der Transformationsmatrix ab. Die Hauptachsentransformation transformiert die Impedanzmatrix $\underline{\boldsymbol{Z}}$ auf die Diagonalform $\underline{\boldsymbol{Z}}_M$, so dass die drei Leiter in drei vollständig entkoppelte Gleichungssysteme überführt werden und jedes als einphasige Ersatzschaltung interpretiert werden kann:

$$
\underline{\boldsymbol{Z}}_M = \underline{\boldsymbol{T}}_M^{-1} \underline{\boldsymbol{Z}}\, \underline{\boldsymbol{T}}_M = \underline{\boldsymbol{\Lambda}} = \mathrm{diag}\,(\underline{\lambda}_1 \ \underline{\lambda}_2 \ \underline{\lambda}_3) = \begin{bmatrix} \underline{\lambda}_1 & 0 & 0 \\ 0 & \underline{\lambda}_2 & 0 \\ 0 & 0 & \underline{\lambda}_3 \end{bmatrix} \quad \text{und} \quad \underline{\boldsymbol{Z}}\, \underline{\boldsymbol{T}}_M = \underline{\boldsymbol{T}}_M \underline{\boldsymbol{\Lambda}} \tag{20.4}
$$

Die Diagonalelemente sind die Eigenwerte der Impedanzmatrix $\underline{\boldsymbol{Z}}$, und die zugehörigen Eigenvektoren sind die Spaltenvektoren der Transformationsmatrix $\underline{\boldsymbol{T}}_M$. Die Eigenwerte $\underline{\lambda}_1$, $\underline{\lambda}_2$ und $\underline{\lambda}_3$ in Gl. (20.4) und die Eigenvektoren $\underline{t}_1$, $\underline{t}_2$ und $\underline{t}_3$ in Gl. (20.1) werden wie folgt bestimmt (siehe auch Abschnitt 4.5 oder [1]):

$$
\det\,(\underline{\boldsymbol{Z}} - \underline{\lambda}\boldsymbol{E}) = 0 \quad \text{und} \quad (\underline{\boldsymbol{Z}} - \underline{\lambda}\boldsymbol{E})\,\underline{t} = \boldsymbol{0} \tag{20.5}
$$

Speziell für die Diagonalisierung von diagonal-zyklisch symmetrischen Matrizen (siehe Abschnitt 19.1.2 und Abschnitt 4.6) ergeben sich die folgenden allgemeinen Bestimmungsgleichungen für die Eigenwerte:

$$\underline{\lambda}_1 = \underline{\lambda}_2 = \underline{Z}_s - \underline{Z}_g \quad \text{und} \quad \underline{\lambda}_3 = \underline{Z}_s + 2\underline{Z}_g \tag{20.6}$$

und für die Elemente der Transformationsmatrix $\underline{T}_M$:

$$\underline{k}_1\left(\underline{t}_{11} + \underline{t}_{21} + \underline{t}_{31}\right) = 0 \ \wedge \ \underline{k}_2\left(\underline{t}_{12} + \underline{t}_{22} + \underline{t}_{32}\right) = 0 \ \wedge \ \underline{k}_3\underline{t}_{13} = \underline{k}_3\underline{t}_{23} = \underline{k}_3\underline{t}_{33} \tag{20.7}$$

Von den neun Elementen der Transformationsmatrix $\underline{T}_M$ sind nur vier voneinander linear unabhängig (vgl. Abschnitt 4.5). Sie lassen sich aus den anderen Elementen über Gl. (20.7) berechnen. Im Einzelnen müssen damit von den drei Elementen des ersten und zweiten Eigenvektors $\underline{t}_1$ und $\underline{t}_2$ jeweils zwei Elemente und ein Element des dritten Eigenvektors $\underline{t}_3$ vorgegeben werden. Randbedingung ist bei der Vorgabe der Elemente, dass die Eigenvektoren linear unabhängig voneinander sind und damit die Inverse der Transformationsmatrix $\underline{T}_M$ gebildet werden kann.

20.3 Leistung in modalen Komponenten

Die komplexe Scheinleistung $\underline{S}_M$ in modalen Koordinaten berechnet sich aus den modalen Größen wie folgt:

$$\underline{S}_M = \underline{U}_1\underline{I}_1^* + \underline{U}_2\underline{I}_2^* + \underline{U}_3\underline{I}_3^* = \underline{u}_M^T\,\underline{i}_M^* = \left(\underline{T}_M^{-1}\underline{u}\right)^T\left(\underline{T}_M^{-1}\underline{i}\right)^* = \underline{u}^T\left(\underline{T}_M^{-1}\right)^T\left(\underline{T}_M^{-1}\right)^*\underline{i}^* \tag{20.8}$$

Der Vergleich mit der komplexen Scheinleistung in natürlichen Koordinaten in Gl. (19.23) zeigt, dass zur Erzielung von Leistungsinvarianz ($\underline{S}_M = \underline{S}$) die Transformationsmatrix $\underline{T}_M$ eine unitäre Matrix (vgl. Tabelle 4.1) sein muss.

$$\underline{S}_M = \underline{u}^T\left(\underline{T}_M^{-1}\right)^T\left(\underline{T}_M^{-1}\right)^*\underline{i}^* \overset{!}{=} \underline{S} = \underline{u}^T\underline{i}^* \quad \Rightarrow \quad \underline{T}_M^T\,\underline{T}_M^* = E \quad \Leftrightarrow \quad \underline{T}_M^{-1} = \underline{T}_M^{T*} \tag{20.9}$$

20.4 Symmetrische Komponenten

Für den Aufbau der Transformationsmatrix $\underline{T}_S$ für die Transformation der unsymmetrischen Originalgrößen $\underline{G}_\nu$ ($\nu = a, b, c$) in die Symmetrischen Komponenten $\underline{G}_i$ ($i = 1, 2, 0$) werden für die Erfüllung der Transformationsbeziehung in Gl. (20.1) für die Elemente der Eigenvektoren entsprechend der Vielfachheit des zugehörigen Eigenwertes entweder zwei Elemente oder ein Element vorgegeben (siehe Gl. (20.7) und Tabelle 20.1).

Tab. 20.1: Bestimmung der Transformationsmatrix für die Symmetrischen Komponenten

Eigenwert	Eigenvektor	Vorgaben	Bestimmungsgleichung	Eigenvektor
$\underline{\lambda}_1$	$\underline{t}_1 = \begin{bmatrix} \underline{t}_{11} \\ \underline{t}_{21} \\ \underline{t}_{31} \end{bmatrix}$	$\begin{aligned} \underline{k}_1 &= 1 \\ \underline{t}_{11} &= 1 \\ \underline{t}_{21} &= \underline{a}^2 \end{aligned}$	$\begin{aligned} \underline{t}_{31} &= -\underline{t}_{11} - \underline{t}_{21} \\ &= -1 - \underline{a}^2 \\ &= \underline{a} \end{aligned}$	$\underline{t}_1 = \begin{bmatrix} 1 \\ \underline{a}^2 \\ \underline{a} \end{bmatrix}$
$\underline{\lambda}_2 = \underline{\lambda}_1$	$\underline{t}_2 = \begin{bmatrix} \underline{t}_{12} \\ \underline{t}_{22} \\ \underline{t}_{32} \end{bmatrix}$	$\begin{aligned} \underline{k}_2 &= 1 \\ \underline{t}_{12} &= 1 \\ \underline{t}_{22} &= \underline{a} \end{aligned}$	$\begin{aligned} \underline{t}_{32} &= -\underline{t}_{12} - \underline{t}_{22} \\ &= -1 - \underline{a} \\ &= \underline{a}^2 \end{aligned}$	$\underline{t}_2 = \begin{bmatrix} 1 \\ \underline{a} \\ \underline{a}^2 \end{bmatrix}$
$\underline{\lambda}_3$	$\underline{t}_3 = \begin{bmatrix} \underline{t}_{13} \\ \underline{t}_{23} \\ \underline{t}_{33} \end{bmatrix}$	$\begin{aligned} \underline{k}_3 &= 1 \\ \underline{t}_{13} &= 1 \end{aligned}$	$\begin{aligned} \underline{t}_{23} &= \underline{t}_{13} = 1 \\ \underline{t}_{33} &= \underline{t}_{13} = 1 \end{aligned}$	$\underline{t}_3 = \begin{bmatrix} 1 \\ 1 \\ 1 \end{bmatrix}$

Allgemein lauten damit die Transformationsbeziehungen zwischen den Größen in natürlichen Koordinaten $\underline{g}$ und in Symmetrischen Koordinaten $\underline{g}_S$ mit der Transformationsmatrix $\underline{T}_S$ und ihrer Inversen:

$$\underline{g} = \begin{bmatrix} \underline{G}_a \\ \underline{G}_b \\ \underline{G}_c \end{bmatrix} = \begin{bmatrix} 1 & 1 & 1 \\ \underline{a}^2 & \underline{a} & 1 \\ \underline{a} & \underline{a}^2 & 1 \end{bmatrix} \begin{bmatrix} \underline{G}_1 \\ \underline{G}_2 \\ \underline{G}_0 \end{bmatrix} = \underline{T}_S \begin{bmatrix} \underline{G}_1 \\ \underline{G}_2 \\ \underline{G}_0 \end{bmatrix} = \underline{T}_S \underline{g}_S \tag{20.10}$$

und

$$\underline{g}_S = \begin{bmatrix} \underline{G}_1 \\ \underline{G}_2 \\ \underline{G}_0 \end{bmatrix} = \frac{1}{3} \begin{bmatrix} 1 & \underline{a} & \underline{a}^2 \\ 1 & \underline{a}^2 & \underline{a} \\ 1 & 1 & 1 \end{bmatrix} \begin{bmatrix} \underline{G}_a \\ \underline{G}_b \\ \underline{G}_c \end{bmatrix} = \underline{T}_S^{-1} \begin{bmatrix} \underline{G}_a \\ \underline{G}_b \\ \underline{G}_c \end{bmatrix} = \underline{T}_S^{-1} \underline{g} \tag{20.11}$$

Die drei Komponenten der Symmetrischen Komponenten werden in den beiden Gln. (20.10) und (20.11) in der Reihenfolge Mitsystem $\underline{G}_1$ (Index 1), Gegensystem $\underline{G}_2$ (Index 2) und Nullsystem $\underline{G}_0$ (Index 0) angegeben. Diese Schreibweise wird auch im Folgenden verwendet. In der älteren, vor allem englischsprachigen Literatur findet sich auch die Reihenfolge Nullsystem, Mitsystem und Gegensystem (0, 1, 2).

Anhand von Gl. (20.10) werden zwei Eigenschaften dieser Transformation deutlich. Zum einen wird aus der ersten Zeile von $\underline{T}_S$ ersichtlich, dass der Leiter a zum Bezugsleiter gewählt wurde. Der Index a wurde deshalb auch nicht mehr bei den Symmetrischen Komponenten mit angegeben. Es gilt aber stillschweigend $\underline{G}_1 = \underline{G}_{1a}$, $\underline{G}_2 = \underline{G}_{2a}$ und $\underline{G}_0 = \underline{G}_{0a}$. Grundsätzlich ist man in der Wahl des Bezugsleiters frei. Es hat sich aber die Wahl des Leiters a als Bezugsleiter allgemein bei der Definition von Transformationsmatrizen durchgesetzt (siehe hierzu auch Abschnitt 19.3).

Zum anderen kann man die mit Gl. (20.10) beschriebene Transformationsbeziehung auch so interpretieren, dass sich die Originalgrößen aus jeweils drei modalen Komponenten für die drei Leiter a, b und c linear zusammensetzen, wobei sich jede dieser einzelnen Komponenten durch die Komponente des Bezugsleiters a ausdrücken lässt und mit dessen Kenntnis eindeutig festliegen:

$$
\begin{bmatrix} \underline{G}_a \\ \underline{G}_b \\ \underline{G}_c \end{bmatrix} = \begin{bmatrix} 1 \\ \underline{a}^2 \\ \underline{a} \end{bmatrix} \underline{G}_1 + \begin{bmatrix} 1 \\ \underline{a} \\ \underline{a}^2 \end{bmatrix} \underline{G}_2 + \begin{bmatrix} 1 \\ 1 \\ 1 \end{bmatrix} \underline{G}_0 = \begin{bmatrix} \underline{G}_{1a} \\ \underline{G}_{1b} \\ \underline{G}_{1c} \end{bmatrix} + \begin{bmatrix} \underline{G}_{2a} \\ \underline{G}_{2b} \\ \underline{G}_{2c} \end{bmatrix} + \begin{bmatrix} \underline{G}_{0a} \\ \underline{G}_{0b} \\ \underline{G}_{0c} \end{bmatrix} \tag{20.12}
$$

Aus der Darstellung der jeweils drei Zeiger für die Mitsystemgrößen $\underline{G}_1 = \underline{G}_{1a}$, $\underline{G}_2 = \underline{G}_{2a}$ und $\underline{G}_0 = \underline{G}_{0a}$ und die Gegensystemgrößen $\underline{G}_{2a}$, $\underline{G}_{2b}$ und $\underline{G}_{2c}$ erkennt man, dass diese jeweils ein symmetrisches Drehstromsystem bilden (siehe Abbildung 20.1 links und Mitte), d.h. dass die Größen eines Systems dieselben Effektivwerte und dieselbe Frequenz und eine Phasenverschiebung von jeweils $\pm 2\pi/3$ zueinander aufweisen. Daher rührt auch die Bezeichnung Symmetrische Komponenten und Symmetrisches Koordinatensystem.

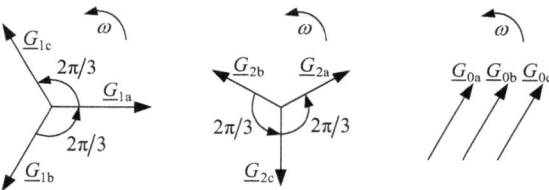

Abb. 20.1: Symmetrische Komponentensysteme: Mitsystem (Index 1), Gegensystem (Index 2) und Nullsystem (Index 0)

Mit- und Gegensystem unterscheiden sich dadurch, dass das Gegensystem eine gegenüber dem Mitsystem entgegengesetzte Phasenfolge aufweist. Das Mitsystem entspricht der üblichen „richtigen" Phasenfolge im mathematisch positiven Sinn und beschreibt den stationären eingeschwungenen symmetrischen Betriebszustand des Energieversorgungssystems (siehe Kapitel 19). In einer Drehfeldmaschine erzeugen ein Mit- und ein Gegensystem jeweils Drehfelder (siehe Band 2, Abschnitt 2.1.1), die einen entgegengesetzten Drehsinn zueinander aufweisen. Das Nullsystem ist ein Komponentensystem, das aus drei gleichphasigen und betragsgleichen Zeigern $\underline{G}_{0a}$, $\underline{G}_{0b}$ und $\underline{G}_{0c}$ mit derselben Frequenz wie die Größen des Mit- und Gegensystems besteht (siehe Abbildung 20.1 rechts).

Alle Zeiger des Mit-, Gegen- und Nullsystems rotieren im mathematisch positiven Sinn entgegen dem Uhrzeigersinn. Damit wird deutlich, dass alle Größen auch als ruhende Effektivwertzeiger dargestellt werden können.

Ein wesentlicher Vorteil der Symmetrischen Komponenten ist, dass bei Vorliegen von diagonal-zyklisch symmetrischen Parametermatrizen (siehe Abschnitt 19.1.2) die gegenseitigen Kopplungen zwischen den Leitern verschwinden. Bei einem symmetrischen Netzbetrieb (elektrische Symmetrie, siehe Abschnitt 19.1.1) bestehen keine Abhängigkeiten oder Kopplungen zwischen den drei Systemen. Alle Größen des Gegen-

und des Nullsystems sind dann gleich null. Erst durch eine beliebige Unsymmetrie werden das Gegensystem und/oder das Nullsystem an der Fehlerstelle mit dem Mitsystem gekoppelt.

Grundsätzlich gilt an allen Orten und für alle Größen des Energieversorgungssystems die beschriebene Überlagerung der drei Symmetrischen Komponenten zu den entsprechenden unsymmetrischen Originalkomponenten in natürlichen Koordinaten.

Für das Beispiel eines unsymmetrischen Drehstromsystems mit $\underline{I}_a = 0$, $\underline{I}_b = \underline{a}^2 \underline{I}$ und $\underline{I}_c = \underline{a}\,\underline{I}$ ergibt sich (siehe auch Tabelle 20.2):

$$
\begin{bmatrix} \underline{I}_1 \\ \underline{I}_2 \\ \underline{I}_0 \end{bmatrix} = \frac{1}{3} \begin{bmatrix} 1 & \underline{a} & \underline{a}^2 \\ 1 & \underline{a}^2 & \underline{a} \\ 1 & 1 & 1 \end{bmatrix} \begin{bmatrix} 0 \\ \underline{a}^2 \underline{I} \\ \underline{a}\,\underline{I} \end{bmatrix} = \frac{1}{3} \begin{bmatrix} 2 \\ -1 \\ -1 \end{bmatrix} \underline{I}
\tag{20.13}
$$

Die Überlagerung der Komponenten in den Symmetrischen Koordinaten in Abbildung 20.2 zeigt die Zusammensetzung der Originalgrößen aus diesen Komponenten:

$$
\begin{bmatrix} \underline{I}_a \\ \underline{I}_b \\ \underline{I}_c \end{bmatrix} = \begin{bmatrix} \underline{I}_{1a} \\ \underline{I}_{1b} \\ \underline{I}_{1c} \end{bmatrix} + \begin{bmatrix} \underline{I}_{2a} \\ \underline{I}_{2b} \\ \underline{I}_{2c} \end{bmatrix} + \begin{bmatrix} \underline{I}_{0a} \\ \underline{I}_{0b} \\ \underline{I}_{0c} \end{bmatrix} = \frac{1}{3} \begin{bmatrix} 1 & 1 & 1 \\ \underline{a}^2 & \underline{a} & 1 \\ \underline{a} & \underline{a}^2 & 1 \end{bmatrix} \frac{1}{3} \begin{bmatrix} 2 \\ -1 \\ -1 \end{bmatrix} \underline{I}
$$

$$
= \frac{2}{3} \begin{bmatrix} 1 \\ \underline{a}^2 \\ \underline{a} \end{bmatrix} \underline{I} - \frac{1}{3} \begin{bmatrix} 1 \\ \underline{a} \\ \underline{a}^2 \end{bmatrix} \underline{I} - \frac{1}{3} \begin{bmatrix} 1 \\ 1 \\ 1 \end{bmatrix} \underline{I}
\tag{20.14}
$$

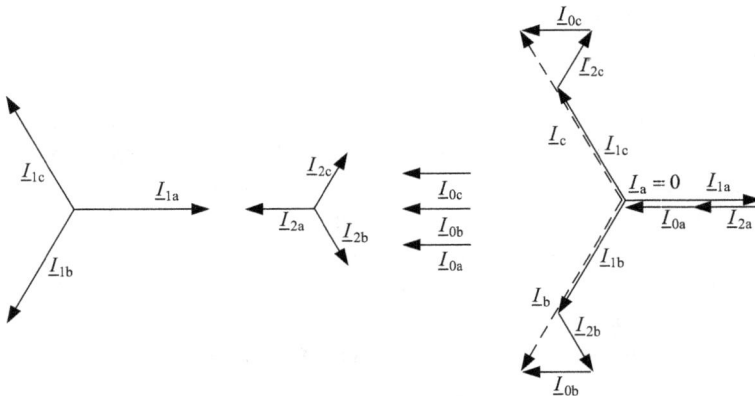

Abb. 20.2: Zusammensetzung der Originalgrößen aus den Symmetrischen Komponenten für das Beispiel eines unsymmetrischen Drehstromsystems mit $\underline{I}_a = 0$, $\underline{I}_b = \underline{a}^2\underline{I}$ und $\underline{I}_c = \underline{a}\,\underline{I}$, von links nach rechts: Mitsystem, Gegensystem, Nullsystem und Überlagerung der Systeme

20.5 Ersatzschaltungen der Symmetrischen Komponenten

Das Drehstromsystem in Abbildung 19.1 mit den zugehörigen Gleichungssystemen in Gl. (19.1) bis Gl. (19.6) wird unter der Annahme von elektrischer und geometrischer Symmetrie (siehe Abschnitt 19.1) in Symmetrischen Koordinaten (Index S) wie folgt beschrieben. Für den Längsspannungsabfall ergeben sich die entkoppelten Spannungsgleichungen:

$$\Delta\underline{u}_{BAS} = \begin{bmatrix} \Delta\underline{U}_{1BA} \\ \Delta\underline{U}_{2BA} \\ \Delta\underline{U}_{0BA} \end{bmatrix} = \underline{u}_{BS} - \underline{u}_{AS} = \begin{bmatrix} \underline{U}_{1B} \\ \underline{U}_{2B} \\ \underline{U}_{0B} \end{bmatrix} - \begin{bmatrix} \underline{U}_{1A} \\ \underline{U}_{2A} \\ \underline{U}_{0A} \end{bmatrix} = \begin{bmatrix} \underline{Z}_1 & 0 & 0 \\ 0 & \underline{Z}_2 & 0 \\ 0 & 0 & \underline{Z}_0 \end{bmatrix} \begin{bmatrix} \underline{I}_{1B} \\ \underline{I}_{2B} \\ \underline{I}_{0B} \end{bmatrix}$$
$$= \underline{Z}_S \underline{i}_{AS} \tag{20.15}$$

mit den Längsimpedanzen in Symmetrischen Koordinaten:

$$\underline{Z}_S = \underline{T}_S^{-1} \underline{Z}\, \underline{T}_S = \begin{bmatrix} \underline{Z}_1 & 0 & 0 \\ 0 & \underline{Z}_2 & 0 \\ 0 & 0 & \underline{Z}_0 \end{bmatrix} = \begin{bmatrix} \underline{Z}_s - \underline{Z}_g & 0 & 0 \\ 0 & \underline{Z}_s - \underline{Z}_g & 0 \\ 0 & 0 & \underline{Z}_s + 2\underline{Z}_g \end{bmatrix} \tag{20.16}$$

Für den Vektor der Quellenspannungen und den Vektor der Sternpunkt-Erde-Spannungen $\underline{u}_{ME}$ in Gl. (19.2) ergibt sich:

$$\underline{u}_{AS} = \begin{bmatrix} \underline{U}_{1A} \\ \underline{U}_{2A} \\ \underline{U}_{0A} \end{bmatrix} = \underline{T}_S^{-1}\left(\underline{u}_{qA} + \underline{u}_{ME}\right) = \frac{1}{3}\begin{bmatrix} 1 & a & a^2 \\ 1 & a^2 & a \\ 1 & 1 & 1 \end{bmatrix}\left(\begin{bmatrix} \underline{U}_{qa} \\ a^2\underline{U}_{qa} \\ a\,\underline{U}_{qa} \end{bmatrix} + \begin{bmatrix} \underline{U}_{ME} \\ \underline{U}_{ME} \\ \underline{U}_{ME} \end{bmatrix}\right)$$
$$= \begin{bmatrix} \underline{U}_{qaA} \\ 0 \\ 0 \end{bmatrix} + \begin{bmatrix} 0 \\ 0 \\ \underline{U}_{ME} \end{bmatrix} \tag{20.17}$$

mit:

$$\underline{U}_{ME} = \underline{Z}_{ME}\left(\underline{I}_{aA} + \underline{I}_{bA} + \underline{I}_{cA}\right) = \underline{Z}_{ME}\begin{bmatrix} 1 & 1 & 1 \end{bmatrix}\begin{bmatrix} 1 & 1 & 1 \\ a^2 & a & 1 \\ a & a^2 & 1 \end{bmatrix}\begin{bmatrix} \underline{I}_{1A} \\ \underline{I}_{2A} \\ \underline{I}_{0A} \end{bmatrix}$$
$$= \underline{Z}_{ME}\begin{bmatrix} 0 & 0 & 3 \end{bmatrix}\begin{bmatrix} \underline{I}_{1A} \\ \underline{I}_{2A} \\ \underline{I}_{0A} \end{bmatrix} = 3\underline{Z}_{ME}\underline{I}_{0A} \tag{20.18}$$

Für den Knotensatz in Gl. (19.4) erhält man in Symmetrischen Koordinaten:

$$\underline{i}_{AS} + \underline{i}_{BS} + \underline{Y}_{BS}\underline{u}_{BS} = \begin{bmatrix} \underline{I}_{1A} \\ \underline{I}_{2A} \\ \underline{I}_{0A} \end{bmatrix} + \begin{bmatrix} \underline{I}_{1B} \\ \underline{I}_{2B} \\ \underline{I}_{0B} \end{bmatrix} + \begin{bmatrix} \underline{Y}_1 & 0 & 0 \\ 0 & \underline{Y}_2 & 0 \\ 0 & 0 & \underline{Y}_0 \end{bmatrix}\begin{bmatrix} \underline{U}_{1B} \\ \underline{U}_{2B} \\ \underline{U}_{0B} \end{bmatrix} = \begin{bmatrix} 0 \\ 0 \\ 0 \end{bmatrix} = \mathbf{0} \tag{20.19}$$

mit:

$$\underline{Y}_{BS} = \underline{T}_S^{-1}\underline{Y}_B\underline{T}_S$$

$$= \begin{bmatrix} \underline{Y}_1 & 0 & 0 \\ 0 & \underline{Y}_2 & 0 \\ 0 & 0 & \underline{Y}_0 \end{bmatrix} = \begin{bmatrix} \underline{Y}_s - \underline{Y}_g & 0 & 0 \\ 0 & \underline{Y}_s - \underline{Y}_g & 0 \\ 0 & 0 & \underline{Y}_s + 2\underline{Y}_g \end{bmatrix}$$

$$= \begin{bmatrix} \underline{Y}_E + 3\underline{Y} & 0 & 0 \\ 0 & \underline{Y}_E + 3\underline{Y} & 0 \\ 0 & 0 & \underline{Y}_E \end{bmatrix} \tag{20.20}$$

Für die Verbraucherlast gilt entsprechend:

$$\underline{u}_{BS} = \begin{bmatrix} \underline{U}_{1B} \\ \underline{U}_{2B} \\ \underline{U}_{0B} \end{bmatrix} = \underline{Z}_{BS}\underline{i}_{BS} = \underline{T}_S^{-1}\underline{Z}_B\underline{T}_S\underline{i}_{BS} = \begin{bmatrix} \underline{Z}_{1B} & 0 & 0 \\ 0 & \underline{Z}_{2B} & 0 \\ 0 & 0 & \underline{Z}_{0B} \end{bmatrix} \begin{bmatrix} \underline{I}_{1B} \\ \underline{I}_{2B} \\ \underline{I}_{0B} \end{bmatrix} \tag{20.21}$$

mit:

$$\underline{Z}_{1B} = \underline{Z}_{2B} = \underline{Z}_{0B} = \underline{Z}_B \tag{20.22}$$

Auf Basis dieser vollständig entkoppelten Gleichungssysteme können die drei Ersatzschaltungen für das Mit-, Gegen- und Nullsystem in Abbildung 20.3 bis Abbildung 20.5 für das symmetrische Drehstromsystem in Abbildung 19.1 angegeben werden.

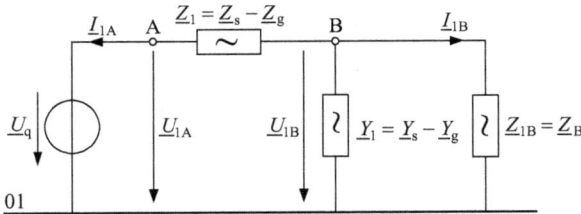

Abb. 20.3: Mitsystemersatzschaltung für das symmetrische Drehstromsystem in Abbildung 19.1

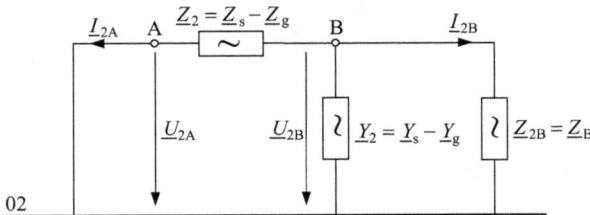

Abb. 20.4: Gegensystemersatzschaltung für das symmetrische Drehstromsystem in Abbildung 19.1

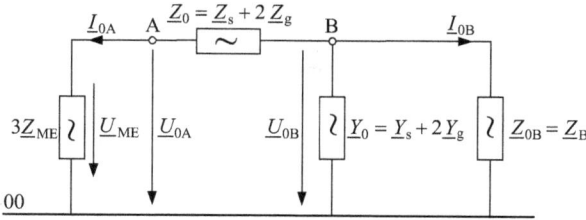

Abb. 20.5: Nullsystemersatzschaltung für das symmetrische Drehstromsystem in Abbildung 19.1

Das Folgende ist festzuhalten:

- Die Ersatzschaltung des Mitsystems ist mit der Strangersatzschaltung für den Leiter a in Abbildung 19.3 identisch (vgl. Abschnitt 19.3).
- Gegen- und Nullsysteme sind für ein symmetrisches Quellenspannungssystem (und auch Quellenstromsystem) passive Netze (keine Quellen). Damit sind im symmetrischen Betrieb die Gegen- und Nullsystemgrößen gleich null.
- Sternpunkt-Erde-Impedanzen gehen mit ihrem dreifachen Wert ausschließlich in das Nullsystem ein.
- Ströme vom Sternpunkt zur Erde können in einem symmetrischen Drehstromsystem nicht auftreten. Damit sind in solchen Systemen die Sternpunkt-Erde-Spannungen auch gleich null.

20.6 Leistung in Symmetrischen Koordinaten

Die Transformationsmatrix $\underline{T}_S$ und ihre Inverse sind keine unitären Matrizen. Demzufolge ist auch die Transformation nicht leistungsinvariant, sondern leistungsvariant (vgl. Abschnitt 20.3). Für die Leistung in Symmetrischen Koordinaten $\underline{S}_S$ ergibt sich der folgende Zusammenhang mit der Leistung in natürlichen Koordinaten $\underline{S}$:

$$
\begin{aligned}
\underline{S}_S &= \underline{U}_1\underline{I}_1^* + \underline{U}_2\underline{I}_2^* + \underline{U}_0\underline{I}_0^* = \underline{\boldsymbol{u}}_S^T \underline{\boldsymbol{i}}_S^* = \left(\underline{T}_S^{-1}\underline{\boldsymbol{u}}\right)^T \left(\underline{T}_S^{-1}\underline{\boldsymbol{i}}\right)^* = \underline{\boldsymbol{u}}^T \left(\underline{T}_S^{-1}\right)^T \left(\underline{T}_S^{-1}\right)^* \underline{\boldsymbol{i}}^* \\
&= \frac{1}{3}\underline{\boldsymbol{u}}^T \underline{\boldsymbol{i}}^* = \frac{1}{3}\left(\underline{U}_a \underline{I}_a^* + \underline{U}_b \underline{I}_b^* + \underline{U}_c \underline{I}_c^*\right) = \frac{1}{3}\underline{S}
\end{aligned}
\tag{20.23}
$$

20.7 Symmetrische Komponenten für spezielle Unsymmetriefälle

Für spezielle Unsymmetriefälle, die allgemein durch die drei Größen $\underline{G}_a$, $\underline{G}_b$ und $\underline{G}_c$ beschrieben werden, sind in Tabelle 20.2 die sich nach der Umrechnung in die Symmetrischen Koordinaten ergebenden Größen des Mit-, Gegen- und Nullsystems angegeben. Man erkennt,

- dass in allen Unsymmetriefällen das Mitsystem beteiligt ist,
- dass in einigen Unsymmetriefällen alle drei Systeme beteiligt sind und
- dass für bestimmte Unsymmetriefälle entweder nur das Gegen- oder nur das Nullsystem neben dem Mitsystem beteiligt ist.

Tab. 20.2: Natürliche Größen und Symmetrische Komponenten für spezielle Unsymmetriefälle

		Natürliche Größen			Symmetrische Komponenten (jeweils Zeiger und Zeigerbild)		
		$\underline{G}_a$	$\underline{G}_b$	$\underline{G}_c$	$\underline{G}_1$	$\underline{G}_2$	$\underline{G}_0$
einphasige Belastung in Leiter a		$\underline{G}$	0	0	$\frac{1}{3}\underline{G}$	$\frac{1}{3}\underline{G}$	$\frac{1}{3}\underline{G}$
einphasige Belastung in Leiter b		0	$\underline{G}$	0	$\frac{1}{3}\underline{a}\,\underline{G}$	$\frac{1}{3}\underline{a}^2\underline{G}$	$\frac{1}{3}\underline{G}$
einphasige Belastung in Leiter c		0	0	$\underline{G}$	$\frac{1}{3}\underline{a}^2\underline{G}$	$\frac{1}{3}\underline{a}\,\underline{G}$	$\frac{1}{3}\underline{G}$
zweiphasige Belastung in Leiter a und b		$\underline{G}$	$\underline{a}^2\underline{G}$	0	$\frac{2}{3}\underline{G}$	$-\frac{1}{3}\underline{a}^2\underline{G}$	$-\frac{1}{3}\underline{a}\,\underline{G}$
zweiphasige Belastung in Leiter b und c		0	$\underline{G}$	$\underline{a}^2\underline{G}$	$\frac{2}{3}\underline{a}\,\underline{G}$	$-\frac{1}{3}\underline{a}\,\underline{G}$	$-\frac{1}{3}\underline{a}\,\underline{G}$
zweiphasige Belastung in Leiter a und c		$\underline{a}^2\underline{G}$	0	$\underline{G}$	$\frac{2}{3}\underline{a}^2\underline{G}$	$-\frac{1}{3}\underline{G}$	$-\frac{1}{3}\underline{a}\,\underline{G}$

Tab. 20.2: (Fortsetzung)

		Natürliche Größen			Symmetrische Komponenten (jeweils Zeiger und Zeigerbild)		
		$\underline{G}_a$	$\underline{G}_b$	$\underline{G}_c$	$\underline{G}_1$	$\underline{G}_2$	$\underline{G}_0$
zweiphasige Belastung in Leiter a und b		$\underline{G}$	$-\underline{a}\,\underline{G}$	0	$-\frac{1}{\sqrt{3}}\mathrm{j}\underline{a}\,\underline{G}$	0	$\frac{1}{\sqrt{3}}\mathrm{j}\underline{a}^2\underline{G}$
zweiphasige Belastung in Leiter b und c		0	$\underline{G}$	$-\underline{a}\,\underline{G}$	$-\frac{1}{\sqrt{3}}\mathrm{j}\underline{a}^2\underline{G}$	0	$\frac{1}{\sqrt{3}}\mathrm{j}\underline{a}^2\underline{G}$
zweiphasige Belastung in Leiter a und c		$-\underline{a}\,\underline{G}$	0	$\underline{G}$	$-\frac{1}{\sqrt{3}}\mathrm{j}\underline{G}$	0	$\frac{1}{\sqrt{3}}\mathrm{j}\underline{a}^2\underline{G}$
zweiphasige Belastung in Leiter a und b		$\underline{G}$	$-\underline{G}$	0	$\frac{1}{\sqrt{3}}\mathrm{j}\underline{a}^2\underline{G}$	$-\frac{1}{\sqrt{3}}\mathrm{j}\underline{a}\,\underline{G}$	0
zweiphasige Belastung in Leiter b und c		0	$\underline{G}$	$-\underline{G}$	$\frac{1}{\sqrt{3}}\mathrm{j}\underline{G}$	$-\frac{1}{\sqrt{3}}\mathrm{j}\underline{G}$	0
zweiphasige Belastung in Leiter a und c		$-\underline{G}$	0	$\underline{G}$	$\frac{1}{\sqrt{3}}\mathrm{j}\underline{a}\,\underline{G}$	$-\frac{1}{\sqrt{3}}\mathrm{j}\underline{a}^2\underline{G}$	0

20.8 Messung der Mit-, Gegen- und Nullsystemimpedanzen

Die Mit-, Gegen- und Nullsystemimpedanzen sind die wirksamen Impedanzen der gleichnamigen Komponentensysteme. Bei der Beschreibung der Messschaltungen für ihre Bestimmung wird vorausgesetzt, dass jeweils nur ein Komponentensystem wirksam ist.

20.8.1 Mitsystemimpedanz

Die Mitsystemimpedanz $\underline{Z}_1$ ist die zu messende Impedanz der Betriebsmittel bei einem Betrieb mit einer symmetrischen Spannungsquelle (vgl. Abschnitt 19.1.1) entsprechend Abbildung 20.6.

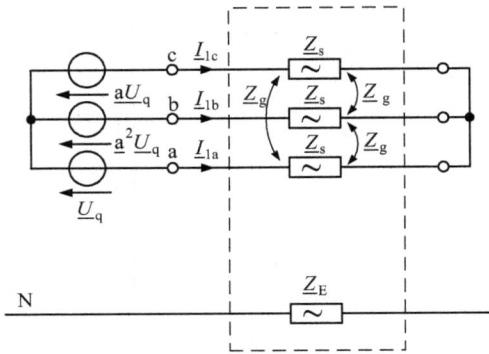

Abb. 20.6: Messung der Mitsystemimpedanz

20.8.2 Gegensystemimpedanz

Die Gegenimpedanz $\underline{Z}_2$ ist die zu messende Impedanz der Betriebsmittel bei einem Betrieb mit einer symmetrischen Spannungsquelle entsprechend Abbildung 20.7, deren Drehsinn (Phasenfolge) gegenüber dem synchronen Drehfeld des Mitsystems in einer Drehfeldmaschine gegenläufig ist (siehe Abbildung 20.1).

Bei passiven Betriebsmitteln wie Leitungen, Transformatoren oder Drosselspulen entspricht die Gegensystemimpedanz der des Mitsystems $\underline{Z}_2 = \underline{Z}_1$. Bei aktiven Betriebsmitteln wie Synchron- und Asynchronmaschinen entspricht die Gegenimpedanz nicht mehr der des Mitsystems, da den Drehfeldmaschinen ein dem synchronen bzw. asynchronen Lauf gegenläufiges Ständerdrehfeld (siehe Band 2, Abschnitt 2.1.1) aufgezwungen wird, wodurch das Ständerdrehfeld die doppelte bzw. nahezu doppelte Winkelgeschwindigkeit gegenüber dem Läufer aufweist. Dadurch entspricht z. B. bei Asynchronmaschinen die Gegenimpedanz in guter Näherung der Kurzschlussimpedanz, die beim Anlauf der Asynchronmaschine wirksam ist.

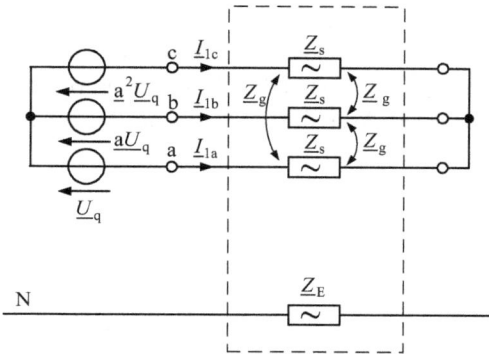

Abb. 20.7: Messung der Gegensystemimpedanz

20.8.3 Nullsystemimpedanz

Die Nullsystemimpedanz wird gemessen, wenn die drei Ströme eines Betriebsmittels durch drei gleichphasige, gleich große Spannungsquellen entsprechend Abbildung 20.8 gespeist werden. Dies entspricht der Parallelschaltung der drei Stränge und der gemeinsamen Speisung über eine Wechselspannungsquelle. Die Ströme der drei Stränge sind bei einem symmetrischen Betriebsmittel dann gleich groß und phasengleich, wodurch solche Nullsystemströme nur fließen können, wenn die Sternpunkte der Spannungsquelle und des Betriebsmittels geerdet sind und die Ströme über das Erdreich oder den Erdungsleiter/Nullleiter zu den Quellen zurück fließen können.

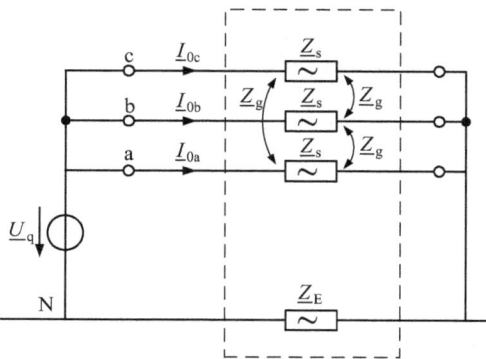

Abb. 20.8: Messung der Nullsystemimpedanz

Somit ist die Nullsystemimpedanz immer von der Art der Sternpunkterdung abhängig. Bei Leitungen (Freileitung, Kabel, gasisolierte Leitungen (GIL)) sind sie auch von der Leitfähigkeit des Erdbodens, von der Anzahl und der Art der Erdseile und der Masterdung bei Freileitungen bzw. der Ausführung des Kabelmantels, der Mantelerdung und dem cross-bonding der Kabelmäntel abhängig (siehe Band 2, Abschnitt 6.5.1).

Bei Transformatoren ist die Nullsystemimpedanz neben der Abhängigkeit von der Art der Sternpunkterdung (bei Stern- und Zickzackschaltung) auch von der Schaltgruppe und der Kernbauart abhängig (siehe Band 2, Abschnitt 5.5.3).

20.9 Oberschwingungssysteme

Ebenso wie die Grundschwingungsgrößen der drei Leiter können auch die ggf. unsymmetrischen Oberschwingungssysteme in ihre Symmetrischen Komponenten transformiert werden. Allgemein kann ein Oberschwingungssystem v-ter Ordnung wie folgt im Frequenz- und im Zeitbereich beschrieben werden:

$$\underline{U}_{av} = U_{av}e^{jv(\omega t+\varphi_{av})} \qquad u_{av}(t) = \mathrm{Re}\left\{\underline{U}_{av}\right\}$$
$$= \sqrt{2}U_{av}\cos\left(v\left(\omega t + \varphi_{av}\right)\right)$$

$$\underline{U}_{bv} = U_{bv}e^{jv(\omega t-2\pi/3+\varphi_{av})} \quad \text{bzw.} \quad u_{bv}(t) = \mathrm{Re}\left\{\underline{U}_{bv}\right\} \qquad (20.24)$$
$$= \sqrt{2}U_{bv}\cos\left(v\left(\omega t - 2\pi/3 + \varphi_{bv}\right)\right)$$

$$\underline{U}_{cv} = U_{cv}e^{jv(\omega t+2\pi/3+\varphi_{cv})} \qquad u_{cv}(t) = \mathrm{Re}\left\{\underline{U}_{cv}\right\}$$
$$= \sqrt{2}U_{cv}\cos\left(v\left(\omega t + 2\pi/3 + \varphi_{cv}\right)\right)$$

Bei Annahme von symmetrischen Oberschwingungssystemen gilt $U_{av} = U_{bv} = U_{cv} = U_v$ und $\varphi_{av} = \varphi_{bv} = \varphi_{cv} = \varphi_v$. Die zugehörigen Zeigerdiagramme sind in Abbildung 20.9 für die Ordnungszahlen $v = 1, 2,$ und 3 dargestellt. Man erkennt, dass:

- ein symmetrisches Oberschwingungssystem mit der Ordnung 2 und allgemein mit der Ordnung $v = 3k + 2$ für $k = 0, 1, 2, \ldots$ ein Gegensystem bildet,
- ein symmetrisches Oberschwingungssystem mit der Ordnung 3 und allgemein mit der Ordnung $v = 3k + 3$ für $k = 0, 1, 2, \ldots$ ein Nullsystem bildet, und dass
- ein symmetrisches Oberschwingungssystem mit der Ordnung 1 und allgemein mit der Ordnung $v = 3k + 1$ für $k = 0, 1, 2, \ldots$ ein Mitsystem bildet.

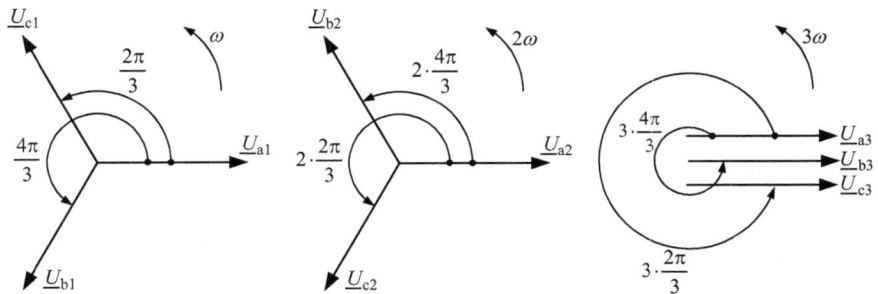

Abb. 20.9: Zeigerdarstellung der Oberschwingungssysteme mit den Ordnungen $v = 1, 2$ und 3

Dies wird insbesondere nach einer Transformation der symmetrischen Oberschwingungssysteme in die Symmetrischen Komponenten deutlich:

$$
\begin{bmatrix} \underline{U}_{1v} \\ \underline{U}_{2v} \\ \underline{U}_{0v} \end{bmatrix} = \frac{1}{3} \begin{bmatrix} 1 & \underline{a} & \underline{a}^2 \\ 1 & \underline{a}^2 & \underline{a} \\ 1 & 1 & 1 \end{bmatrix} \begin{bmatrix} \underline{U}_{av} \\ \underline{U}_{bv} \\ \underline{U}_{cv} \end{bmatrix}
$$
$$
= \frac{1}{3} U_v e^{jv(\omega t + \varphi_v)} \begin{bmatrix} 1 + \underline{a} e^{-jv2\pi/3} + \underline{a}^2 e^{jv2\pi/3} \\ 1 + \underline{a}^2 e^{-jv2\pi/3} + \underline{a} e^{jv2\pi/3} \\ 1 + e^{-jv2\pi/3} + e^{+jv2\pi/3} \end{bmatrix}
$$

(20.25)

Für die einzelnen Ordnungszahlen ergibt sich:
- Mitsystem für $v = 1, 4, 7, \cdots = 3k + 1$ für $k = 0, 1, 2, \ldots$:

$$
\begin{bmatrix} \underline{U}_{1v} \\ \underline{U}_{2v} \\ \underline{U}_{0v} \end{bmatrix} = U_v e^{jv(\omega t + \varphi_v)} \begin{bmatrix} 1 \\ 0 \\ 0 \end{bmatrix}
$$

(20.26)

- Gegensystem für $v = 2, 5, 8, \cdots = 3k + 2$ für $k = 0, 1, 2, \ldots$:

$$
\begin{bmatrix} \underline{U}_{1v} \\ \underline{U}_{2v} \\ \underline{U}_{0v} \end{bmatrix} = U_v e^{jv(\omega t + \varphi_v)} \begin{bmatrix} 0 \\ 1 \\ 0 \end{bmatrix}
$$

(20.27)

- Nullsystem für $v = 3, 6, 9 \cdots = 3k + 3$ für $k = 0, 1, 2, \ldots$:

$$
\begin{bmatrix} \underline{U}_{1v} \\ \underline{U}_{2v} \\ \underline{U}_{0v} \end{bmatrix} = U_v e^{jv(\omega t + \varphi_v)} \begin{bmatrix} 0 \\ 0 \\ 1 \end{bmatrix}
$$

(20.28)

Diese sich unter der Annahme eines symmetrischen Oberschwingungssystems ausbildenden Systeme werden als Hauptsysteme bezeichnet (siehe Abbildung 20.10). Bei Unsymmetrie eines Oberschwingungssystems werden sich entsprechend zwei Nebensysteme ausbilden. Im Falle eines Oberschwingungssystems mit der Ordnung $v = 2, 5, 8, \cdots = 3k + 2$ mit $k = 0, 1, 2, \ldots$ bilden sich als Nebensysteme ein Mitsystem und ein Nullsystem aus (siehe Abbildung 20.10). Entsprechend bilden sich für $v = 1, 4, 7, \cdots = 3k + 1$ mit $k = 0, 1, 2, \ldots$ ein Gegen- und ein Nullsystem und für $v = 3, 6, 9, \cdots = 3k + 3$ mit $k = 0, 1, 2, \ldots$ ein Mit- und ein Gegensystem als Nebensysteme aus.

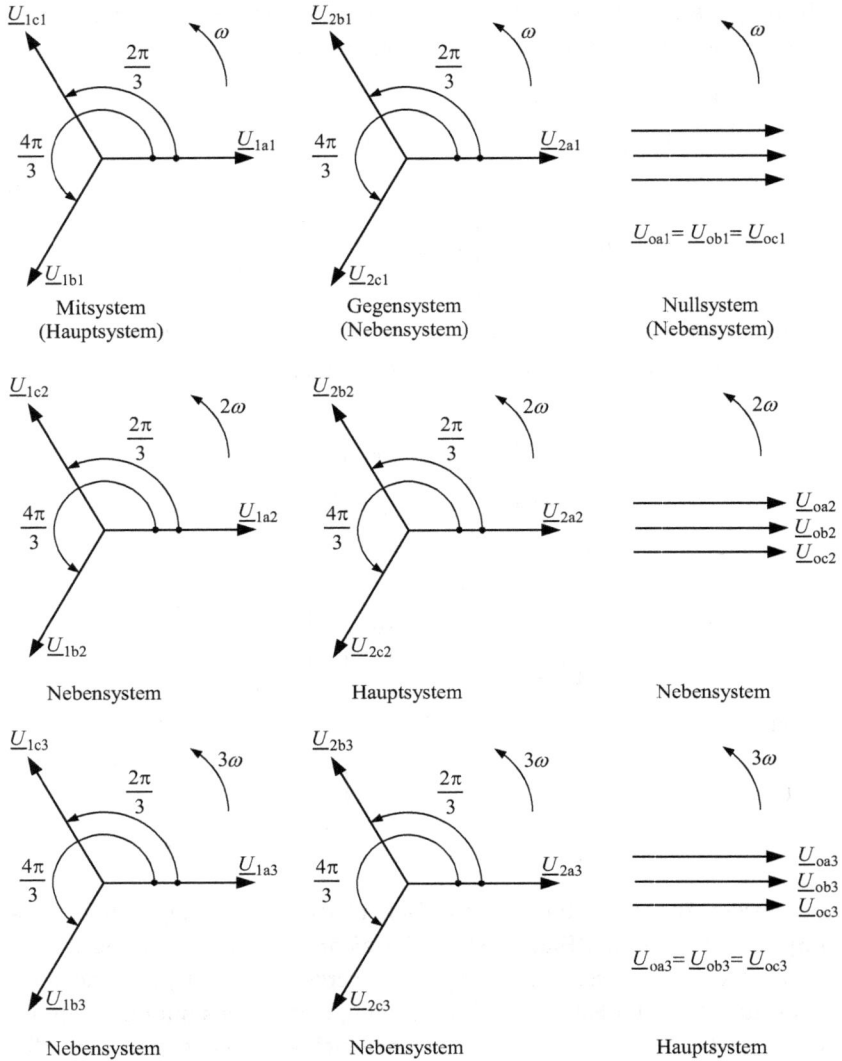

Abb. 20.10: Haupt- und Nebensysteme der unsymmetrischen Oberschwingungssysteme mit den Ordnungen $v = 1, 2$ und 3

A Anhang

A.1 Ausgewählte SI-Basis-Einheiten

Größe	Symbol	Einheitenname	Zeichen
Länge	l	Meter	m
Masse	m	Kilogramm	kg
Zeit	t	Sekunde	s
Elektrische Stromstärke	I	Ampere	A
Thermodynamische Temperatur	T	Kelvin	K

A.2 Ausgewählte abgeleitete SI-Einheiten

Größe	Symbol	Einheitenname	Zeichen
Energie, Arbeit, Wärme	W, Q	Joule	J
Dichte	ρ	Kilogramm/Kubikmeter	kg/m^3
Drehmoment	M	Newtonmeter	Nm
Ebener Winkel	α	Radiant	rad
Elektrischer Leitwert	G	Siemens	S
Elektrische Spannung	U	Volt	V
Elektrische Stromdichte	S	Ampere/Quadratmeter	A/m^2
Elektrischer Widerstand	R	Ohm	Ω
Frequenz	f	Hertz	Hz
Geschwindigkeit	v	Meter/Sekunde	m/s
Induktivität	L	Henry	H
Kapazität	C	Farad	F
Kraft	F	Newton	N
Ladung	Q	Coulomb	C
Leistung	P	Watt	W
Magnetische Feldstärke	H	Ampere/Meter	A/m
Magnetische Flussdichte	B	Tesla	T
Massenträgheitsmoment	J	Kilogramm · Quadratmeter	$kg\,m^2$
Permeabilität	μ	Henry/Meter	H/m
Temperatur	ϑ	Grad Celsius	°C
Winkelgeschwindigkeit, elektrisch	ω	Radiant/Sekunde	rad/s
Winkelgeschwindigkeit, mechanisch	Ω	Radiant/Sekunde	rad/s

https://doi.org/10.1515/9783110548532-021

A.3 Naturkonstanten und mathematische Konstanten

Konstante	Zahlenwert	Einheit
Zusammenhang der Konstanten μ_0, ε_0 und c	$\mu_0 = 1/\varepsilon_0 c^2$	
Magnetische Feldkonstante μ_0	$4\pi 10^{-7} = 1{,}25663\ldots \cdot 10^{-6}$	Vs / Am
Elektrische Feldkonstante ε_0	$8{,}85418\ldots \cdot 10^{-12}$	As / V m
Lichtgeschwindigkeit c	$299.792.458$	m / s
Euler'sche Zahl e	$2{,}71828\ldots$	
Stefan-Boltzmann-Konstante	$5{,}67 \cdot 10^{-8}$	$W/(m^2 K^4)$

Literaturverzeichnis

[1]   Bronstein, I. N.; Mühlig, H.; Musiol, G.; Semendjajew, K.: Taschenbuch der Mathematik.
      10. Auflage, Europa Lehrmittel, 2016.
[2]   Fischer, G.: Lineare Algebra. 18. Auflage, Wiesbaden: Springer Fachmedien, 2013.
[3]   Oswald, B. R.: Netzberechnung. Berlin, Offenbach: vde-verlag, 1992.
[4]   Marko, H.: Theorie linearer Zweipole, Vierpole und Mehrtore. Stuttgart: S. Hirzel Verlag, 1971.
[5]   Simonyi, K.: Theoretische Elektrotechnik. Leipzig: Dt. Verl. der Wiss., 1993.
[6]   Wolff, I.: Grundlagen und Anwendungen der Maxwellschen Theorie II. 5. Auflage, Berlin, Hei-
      delberg: Springer, 1992.
[7]   Weißbach, D.; Ruprecht, G.; Huke, A.; Czerski, K.; Gottlieb S.; Hussein, A.: Energy intensities,
      EROIs (energy returned on invested), and energy payback times of electricity generating power
      plants. Energy, Bd. 52 (2013), pp. 210–221.
[8]   Faltlhauser, M.: Zahlen und Fakten zur Stromversorgung in Deutschland 2016. Wirtschaftsbei-
      rat der Union e. V., München, 2016.
[9]   Kaufmann, W.: Planung öffentlicher Elektrizitätsverteilungs-Systeme. Frankfurt am Main:
      VWEW-Verlag, 1995.
[10] DIN EN 60038 VDE 0175-1:2012-04: CENELEC-Normspannungen. Berlin: VDE-Verlag, 2012.
[11] ENTSO-E: Operation Handbook. www.entsoe.eu/publications/system-operations-reports/
      operation-handbook/Pages/default.aspx, Zugriff am 13.10.2017.
[12] Clemens, H.; Rothe, K.: Schutztechnik in Elektroenergiesystemen. 3. Auflage, Berlin: Verlag
      Technik, 1991.
[13] DIN EN 50160:2011-02: Merkmale der Spannung in öffentlichen Elektrizitätsversorgungsnet-
      zen. Berlin: Beuth Verlag, 2011.
[14] DIN EN 50160/A1:2016-02: Merkmale der Spannung in öffentlichen Elektrizitätsversorgungs-
      netzen. Berlin: Beuth Verlag, 2016.
[15] Verband der Netzbetreiber (VDN): TransmissionCode, Netz- und Systemregeln der deutschen
      Übertragungsnetzbetreiber. Berlin: Verband der Netzbetreiber – VDN – e. V. beim VDEW, 2007.
[16] Energiewirtschaftsgesetz vom 7. Juli 2005 (BGBl. I S. 1970, 3621), das zuletzt durch Artikel 2,
      Absatz 6 des Gesetzes vom 20. Juli 2017 (BGBl. I S. 2808) geändert worden ist. www.gesetze-
      im-internet.de/enwg_2005/EnWG.pdf, Zugriff am 21.11.2017.
[17] Europäische Kommission: Verordnung (EU) 2015/1222 der Kommission vom 24. Juli 2015
      zur Festlegung einer Leitlinie für die Kapazitätsvergabe und das Engpassmanagement.
      http://eur-lex.europa.eu/legal-content/DE/TXT/HTML/?uri=CELEX:32015R1222&rid=1, Zugriff
      am 21.11.2017.
[18] ENTSO-E: Continental Europe Operation Handbook Policy 5: Emergency Operations.
      www.entsoe.eu/Documents/Publications/SOC/Continental_Europe/oh/170926_Policy_5_
      ver3_1_43_RGCE_Plenary_approved.pdf, V 3.1 vom 26.09.2017, Zugriff am 14.11.2017.
[19] VDE Forum Netztechnik/Netzbetrieb im VDE (FNN): Störungs- und Verfügbarkeits-
      statistik, Berichtsjahr 2015. www.vde.com/de/fnn/themen/versorgungsqualitaet/
      versorgungszuverlaessigkeit/fnn-stoerungsstatistik-2015, Zugriff am 19.10.2017.
[20] Wirtz, F.: Neue Entwicklungen und Schätzverfahren zur Zuverlässigkeitsbewertung von Vertei-
      lungsnetzen. FGE-Seminar 2006, Aachen, 2006.
[21] Obergünner, M.; Schwan, M.; Krane, C.; Pietsch, K.; Sengbusch, K. v.; Bock, C.; Quadflieg, D.:
      Ermittlung von Eingangsdaten für Zuverlässigkeitsberechnungen aus der VDN-Störungsstatis-
      tik. Elektrizitätswirtschaft, Nr. 15, 2004.

https://doi.org/10.1515/9783110548532-022

[22] Fickert, L.: Zollenkopf vs. ($n - 1$)-Prinzip vs. Kosten – ein Lösungsvorschlag für die optimierte Gestaltung von Netzen. e&i Elektrotechnik und Informationstechnik, Vol. 121 (2004), Nr. 10, pp. 377–379.

[23] Haubrich, H.-J. (Hrsg.): Zuverlässigkeitsberechnung von Verteilungsnetzen. Aachener Beiträge zur Energieversorgung, Aachen: Verlag der Augustinus Buchhandlung, 1996.

[24] Heuck, K.; Dettmann, K.-D.; Schulz, D.: Elektrische Energieversorgung: Erzeugung, Übertragung und Verteilung elektrischer Energie für Studium und Praxis. 8. Auflage, Wiesbaden: Vieweg und Teubner Verlag / Springer Fachmedien Wiesbaden GmbH, 2010.

[25] Bochanky, L.: Planung öffentlicher Elektroenergienetze. Leipzig: VEB Deutscher Verlag für Grundstoffindustrie, 1985.

[26] Gester, J.; Schmidt, J.: Starkstomanlagen Bauteile, Planung und Berechnung. 2. Auflage, Berlin: VEB Verlag Technik, 1968.

[27] ABB (Hrsg.): ABB Schaltanlagen Handbuch. 12. Auflage, 2012.

[28] DIN EN ISO 80000-1:2013-08: Größen und Einheiten – Teil 1: Allgemeines (ISO 80000-1:2009 + Cor 1:2011), Deutsche Fassung EN ISO 80000-1:2013. Berlin: Beuth Verlag, 2013.

[29] Funk, G.: Der Kurzschluss im Drehstromnetz. München: R. Oldenbourg, 1962.

[30] Müller, G.; Ponick, B.: Grundlagen elektrischer Maschinen. 10. Auflage, Band 1, Weinheim: Wiley-VCH Verlag GmbH & Co. KGaA, 2014.

[31] Spring, E.: Elektrische Maschinen. 3. Auflage, Berlin, Heidelberg: Springer, 2009.

[32] Lunze, K.; Wagner, E.: Einführung in die Elektrotechnik: Lehrbuch für Elektrotechnik als Hauptfach. Berlin: Verlag Technik, 13. Auflage, 1991.

[33] Oswald, B. R.; Siegmund, D.: Berechnung von Ausgleichsvorgängen in Elektroenergiesystemen. Leipzig: Deutscher Verlag für Grundstoffindustrie, 1991.

Stichwortverzeichnis

https://doi.org/10.1515/9783110548532-023